紧凑型异向介质—机理、设计与应用

Compact Metamaterials: Mechanisms, Design and Applications

王光明　许河秀　梁建刚　蔡通　著

国防工业出版社

·北京·

内 容 简 介

本书是空军工程大学新材料天线和射频技术课题组多年从事紧凑型异向介质研究工作的凝练和总结，该课题组率先将分形思想融入异向介质单元设计，探索了独具特色的紧凑型异向介质设计的新思路、新方法，取得了一系列创新性研究成果。全书共分9章，以紧凑型异向介质单元设计理论和应用为主线，由一维复合左右手传输线扩展到二维人工电磁超表面，再拓展到三维异向介质，由浅入深，自然拓展，力图从最广泛的意义上建立紧凑型异向介质单元的设计理论和设计方法，探索基于异向介质微波器件设计的新机理和新方法，加速其在微波工程中的应用步伐。

图书在版编目（CIP）数据

紧凑型异向介质:机理、设计与应用/王光明等著.—北京:国防工业出版社,2015.6
ISBN 978-7-118-10034-1

Ⅰ.①紧... Ⅱ.①王... Ⅲ.①电磁场—介质—结构设计 Ⅳ.①O441.4

中国版本图书馆 CIP 数据核字(2015)第 126735 号

※

*国防工业出版社*出版发行

（北京市海淀区紫竹院南路23号 邮政编码100048）
天利华印刷装订有限公司印刷
新华书店经售
*
开本 787×1092 1/16 印张 17¼ 字数 391 千字
2015 年 6 月第 1 版第 1 次印刷 印数 1—2500 册 定价 89.00 元

（本书如有印装错误，我社负责调换）

国防书店：(010)88540777　　　发行邮购：(010)88540776
发行传真：(010)88540755　　　发行业务：(010)88540717

序

科学是永无止境的,它是一个永恒之谜。

——爱因斯坦

科学的发展是一个循环往复、盘旋上升的过程,它萌芽于突发奇想,形成于实践检验,成熟于工程应用。

Metamaterial(异向介质)是指自然界本身并不存在,人们依据电磁理论设计出来的具有某种电响应或磁响应的"特异"人造材料。作为物理学和电磁学的重要分支,Metamaterial 已发展成为固体物理学、材料学、力学、应用电磁学和光子学等多个交叉学科的研究热点和前沿。

Metamaterial 的发展历程不是一帆风顺的,每一个阶段都经历了争议。**科学假想**:苏联物理学家 V. G. Veselago 最早提出了左手媒质的概念,并从理论上预测了非常规的电磁特性,从此颠覆了常规的"右手"材料世界,对传统理论和物理机制形成了冲击。但由于缺乏实验验证,左手媒质在其提出之后的 30 年时间里一直处于沉睡阶段。**实验验证**:20 世纪 90 年代,J. B. Pendry 等人利用周期金属线和开口谐振环分别实现了人工的负介电常数和负磁导率,为左手媒质的设计打开了大门。随后,D. R. Smith 团队制作出第一块左手媒质,并通过棱镜实验首次观察到了负折射现象,左手媒质逐步成为国际电磁学界引人瞩目的前沿领域,同时对负折射的实验研究极大地丰富了传统的实验方法和测试手段。**蓬勃发展**:等效媒质理论和变换光学理论的提出,"完美透镜"和"隐身斗篷"的设计与实验,使人们对 Metamaterial 的认识上升到前所未有的高度,极大地激发了人们对 Metamaterial 新功能的探索热情,研究范畴得到了空前拓展,如单负媒质、渐变折射率和零折射率媒质、手征媒质、可调控 Metamaterial、量子 Metamaterial、人工表面等离子激元等,工作频段也由最初的微波段拓展至直流、声波段、太赫兹、红外及可见光波段。**推向应用**:随着研究的不断推进,Metamaterial 的部分研究成果开始落地成熟并进入应用领域,例如基于左右手混合传输线的小型化器件在微波集成电路中的应用、渐变折射率媒质在新型透镜中的应用等。目前,以超表面为代表的平面型 Metamaterial 正在推动新一轮的技术革新,孕育着新的理论、实验和应用突破,彰显出巨大的理论意义和工程价值。

国内对 Metamaterial 研究起步稍晚,但发展非常迅速。2004 年国家科技部正式启动了国家重点基础研究(973)项目《新型人工电磁介质的理论与应用研究》,2010 年启动了国家自然科学基金重大项目《新型人工电磁媒质的基础理论与关键技术》,很多著名大学和研究机构都成立了 Metamaterial 课题组,分别从不同角度致力于 Metamaterial 的研究,几乎涉及了所有研究领域,形成了"百花齐放、百家争鸣"的良好氛围,对 Metamaterial 的发展做出了不可磨灭的贡献。一直以来,Metamaterial 的设计理念在不断拓展和更新。起初,对 Metamaterial 的研究更倾向于形态设计,主要通过单元结构或排列方式操控材料参数。随着研究领域的不断延伸,对 Metamaterial 的研究更倾向于材料新特性、新机制和新功能的实现,更突出对电磁波的精确和超常控制,以完美隐身衣、电磁黑洞等为代表的新功能器件应运而生。全新的 Metamaterial 设计理念深刻地影响了人们的世界观和方法论,极大地推动了科学技术的快速发展。

空军工程大学新材料天线和射频技术课题组率先将分形思想与 Metamaterial 设计结合起来,探索了独具特色的紧凑型 Metamaterial 设计新思路、新方法,取得了一系列创新性研究成果。本书是该课题组多年从事紧凑型 Metamaterial 研究工作的凝练和总结,以紧凑型 Metamaterial 单元设计和应用为主线,由一维左右手混合传输线扩展到二维人工电磁超表面,再拓展至三维 Metamaterial,由浅入深,自然拓展,力图从最广泛的意义上建立紧凑型 Metamaterial 单元的设计理论和设计方法,探索基于 Metamaterial 微波器件设计的新机理和新方法,加速其在微波工程中的应用步伐。

本书内容丰富,层次清晰,前后联系紧密,是 Metamaterial 系列专著的一个补充,可作为从事 Metamaterial 研究的科技工作者、研究生及高年级本科生的参考书。特此作序推荐。

崔铁军

2014 年于南京

前　言

从双负特性预言到第一个负折射率验证,异向介质经历了一个从假设预想到真实存在的发展。从"完美透镜"到波束偏折器,异向介质的研究范畴得到了空前拓展,材料参数经历了由窄带双负到宽频渐变。从等效媒质理论到变换光学理论,异向介质经历了一个从参数调控到功能设计的大跨越,同时两大理论的建立使得异向介质设计得以形成一个闭合回路。而变换光学理论与非均匀各向异性异向介质的完美结合开创了人类操控电磁波的新纪元,使人类控制电磁波的能力达到了空前的高度,一批新功能器件,如完美隐身衣、电磁黑洞、电磁波控制器、场旋转器、波束偏折器、场集中器等如雨后春笋般破土而出。如今,以二维异向介质为代表的突变相位超表面的实现和广义折射定律的发现,开辟了人们控制电磁波和光的全新途径和领域,正在推动该领域产生一场深层次的技术革新。

历经十余年的发展,异向介质从最初的双负左手媒质逐渐发展成为一个具有多分支且概念完备的丰富体系,是近年来固体物理、材料科学、力学、应用电磁学和光电子学等多个交叉学科的研究热点和前沿。异向介质由最初的电磁结构设计发展到全新的材料理念设计,其应用也由简单的器件性能改良到复杂的新功能设计,给人们的世界观和方法论带来了巨大变革,同时推动了传统研究方法和测试技术的大发展。作者所在的空军工程大学新材料天线与射频技术课题组是最早将分形几何思想融入异向介质设计的单位之一,课题组自成立起就紧跟学科前沿,以等效媒质理论为依据,以最基础的异向介质单元设计着手,系统研究了分形几何在 CRLH 等异向介质单元的小型化机理和电磁扰动,以分形异向介质设计为代表提炼了紧凑型异向介质单元设计理论与一般设计方法并对其在小型化新功能微波器件中的应用展开了系统研究,而本书精选了课题组近年来在该领域的研究成果,其中分形几何与异向介质的结合是本书内容的特色之处。

本书以许河秀博士攻博期间的研究工作为基础,蔡通博士的研究工作为补充,全书共分 9 章,以紧凑型异向介质单元设计理论和应用为主线,由一维 CRLH TL(第 2、3、4 章)扩展到二维人工电磁超表面(第 5、6、7 章),再拓展到三维异向介质(第 8、9 章),由浅入深,自然拓展。第 1 章为绪论,介绍异向介质的基本概念、历史沿革、异向介质研究进展以及紧凑型异向介质的研究意义等。第 2 章介绍紧凑型集总 CRLH TL 的设计方法及其在新宽频、双频理论中的应用。第 3 章介绍紧凑型分布 CRLH 单元设计机理与应用。第 4 章介绍一类具有双并联支路的 CRLH TL 理论、奇异电路特性、实现方法与实验验证。第 5 章介绍新型二维 CRLH TL 理论、实验以及在具有奇异辐射特性的多频谐振天线中的应用,包括多频线极化天线,多频极化多样性天线,全向辐射天线和多频高极化纯度天线。第 6 章介绍空间电磁超表面设计及多频电磁波操控应用研究,包括多频传输、多频反射操控以及多频极化操控。第 7 章介绍波导电磁超表面设计及其在微带天线中的应用。第 8 章介绍三维异向介质设计及高定向性透镜天线应用研究,包括高定向性喇叭透镜天线、三维半鱼眼透镜天线以及三维平板透镜天线。第 9 章介绍基于三维异向介质的新功能器件设计与实验,包括基于光学变换理论的超散射幻觉隐身器件以及具有高分辨率成像的聚焦透镜。

本书中的部分研究工作是许河秀博士在东南大学毫米波国家重点实验室访问期间完成,期间崔铁军教授给以了悉心指导,实验室 Meta 小组的全体老师和学生给予了很大鼓励和帮助,在此,对他们表示由衷地感谢。

本书除署名作者外,课题组已毕业的安建博士、曾会勇博士也参与了本书的部分研究工作,在读研究生李海鹏、侯海生、郭文龙、李唐景等对书稿进行了认真校对,在此一并对他们表示感谢。

本书的研究工作得到了国家自然科学基金项目的资助(项目编号:60971118,61372034);另外,还得到了空军工程大学优秀博士论文扶持基金以及博士论文创新基金的资助(项目编号:KGD080913001,DY12101),在此表示诚挚的感谢。

有感于学海无涯,作者所做的工作只涉及异向介质很小的一部分,另外由于作者水平有限,仓促之余成稿,难免欠妥之处,恳请读者和有关专家批评指正,以便今后修改和提高。

作 者

2014 年 10 月

目　　录

第1章 绪 论

1.1 异向介质的概念、发展历史及存在的问题

1.1.1 基本概念

异向介质(Metamaterial)单元是指自然界中本身并不存在,人们依据电磁学理论设计出来的具有某种电响应或磁响应的"特异"人造亚波长结构单元。其中"特异"体现为两个方面:一是非常规电磁特性;二是特异的本构材料参数。而 Metamaterial[1-3],中文名也称异向介质[4,5]、人工电磁材料(媒质)[6-8]、超材料[9]、特异媒质以及复合材料和超级媒质等,是指在左手异向介质[10]的基础上发展起来,通常由异向介质单元按周期或某种有规律的非周期延拓组成。这里作者采用浙江大学孔金瓯教授和东南大学崔铁军教授将其命名为异向介质和人工电磁材料的建议。异向介质介电常数和磁导率与普通介质有明显区别,具有天然介质所不具备的超常物理性质,是近年来国际固体物理、材料科学、力学、应用电磁学和光电子学等多个交叉学科的研究热点和前沿。

异向介质单元充当了自然界原子、分子,其结构和排列决定复合媒质的电磁、物理和光学特性,鉴于此,人们有时也将异向介质单元称为宏观粒子"meta-atom"或"meta-molecule"。尽管如此,异向介质单元具有自然界原子、分子所不具有的独特优势:①自然界原子种类有限,仅包括元素周期表中的一百多种,而异向介质单元根据不同结构可以有无穷多种;②自然界原子排列方式有限,而异向介质单元排列方式多样,可以是周期、随机、或者介于周期和随机之间的某种有规律的非周期,因而异向介质能打破传统材料的限制,实现对介电常数、磁导率甚至电磁特性的任意操控;③操控人工异向介质单元更容易,不需要像原子和分子一样在纳米级水平进行操控,只需在毫米、微米量级即可,因此采用传统的印制电路板技术(PCB)和光刻技术即可实现;④自然界材料大都具有各向同性,而异向介质可以各向异性,在调控电磁波方面具有更高的自由度。

经过 10 余年发展,异向介质已经成为一个具有多分支且概念非常完备的丰富体系。研究内容已经涵盖电负异向介质[11-19]、磁负异向介质[20-31]、块状双负左手异向介质[32-54]、复合左右手传输线(CRLH TL)[55-81]、渐变折射率异向介质(Gradient refractive-index metamaterial,GRIN)[82]和零折射率异向介质(Zero-index metamaterial,ZIM)[83]、手征媒质或双各向异性介质[84,85]、可调异向介质[86]、量子异向介质[87]、非线性异向介质[88]、电磁带隙结构(Electromagnetic Band Gap Structure,EBG)[89]、光子晶体[90]以及通过异向介质实现的等离子激元[91,92]等,与图 1.1(a)中异向介质树描绘的研究内容和发展历程基本吻合[93]。需要说明的是,通常意义上的 EBG 和光子晶体由于单元尺寸与波长可以相比拟,其电磁特性不能采用等效媒质参数来表征,且只能视为一种结构而非均匀介质,但由于其不同于传统介质的特异电磁特性这里也将它们归为异向介质范

畴。当然,根据材料参数为标量还是张量还可以将异向介质分为各向同性媒质和各向异性媒质。

图 1.1(b)直观地表征了各类介质在 ε-μ 象限的分布,其中 $\varepsilon_r = \varepsilon/\varepsilon_0$ 和 $\mu_r = \mu/\mu_0$ 分别为介质的相对介电常数和相对磁导率,ε_0 和 μ_0 分别为空气的介电常数和磁导率。可以看出,自然界绝大多数材料离散地分布于第Ⅰ象限中 $\varepsilon_r > 1$ 和 $\mu_r = 1$ 的直线上,只有极少数特殊媒质如电等离子体和工作于等离子频率附近的金属分布在第Ⅱ象限($\varepsilon_r < 0$,$\mu_r > 0$)以及工作于铁磁谐振频率附近的铁氧体分布在第Ⅳ象限($\varepsilon_r > 0$,$\mu_r < 0$)。因此自然介质的材料属性非常有限,而且不能根据人们的意愿进行任意操控,即便是第Ⅰ象限的绝大多数材料属性也需要异向介质来实现。随着异向介质的不断发展,其可以实现的材料属性分布范围将不断扩大直至完全覆盖 4 个象限,包括位于第Ⅰ象限的高折射率异向介质,第Ⅱ象限($\varepsilon_r < 0$,$\mu_r > 0$)的电负异向介质,第Ⅲ象限($\varepsilon_r < 0$,$\mu_r < 0$)的块状左手异向介质和 CRLH TL,第Ⅳ象限($\varepsilon_r > 0$,$\mu_r < 0$)的磁负异向介质以及位于 x 轴和 y 轴上的零折射率异向介质。

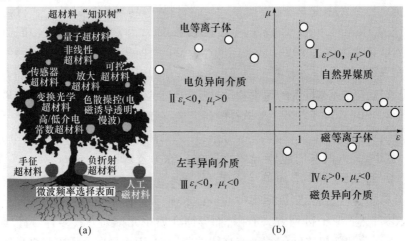

图 1.1 异向介质数及 ε-μ 象限分布

(a) 文献[93]描绘的异向介质树;(b) 各类介质的 ε-μ 象限分布。

1.1.2 发展历史

1968 年,苏联物理学家 V. G. Veselago 提出了左手媒质的概念并从理论上对这类材料的电磁特性进行了系统研究[10]。但因为缺少实验验证,左手异向介质的概念提出之后并没有引起人们的重视。1996 年和 1999 年,J. B. Pendry 教授利用周期排布的金属线媒质(Rods)和开口环谐振器(Split Ring Resonantors,SRR)在微波段分别实现了负介电常数[11]和负磁导率[20]。2000 年,Smith 等将金属线媒质和 SRR 结构合理排布,首次制备出微波段同时具有负介电常数和负磁导率的左手异向介质[32],同年 Pendry 理论证明了介电常数和磁导率同时为 -1 的左手异向介质可以放大凋落波,突破衍射极限并实现"完美成像"[94],这个颠覆性的结论使人们研究左手异向介质的热情空前高涨。2001 年,D. R. Smith 等通过棱镜实验首次观察到了左手异向介质的负折射率现象[33],如图 1.2 所示,这项突破性的成果发表在 *Science* 上,为左手异向介质的研究热潮奠定了历史性基础。

2002 年,Eoch 等提出了近零折射率媒质的概念并利用它来改善天线的方向性[83],Engheta 提出了超薄谐振腔的概念,发现当右手介质尺寸 d_1,折射率 n_1 与左手介质尺寸 d_2,折射率 n_2 满足 $d_1/d_2 = n_2/n_1$ 时,谐振腔的物理尺寸与工作波长无关,左手介质可以对右手介质进行共轭相位补偿,突破了传统谐振腔半波长的限制[95],Eleftheriades[96]、Itoh[97] 和 Oliner[98] 等几乎同时提出了 CRLH TL 的概念,Smith 等初步建立了对左手异向介质电磁参数进行定量描述的等效媒质理论[99]。基于科学家们的多项发现,"负折射率左手异向介质"被 *Science* 评为 2003 年度十大科技进展之一。

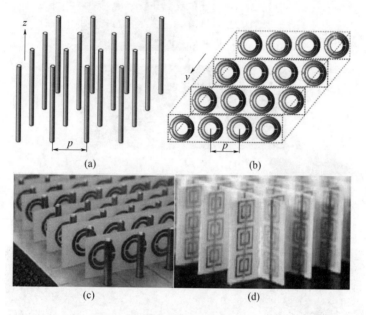

图 1.2   D. R. Smith 等的实验结果

(a) 微波段实现等效负介电常数的连续金属线阵列[11];

(b) 微波段实现等效负磁导率的 SRR 阵列[20];(c)、(d) 基于金属线与 SRR 的负折射率材料[33]。

2004 年,Pendry 发现各向同性手征媒质可以实现负折射[84]。2005 年,Fang 等采用负介电常数银膜在光波段实现了近场超分辨率成像[100],如图 1.3 所示,同年 Smith 等提出了渐变折射率媒质的概念,并基于 GRIN 实现了电磁波的弯曲传播[82]。2006 年,Pendry 等提出了光学变换理论和"完美"隐身衣的概念,实现了对电磁波传播途径的精确控制,使得电磁波可以没有干扰地绕过被隐身物体后回到原先的传播方向上[101]。5 个月后,Smith 等首次通过"隐身斗篷"[102] 实验验证了"完美隐身"的概念,如图 1.4 所示,该成果被 *Science* 评为 2006 年度十大科技进展之一。2007 年,异向介质又被 *Materials Today* 评选为材料科学领域在过去 50 年间的十大进展之一。"隐身斗篷"的实现极大地激发了人们对异向介质新功能、新特性的探索热情,而渐变折射率异向介质和光学变换理论的提出作为异向介质的一次革命和飞跃,使得人们对异向介质的认识上升到前所未有的高度,异向介质的研究范畴不再局限于左手异向介质的双负特性而更多地体现于对电磁波的精确和超常控制。异向介质的工作频段由最初的微波段逐渐向低频声波段[103] 和高频毫米波、太赫兹、红外甚至可见光波段[21,104-106] 拓展。

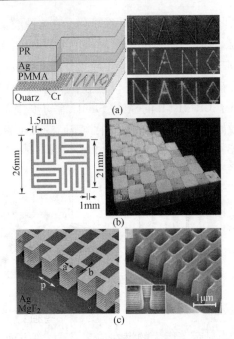

图 1.3　Fang 等的实验结果

（a）基于负介电常数银膜的光波段近场超分辨率成像[100]；

（b）声波宽带迷宫负折射异向介质[103]；（c）三维光学负折射率异向介质[105]。

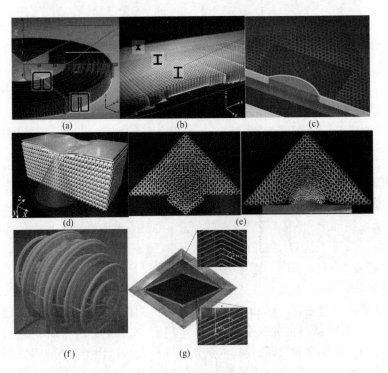

图 1.4　基于光学变换理论的完美隐身衣

（a）第一个异向介质隐身斗篷[102]；（b）宽带微波地毯隐身衣[110]；（c）二维光学地毯隐身衣[111]；

（d）三维光学地毯隐身衣[112]；（e）基于弹性形变的地毯隐身衣[113]；（f）声波隐身衣[114]；（g）一维全参数隐身衣[116]。

2008 年,Landy 等提出了超薄完美吸波的概念,由于异向介质单元的谐振吸收,吸波器不需要金属反射屏就可以具有很高的吸收率[107],Pendry 等基于光学变换理论提出了地毯隐身衣的概念[108]。2009 年,Chan 等基于光学变换理论提出了幻觉隐身的概念[109],其思想在于两方面:一是采用"折叠变换"所需要的负折射异向介质来抵消物体散射场;二是加入"恢复介质"替换原来物体的散射场从而达到欺骗的目的。后来一大批实验工作被相继报道,如 Liu 等基于渐变工字型异向介质单元制作的首个二维宽带隐身地毯[110],Cui 等基于多层非均匀介质打孔制作的三维宽带地毯隐身衣[7],Valentine 制作的二维[111]和 Ergin 设计的三维[112]光波段隐身衣。2012 年,Smith 等基于弹性材料设计的隐身衣能根据形变程度获得隐身所需要的非均匀材料参数,具有很大的灵活性和潜在应用[113],2013 年,Sanchis 等提出了基于散射对消的三维非对称声波隐身衣[114],Cui 等基于变换静电学并采用负阻网络实现了 DC 外部隐身衣[115],Smith 等基于光学变换理论首次制作了全参数一维单向隐身衣,克服了以往简化参数隐身衣以牺牲隐身效果为代价的缺陷[116]。同时,基于散射对消[117]和阻抗匹配传输线网格[118]的隐身衣也被相继报道出来。

起初,对异向介质的研究主要体现在它的前沿科学价值,随着研究的不断深入,人们开始探讨异向介质的应用价值[119,120]。异向介质的一些独特电磁特性在国防、通信、卫星、导航以及无线传输上均显示了巨大的潜在应用价值:一方面,异向介质的新颖电磁特性可以用来减小微波器件和天线的尺寸,改善其性能,拓展工作带宽,产生多个工作模式等,从而引发新一轮高性能电磁器件和天线的设计和应用研究,如宽带巴伦[55,60,121–123]、功分器[57,124–129]、分支线耦合器[56,130–133]、直接耦合器[56,134]、双工器[56,126,135–137]、环形电桥[56,138–140]、移相器[126,141,142]、Butler 矩阵[143,144]、放大器[145]、混频器[146]、振荡器[147]、延迟线[121,148]、滤波器[57,149–154]以及天线[19,31,59,155–202]等。另一方面,对异向介质的深入研究促进了新概念的突破和新物理特性、超常规物理机制的发现,打破了传统电磁理论的限制,使得以往无法实现的超常规功能器件被不断设计出来,如高分辨率成像透镜[55,203–210]、隐身衣[7,9,110–118]、幻觉光学器件[5,8,211,212]、超薄谐振腔[213]、吸波器[214–220]、场旋转器[221]、电磁波控制器[9,222–244]、波束偏折器[245]、无线能量传输器[246]、场集中器[247,248]、极化器和极化控制器[249–256]等。

1.1.3 存在的问题

尽管理论上异向介质的奇异电磁特性和新物理机制为其应用研究描绘了美好蓝图,但实际设计和制作过程中迫切需要一些性能优良的异向介质单元来实现。即便物理现象再完美,高损耗的异向介质单元也会使实验大打折扣,甚至完全没有预期效果,因此异向介质单元的设计始终是异向介质研究的关键和核心问题。Pendry 和 Smith 开拓性的工作[33]以后,由于损耗大、带宽窄以及电磁特性不理想,人们开始探索和设计性能更加优异的单元。各种不同形状和性能的电结构和磁结构被相继报道出来,有的能减弱谐振特性以降低损耗,有的能实现小型化,有的便于不同情形下的加工,有的便于激励和耦合,有的便于不同频段的应用等。

尽管如此,异向介质的设计仍面临一些问题和重大挑战:一是如何实现异向介质单元的多频工作和模式操控。以往报道的绝大部分单元是单频窄带工作,而对于双频、多频、宽频工作的报道较少。部分多频异向介质单元基于不同频率的一种或多种单元进行简单组合,这种实现方式简单、直观但单元尺寸往往很大。二是如何实现更加小的单元使其构成块状结构的宏观特性更适合采用等效媒质理论来描述,这是所有从事异向介质研究人员共同面临的一个科学问题。较大的单元尺寸使得基于等效媒质理论设计的单元电磁特性与最终异向介质电磁特性有较大偏差,同时增强了入射电磁波的衍射效应,使得出射电磁波波前不平整,信号起伏和不连续性较大,各向异性、空间色散效应以及单元互耦等问题极为突出。正是这些问题的存在使得基于异向介质单元设计的新型器件和天线性能亟待改善,例如器件和天线的尺寸较大、通带插损恶化、天线辐射方向图不对称、天线辐射效率、增益、极化纯度以及解耦效率不理想等。

紧凑型异向介质单元具有以下几大优点:①由单元周期排列的块状结构的群集电磁特性更适合采用宏观电磁参数来表征和等效,由于复杂的电磁功能可以准确通过调控单元的物理参数来实现,因此等效媒质理论更能精确指导设计,提高了一次设计成功率;②相同晶格常数情形下,单元间相互作用将减小;③基于其设计的电磁器件、平面电路和天线[57]更容易实现小型化,顺应了现代无线通信系统中高集成电路需求;④寄生衍射效应的影响减弱,单元构成异向介质的过程更加类似于原子、分子构成自然物质的过程;⑤电磁参数收敛速度加快;⑥基于分形几何的紧凑型异向介质单元更容易实现多频工作和模式操控。

除了采用高介电常数和高磁导率的电介质基板外,目前单元的小型化技术主要有以下几种:①蜿蜒或螺旋技术[24,38];②多环与多臂螺旋技术[23,85];③分形技术[27,76,85];④多层耦合技术[60];⑤容性加载嵌入电路技术[156];⑥集总元件加载技术[207]等。虽然部分紧凑型异向介质单元被不断报道,但至今仍没有任何关于紧凑型异向介质单元设计的一般方法和准则,且应用研究还处于起步阶段。另外,紧凑型异向介质的工作机理和奇异电磁特性仍属于基础研究阶段。最后,上述小型化技术还存在众多缺点,高介电常数电介质板使得带宽急剧恶化,高磁导率介质能保持工作带宽,但自然界绝大多数材料都是非磁性的,难于制作或成本较大;容性加载嵌入电路由于其三维结构使得不易采用PCB进行加工,需要进行特殊组装,限制了其应用和推广;集总元件加载制作成本昂贵,大量焊接会造成寄生右手效应并给加工带来损耗和误差,且使加工变得复杂,同时由于自谐振集总元件只能低频工作,不能像分布结构一样响应空间电磁波,应用场合受限;多层耦合技术减小了某个维度的尺寸,但增加了厚度。

综上所述,紧凑型异向介质的发展与应用研究的现状是:思想十分活跃,理论面临挑战,研究零散不成系统,系统的设计方法尚未建立,新物理特性尚未充分挖掘,器件和天线应用要求非常迫切。因此,无论是从异向介质所面临的挑战还是从新概念超常规器件、天线的设计和性能提高上都亟待对紧凑型异向介质单元专门进行立项和研究。鉴于这一基本特征,课题组对紧凑型异向介质单元设计理论、方法和准则展开系统研究,深入挖掘紧凑型异向介质单元的奇异电磁特性并全面探讨其在天线、常规和超常规器件中的应用。对紧凑型异向介质单元的深入研究有望在新机理、新方法上取得突破,可望向均一化媒质迈进一步,提高一次设计成功率,为异向介质设计提供新思路和新方法,因此其研究成果将直接丰富等效媒质理论,有望加速异向介质的应用步伐和引发小型化高性能器件和天线的研制。

1.2　异向介质研究进展

异向介质开辟了新的研究领域,正在推动着新一轮的技术革新,它代表的不仅是一种材料形态,更多的是一种全新的材料设计理念,给人们的世界观和方法论带来了变革。异向介质发展迅速,日新月异,仅以异向介质为题目检索的 SCI 论文就有近 5000 篇。异向介质研究的主要内容包括以下几个方面:理论与机制研究、结构设计、实验与应用研究、方法和测试技术研究等。随着研究的不断深入,相关领域互相交叉,互为补充,界限也越来越模糊。下面根据材料参数属性对异向介质研究进展分别进行综述。对早期的一些理论和数值分析作简要介绍,重点针对异向介质单元设计与重大应用研究做系统阐述。

1.2.1　左手异向介质

左手异向介质是异向介质研究的起始、基础和关键。主要分为两类:一是基于物质与光波(电磁波)相互作用的粒子型块状介质或超表面;二是基于等效电路理论的 CRLH TL,分集总式和分布式两种,而分布 CRLH TL 又分谐振和非谐振两种。虽然部分学者认为 CRLH TL 只能在二维平面内实现,不能归入介质的范畴,但它已经突破二维局限并朝着三维左手异向介质迈进。从这个意义上讲,CRLH TL 与块状左手异向介质之间的差异逐渐模糊并最终回归到左手特性的本质。左手异向介质的发展并不是一帆风顺,曾经历了激烈的争议阶段,争论主要集中于"完美透镜"理论和负折射率两个方面[257,258],有关早期争议详见文献[4]。除了理论上的反驳之外,对负折射率的重复实验[259-261]是左手异向介质广为人们接受的一个重要因素。另外,Eleftheriades 等[55]和 Itoh 等[56]基于 CRLH TL 设计的"完美透镜"实验都间接地对左手异向介质的存在给予了坚实佐证,有关左手异向介质是否存在的争论才基本结束。在国内,左手异向介质研究起步稍晚,2004 年国家科技部正式启动了名为《新型人工电磁介质的理论与应用研究》的国家重点基础研究发展规划项目,先后 10 多家知名学术机构参与其中。

在理论与物理机制研究方面:负磁导率和负介电常数引起的一系列异常电磁学问题,如逆 Snell 折射效应[10]、逆 Doppler 效应[262]、逆 Cerenkov 效应[263]、反常 Goos - Hänchen 位移[264]等,左手异向介质中电磁波的传输和损耗来源问题[265],能突破衍射极限成像的"完美透镜"的数值理论分析问题[94,266,267],左手异向介质的非线性问题[268]、FDTD 方法分析问题[269]以及基于左手异向介质加载的天线性能理论分析问题,如在圆形微带天线上方加载左手异向介质覆层可以提高天线增益[270],将左手异向介质取代部分微带天线可以减小天线尺寸[271]和在电小偶极子天线周围加载左手异向介质外壳可以提高辐射功率[272]等。Caloz 等基于传输线理论和 Bloch 理论分析了非谐振 CRLH TL 的传输和色散、推导了双频和宽频的设计公式[56],Falcone 等从 Babinet 原理出发分析了互补开口环谐振器(Complementary Split Ring Resonators,CSRR)的负介电常数效应,开辟了分布 CRLH TL 的另外一个重要分支——谐振 CRLH TL[57],Selgal 等基于数值方法对 CRLH TL 的物理参数进行了综合[273],Eleftheriades 等理论分析了连续传输线的倏逝波放大作用[274],Liao 等基于场理论和本征模分析研究了谐振槽耦合腔传输线的色散特性[275],Michael 等基于旋转传输线矩阵的方法研究了三维各向同性 CRLH TL[276],Simone 等基于全波色散分析了

CRLH 漏波天线[277]。

左手异向介质的研究不仅使电磁、光学以及材料领域发生了颠覆性变革，而且推进了研究方法和测试技术的革新与发展[28]，主要包括传输频谱和传输矩阵法[32,33]、色散法[278]、多层相位差法[279]、等效电磁参数法[280,281]、劈尖样品仿真和近场测试法[33]、波导[32]和自由空间[259]测试法等。需要说明的是多数场合仅靠一种方法难以验证左手特性，往往需要上述多种方法交叉相互验证。以上物理机制、方法和测试技术研究均为左手异向介质设计和制备服务。左手异向介质性能的优劣直接关系到其应用与推广，因此其设计与制备始终是该领域的核心问题。在集总 CRLH TL 方面，如图 1.5 所示，Caloz 等基于 SMT 元件设计了一维集总传输线并制作了一系列双频与宽频器件[56]，Eleftheriades 等基于二维集总左手传输线网格和三维层叠传输线分别实现了二维[55]和三维[204]亚波长成像透镜，Engheta 等基于光学集总元件构建了光波频段的三维左手传输线和纳米电路[106]，中国科学院李芳等利用集总元件搭建了传输线网络并设计了幻觉器件[5]和场集中器[248]。

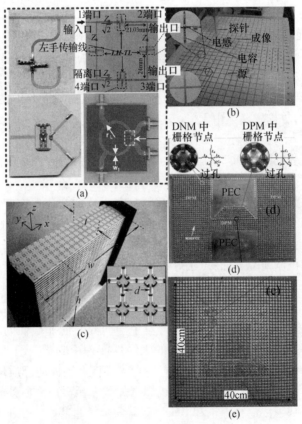

图 1.5　基于集总传输线的微波器件

(a) 双频 λ/4 开路分支线、分支线耦合器、功分器与宽频环形电桥[56]；

(b) 二维[55]和(c) 三维[204]聚焦透镜；(d) 幻觉器件[5]；(e) 场集中器[248]。

在非谐振分布 CRLH TL 方面，交指电容和短截线电感是最早提出的 CRLH 单元结构之一[56]，徐等通过交指电容的最外侧两指接地，减小了电路参数的不连续性和损耗并拓展了工作带宽[121]，Sanada 等基于蘑菇结构提出了二维 CRLH TL 并制作了平面透镜[56]，通过细金属线连接宽贴片避免了金属化过孔[58]，本课题组率先建立了基于 CSRR 的二维 CRLH TL[59]并探讨了其奇异辐射特性[164,175]，Horii 等提出了多层 CRLH TL[60]，Francisco 等基于连接金属线交指结构增加了左手带宽[61]，崔等基于基片集成波导设计了 CRLH TL[62]，Mao 等提出了基于宽边耦合的左手传输线[63]，Caloz 提出了对偶 CRLH TL 的概念[64]，随后 Wu 等基于缺陷地结构实现了对偶 CRLH TL[65]，Zhang 等在交指结构上加载变容二极管实现了对左手电容的调节[141]，本课题组提出的分形交指结构有效增加了左手电容，是传统交指电容的 2 倍[144]，Mao[66]和 Wei[67]等都基于共面波导实现了 CRLH TL，Hamidreza 等基于折叠 SRR 设计了同轴波导左手传输线[68]，Titos 等通过双螺旋单元间的耦合构建了左手传输线[69]，Itoh 等采用电介质谐振器实现了各向异性三维 CRLH TL[70]，Eleftheriades 等提出了支持双极化负折射的三维传输线[71]。在谐振分布 CRLH TL 方面，如图 1.6 所示，基于 CSRR 的 CRLH 单元[57]克服了块状左手异向介质的高损耗和集总传输线的低频工作限制，但其工作频带窄、高频带外抑制差且尺寸相对较大。之后大量的改进工作不断报道，Bonache 基于额外接地电感提出了基于混合方法的 CRLH TL，有效增加了设计的自由度[72]，Gil 等将 CSRR 由微带地板移至上层导带，保证了地板的完整性[73]，Vélez 通过对 CSRR 加载变容二极管实现了电感可调[74]，互补开环谐振器[75]和分形 CSRR[76]均有效减小了 CRLH 单元尺寸并增加了边缘选择性，类似的 CRLH 结构还有接地螺旋谐振器[77]、互补阿基米德螺旋谐振[78]以及互补 Ω 谐振器[79]等。这些 CRLH TL 各具优势，应用场合不同，本课题组提出了双并联支路 CRLH TL 的概念，并对其电磁特性、设计与应用展开了详细研究[80,81,137,162]。

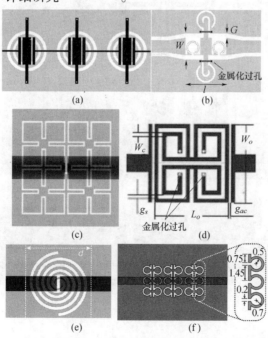

图 1.6　分布谐振 CRLH TL

（a）混合方法[72]；（b）互补开环谐振器[75]；（c）分形 CSRR[76]；（d）接地螺旋谐振器[77]；

（e）互补阿基米德螺旋谐振[78]；（f）互补 Ω 谐振器[79]的分布谐振 CRLH TL。

在粒子型块状左手异向介质方面,如图 1.7 所示,主要有下列研究工作:①以 Pendry 和 Smith 等为代表的基于金属线等电谐振器和 SRR 等磁谐振器的左手异向介质,由于这类介质通常要求电磁波平行金属结构入射以保证磁场垂直穿过磁谐振器,所以也称为平行入射左手异向介质。②以 Soukoulis 等为代表的垂直入射左手异向介质。③以 Holloway 等为代表的电介质结构左手异向介质。在平行入射左手异向介质方面,Marques 等提出空金属波导在主模截止频率以下能够替换 Rod 阵列实现电等离子特性,从而和填充其内部的 SRR 实现左手特性[35],Ziolkowski 等证实由 CLS(Capacitively loaded strips)和 CLL(Capacitively loaded loops)构成的块状媒质具有左手特性[36],Ozbay 等提出了迷宫结构[37],Chen 等提出了 S 形[4]和蜿蜒 S 形结构[38],Ran 等提出了 Ω 形结构[39],Zhao 等提出了树枝型[40]、六边形缺陷[41]和 H 形结构[42],Harris 等基于金属线阵与铁氧体片设计了左手异向介质[43],Smith 等基于磁谐振器与电耦合电谐振器设计了左手异向介质[44],屈等在基于共面电、磁谐振器的左手异向介质方面做了大量工作[28],本课题组基于分形结构设计了具有多频磁谐振的左手异向介质[45,46]。在垂直入射左手异向介质方面,主要以金属短线对结构[47]和工作于太赫兹、红外甚至可见光波段的渔网结构[104]为代表,之后还有大量改进结构,如单环 SRR 对、耶路撒冷十字对和连通开口环[28]、双层 H 分形结构对[48]以及三环 SRR 对[49]等。在电介质结构左手异向介质方面,除了最开始的电介质球结构外[50],还有立方体[51]、碟形[52]、圆柱形电介质结构[53]等,2012 年 Yahiaoui 等还制作了红外频段的全介质左手异向介质[54]。

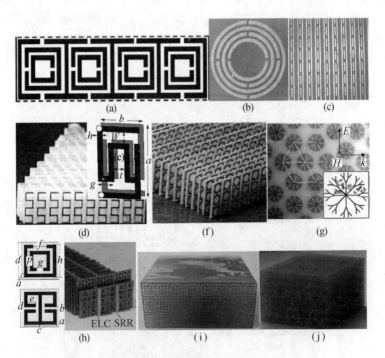

图 1.7　粒子型块状左手异向介质

(a) CLS 和 CLL[36];(b) 迷宫[37];(c) 金属短线对[47];(d) S 形[4];(e) 蜿蜒 S 形[38];(f) Ω 形[39];(g) 树枝形[40];(h) 电磁谐振器[44];(i) 共面电磁谐振器[28];(j) 树状分形等结构的左手异向介质[46]。

1.2.2 单负异向介质

单负异向介质分电负和磁负两种,由于其折射率虚部和损耗很大,在这类介质中传输的电磁波衰减很快而不能传输,称为倏逝波。单负异向介质起初主要为合成和制备左手异向介质而提出,但后续研究发现这类介质具有更大的潜在应用,主要体现在以下两个方面:一是基于电谐振或磁谐振单元的吸波器,如图 1.8 所示,主要利用单负异向介质的高损耗,如基于不同电谐振单元的全向吸波器[214]、基于二极管磁谐振单元的可调吸波器[215]、基于金属 – 电介质多层渐变金字塔结构的宽频吸波器[216]、基于传输线理论的多频吸波器[217]、基于弹性膜和半圆铁圆盘的声波吸波器[218]、基于磁负结构的近零磁导率吸波器[219] 以及基于光栅结构的光波等离子吸波器[220] 等;二是基于磁负或电负异向介质单元的天线解耦和带外抑制应用,主要利用其阻带特性。Sarabandi 等利用内嵌电路磁谐

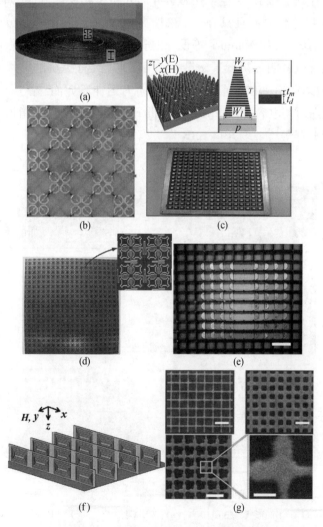

图 1.8 基于单负异向介质的吸波器

(a) 全向[214];(b) 可调[215];(c) 宽频[216];(d) 多频[217];(e) 声波[218];(f) 零磁导率[219];(g) 等离子吸波器[220]。

振器使得相邻微带天线的隔离度达到 20dB[25]。Ramahi 等采用宽边耦合磁谐振器有效降低了相邻两个很近的高剖面单极子天线的耦合[176]。2013 年，Ketzaki 等采用容性加载的开口方形磁谐振器有效减小了两个印制单极子天线的耦合[178]，Cui 等基于波导环境下设计的磁谐振器使得相邻微带天线之间的耦合减小 6dB[177]，Mandal 基于 CSRR 的单负介电常数效应设计了低通滤波器，由于 CSRR 在谐振频率附近阻断信号传输，有效提高了滤波器的边缘陡峭度并增加了阻带抑制深度和带宽[149]。

在电负异向介质单元设计方面，如图 1.9 所示，除了工字形电结构外[110]，还有 Smith 等提出的 ELC(Electric-field Coupled Inductive-capacitive Resonator)结构[12]、各种 ELC 衍生结构[13]、基于双 ELC 结构[14]和不同大小 SRR 对[15]的双频太赫兹电谐振器、六边形 ELC 结构[16]、H 分形电材料[17]、基于交指电容的小型化 ELC 结构[18]以及本课题组提出的互补磁谐振器[19]等。在磁负异向介质单元设计方面，如图 1.10 所示，由于 SRR 结构的电尺寸较大而且只有一个磁谐振，因此后期相当一部分工作致力于小型化多频磁谐振器的研究，如 Marques 等设计的宽边耦合 SRR 有效消除电场与磁场间的耦合且增加的耦合电容明显降低了磁谐振频率，因此具有更小的电尺寸[21]，还有 H 分形磁谐振器[22]、多环 SRR 和迷宫谐振器[23]、向内延伸 SRR 结构[102]、螺旋谐振器[24]、内嵌电路磁谐振器[25]、电容加载 SRR[26]、Hilbert 分形磁环[27]、交指形、田字形、旋转环和带边线的磁谐振器等[28]，多开口 SRR[29,30]以及本课题组设计了基于 Hilbert 分形的互补 ELC 结构[31]。

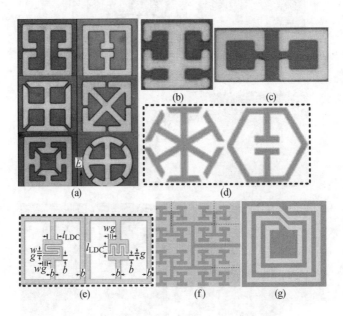

图 1.9　基于不同形状的电谐振器

(a) 不同形状单频 ELC[13]；(b) 双 ELC 结构[14]；(c) SRR 对[15]；

(d) 六边形 ELC 结构[16]；(e) 小型化 ELC[18]；(f) H 分形材料[17]；(g) 互补磁谐振器[19]。

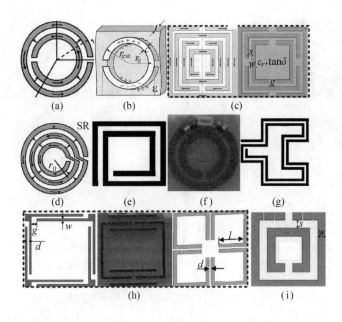

图 1.10　基于不同形状的磁谐振器

（a）传统 SRR；（b）宽边耦合 SRR[21]；（c）多环与迷宫结构[23]；（d）螺旋 SRR[24]；（e）内嵌电路磁谐振结构[25]；
（f）电容加载 SRR[26]；（g）Hilbert 分形 SRR[27]；（h）交指形、带边线和田字形 SRR[28]；（i）多开口 SRR[30]。

1.2.3　渐变折射率与光学变换异向介质

GRIN 与光学变换异向介质可以说是当前应用最多的一类异向介质,具有非均匀的折射率分布。光学变换理论则为获得新型奇异功能提供了有力的设计方法和工具,而GRIN 异向介质由于工作频率远离谐振区,因而损耗小、工作带宽宽,同时由于折射率可以被任意操控因而具有很强的电磁波调控能力,广受研究人员的青睐。隐身衣是光学变换理论与 GRIN 异向介质结合的一个典型范例[7,110-116]。在透镜设计方面,如图 1.11 所示,Smith 等基于光学变换理论设计的二维龙伯透镜能将曲面聚焦面变成平面聚焦面[180],且大角度入射的电磁波也能聚焦到该聚焦面上,Cui 等利用各向同性介质打孔结构实现的三维龙伯透镜[181]在很宽的带宽和扫描角范围内实现了高增益辐射,随后他们在透镜系列方面做了很多开创性的工作,包括三维平板透镜[182]、二维鱼眼透镜[183]、三维鱼眼透镜[184]以及同时调控幅度和相位的圆柱平板透镜[190]等,这些透镜均能在很宽的带宽范围内将球面波或柱面波转换成平面波。最近 Cui 等基于放大变换和介质打孔结构设计的二维透镜能将两个小于半波长距离的物体分辨开来[209],本课题组率先将分形几何的思想融入 GRIN 的设计,并在单极子天线激励下设计了宽带半鱼眼透镜[186]和平板透镜天线[187],结果表明,透镜天线在超过一个倍频程范围内实现了高定向性单波束和多波束。在幻觉光学方面,Cui 等采用一个精心设计的异向介质外壳将一个金属目标的散射信号变成了一个缩小目标和两个电介质体的散射信号,实现了幻觉隐身[211],本课题组与东南大学 Meta 组合作,实现了多功能超散射幻觉器件,能将一个金属目标信号变成一个放大目标和多个电介质体的散射信号[212]。

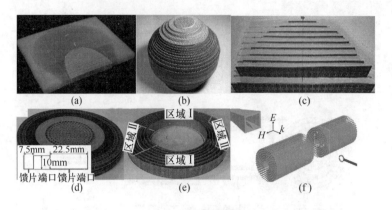

图 1.11　在透镜设计方面的渐变折射率异向介质

(a) 二维透镜[180];(b) 三维龙伯透镜[181];(c) 二维鱼眼透镜[183];

(d) 高分辨率透镜[209];(e) 幻觉隐身衣[211];(f) 场旋转器[221]。

　　在电磁波控制方面,如图 1.12 所示,Chen 等基于光学变换设计的异向介质能使入射电磁波的场产生旋转[221],Capasso 等基于 V 形纳米天线阵列构建了相位 $0 \sim 2\pi$ 不断变化且工作于 $5 \sim 10\mu m$ 波段的相位突变超表面,实现了对散射电磁波的相位调控。研究表明,该超表面可以对反射波和折射波进行任意操控,从而实现了负折射、负反射、异面折射和异面反射等一系列奇异效应,即广义反射和折射定律[222],随后他们实现了将线极化波转化为圆极化波的 1/4 波长相位突变波片[223]、不依赖于螺旋相位板的超薄光学涡旋片[224]、平面透镜和轴锥透镜[225]、极化可控的 SPP 定向耦合器[226],Shalaev 等的研究表明,采用一些结构不断变化的等离子超表面能调控光子的流动,产生奇异的光束弯折现象[227],Zhou 等设计的突变相位超表面能使传输波转变成表面波[228],Grbic 等通过优化包含不同单元的电结构和磁结构产生电极化和磁极化电流,实现了对电磁波波前的控制并形成了惠更斯表面[229],伯明翰大学 Zhang 等在圆极化波激励下采用不同旋转角度的纳米金属条阵实现了宽频反常反射和和折射效应[230]、可见光波段双极化透镜[231],将人工超表面的异常反射特性应用于三维全息成像中,获得了传统器件难以实现的高分辨率成像[232],加利福尼亚大学 Zhang 等基于 V 形阵列天线设计的突变相位超表面,突变相位引入的非线性动量使得光的路径不完全由费马定律决定。为满足出射波的极化方向与传播方向垂直,出射波势必会产生一个极化旋转,打破了系统的轴向对称性和极化的旋向对称性,验证了光的旋转霍耳效应[233],Feng 等基于等效原理通过在多个谐振结构引入变容二极管设计了有源阻抗超表面,实现了电磁波反射相位 360° 的动态调控[234],除了相位可调之外,他们最近还实现了幅度同时任意可调的超表面[235],Qu 等基于表面波转化和奇异反射双重机制实现了宽带 RCS 减缩[236],Liang 等基于交指结构设计了声波超表面并基于对反射波前的操控实现了奇异波束偏折、聚焦透镜以及轴锥体[237],Tang 等基于交指结构研究了声波段能产生奇异折射的超薄突变相位超表面[238],Alu 等通过调控超表面单元的色散特性使其远离谐振区域,提高了 1/4 波片的带宽和转换效率[239],他们理论证明了单层突变相位超表面的固有低交叉极化耦合效率,且对称要求一半耦合能量在超表面反射方向辐射。为克服以上缺陷,他们引进切向磁流通过堆叠三层精心设计的超表面来操控一维光传输并同时使反射最小[240]，极大提高了设计自由度并实现了"完美相位"控制，最近，他们还基于等离子金属银、电介质材料以及金属背板的复合材料设计了反射阵超表面，通过调节电小单元各部分的比例可以对表面电抗进行调控并保持很高的转换效率，从而可以实现对反射波前任意操控[241]。Lee 等研究了等离子超表面的非线性[242]，Silva 等采用数值计算方法对异向介质展开了研究[243]，包括微分、积分、卷积等运算，Dianmin 等基于电介质超表面实现了超薄轴锥体、透镜等光学器件[244]，Yin 等采用木料堆 GRIN 异向介质设计了宽带全向电磁波集中器[247]。

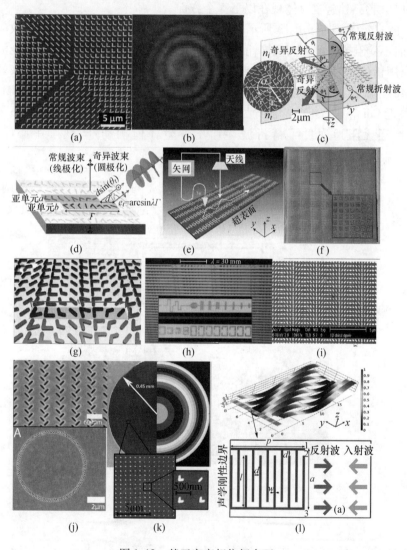

图 1.12 基于突变相位超表面

（a）光学涡旋片[222]；（b）光涡旋效应测试图像[222]；（c）、（d）1/4 波长相位突变波片[223]；

（e）传输波到表面波转换器[228]；（f）RCS 缩减[236]；（g）光波控制器[227]；

（h）惠更斯源[229]；（i）宽频奇异折射纳米金属条阵[230]；

（j）SPP 定向耦合器[226]；（k）平面透镜[225]；（l）声波段反射波控制器[237]。

1.2.4 零折射率异向介质

零折射率异向介质(ZIM)主要分为三类,包括介电常数趋于零的异向介质(Epsilon - near zero metamaterial, ENZ)、磁导率趋于零的异向介质(Mu - near zero metamaterial, MNZ)以及介电常数和磁导率同时趋于零的异向介质(也称各向同性零折射率异向介质)(Isotropic zero - index metamaterial, IZIM)。与 IZIM 对应的是各向异性零折射率媒质(Anisotropic zero - index metamaterial, AZIM)。Enoch 开拓性的工作之后[83],国际上掀起了一股对 ZIM 的研究热潮,主要体现在以下 5 个方面。

(1) 隧穿效应。如图 1.13 所示,Engheta 等理论研究了 ZIM 的强耦合效应和隧穿效应,信号能不受阻抗失配影响低损耗地穿过一个狭长通道[282],这在微波和光波电路中具有潜在应用价值,随后 Smith 等[283]和 Engheta 等[284]几乎同时通过实验对该效应进行了验证,Ourir 等研究了多通道 ZIM 的隧穿效应[285],Alu 等研究了声波段 ZIM 的隧穿效应[286],最近 Cui 等在弯折凸起波导处填充零折射率媒质,由于零折射率媒质的强耦合效应,能量畅通无阻地通过了弯折波导而不产生任何扰动,实现了中心小块区域的隐身[287]。

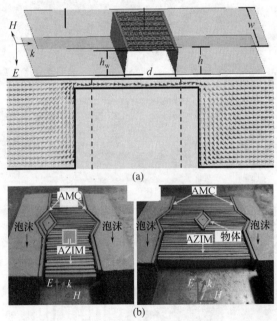

图 1.13 基于零折射率异向介质
(a) 隧穿效应[283];(b) 隐身衣[287]。

(2) 零折射率异向介质中引入不同缺陷时的"完美透射"与全反射效应。如图 1.14 所示,Hao 等从理论上研究了零折射率异向介质中加载"完美"电导体(PEC)和"完美"磁导体(PMC)缺陷可以实现全反射和"完美传输"[288],Nguyen 等从理论上研究了零折射率媒质中引入不同大小的介质缺陷同样可以实现"完美传输"和全反射[289],该现象后来在声波段得到了证实[290],由于介电常数和磁导率同时为零的 IZIM 在实际中很难实现,Chen 等研究了 ENZ 媒质中引入不同缺陷时的全透射与全反射效应[291],他们的研究还表明通过改变 ENZ 媒质中圆柱缺陷的物理参数和材料参数可以实现对传输特性的操控[292]，Cui 等在二维波导环境下通过阵列 SRR 平板合成了磁导率接近零的 AZIM，然后在 AZIM 中引入 PEC 和 PMC 缺陷首次验证了全反射和全透射现象[293]。

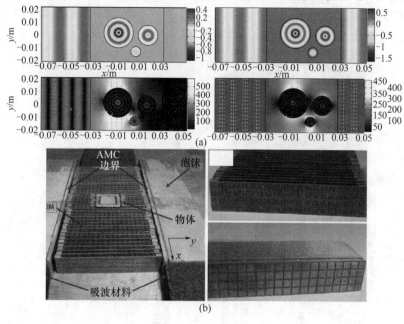

图 1.14 零折射率异向介质中不同缺陷时的"完美传输"与全反射
(a) 现象[290]；(b) 实验[293]。

（3）圆形 AZIM 的全向传输与波束弯折效应。如图 1.15 所示，前者圆形 AZIM 的径向折射率为零而后者切向折射率为零，Cui 等利用 6 层刻蚀有 SRR 结构的柔性 PCB 实现了径向磁导率为零的 AZIM 外壳，研究表明任意放置其中的两个线源辐射功率均可在空间高效合成，同时辐射能量依然呈现全向均匀分布[294]，Lai 等[295] 和 Feng[296] 的研究表明切向介电常数为零的 AZIM 能实现电磁波的完美弯折，后来 Cui 等在二维波导环境下首次验证了 90°的波束弯折功能[297]。

（4）AZIM 在高定向性天线中的应用研究。如图 1.16 所示，Alu 等利用 ENZ 媒质实现了对辐射波相位方向图的调控[191]，Wu 等利用零折射异向介质提高了喇叭天线的辐射方向性[192]，Zhou 等采用金属线阵的低折射率实现了单极子天线的高定向辐射[193]。虽然 Enoch 提出的 ZIM 能减小波瓣宽度和提高天线的方向性，但存在严重不匹配且损耗较大。为解决匹配问题，Ma 等提出了 AZIM 的概念。由于传播方向上的介电常数或磁导率分量为零而其他方向上的材料参数不为零，AZIM 与空气依然可以有效匹配且不会影响天线的高方向性[194]，Cui 等还研究了 AZIM 在 Vivaldi 天线中应用，结果表明 AZIM 使得 Vivaldi 天线的增益提高了 3dB 且半功率波瓣宽度减小了 20°[195]，Ramaccia 等基于相位补偿原理采用传统材料和 ENZ 材料有效减小了喇叭天线的长度[196]，Werner 等利用双极化三维 AZIM 透镜有效增强了交叉偶极子圆极化天线的方向性[197]，采用 AZIM 涂层有效地增强了半波长槽天线的单向电磁辐射[198]，同时基于光学变换理论实现的近零磁导率异向介质透镜不仅能使单极子天线产生四波束而且有效增加了天线增益和阻抗带宽[199]，Wang

等基于 MNZ 有效改善了贴片天线的法向辐射特性,实现了低交叉极化电平和低后瓣等优异性能[200],Meng 等采用金属条和 SRR 衍生结构实现了介电常数和磁导率同时近零的透镜,由于透镜与自由空间匹配良好,其可以脱离喇叭而不影响天线的高方向性[201],本课题组设计了三维复合 AZIM 单元,使得传输方向上介电常数和磁导率同时趋于零,实现了喇叭天线 E 面和 H 面的高定向性辐射[202]。

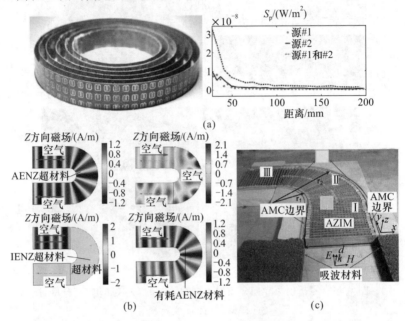

图 1.15 圆形 AZIM 的全向传输与波束弯折效应

基于零折射异向介质的(a)全向功率合成[294];(b)180°完美弯折现象[295];(c)90°完美弯折实验[297]。

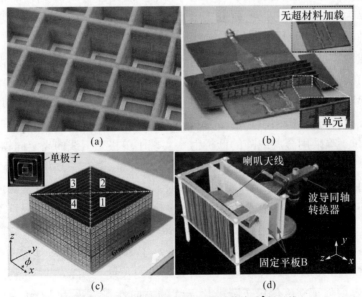

图 1.16 基于零折射率异向介质的高方向天线

(a) 三维零折射率透镜[197];(b) 高定向性半波槽天线[198];(c) 多波束天线[199];(d) 喇叭透镜天线[201]。

（5）基于 ZIM 的无限大波长特性在电路和器件小型化中的应用，如基于零相移 CRLH TL 的小型化功分器[126]。

1.2.5 高折射率异向介质

目前，对高折射率异向介质的研究还比较零散。Buell 等利用内嵌电路磁谐振结构设计了高磁导率异向介质，将这种高磁导率或高介电常数介质作为天线基底，天线尺寸明显得到减缩[155]，Lee 等采用工字形结构的电响应设计了太赫兹波段高介电常数异向介质，等效折射率达到了 33.2，该工作发表在 *Nature* 上[298]，Werner 等利用这种工字形异向介质的高折射率有效展宽了单极子天线的带宽[159]，2013 年基于立方体交叉方形金属板结构的微波段高折射率材料也被制作出来，该结构具有各向同性、宽带和低损耗等优良特性[299]。

1.3 本书主要内容

当异向介质单元非常电小时，单元的结构、属性以及排列方式决定最终复合媒质的电磁特性，否则单元电磁特性与最终设计的异向介质有较大偏差。为突出重点和不失一般性，本书基于等效媒质理论从最基础的异向介质单元设计着手，力图从最广泛的意义上建立紧凑型异向介质单元的设计理论与一般设计方法，探索小型化微波器件的新机理和新方法，提高功能器件的性能与一次设计成功率。本书以紧凑型异向介质单元设计理论和应用为主线，由一维 CRLH TL 扩展到二维人工电磁超表面，再拓展到三维异向介质，由浅入深，自然拓展，本书结构安排如图 1.17 所示，其中，一维是基础，其设计理论、方法可以直接被二维和三维借鉴，二维是核心，三维是深化。全书共分 9 章。

第 1 章介绍异向介质的概念、发展历史、存在的问题及研究进展。

第 2 章介绍紧凑型集总 CRLH TL 的设计方法以及分布电路参数的提取方法；并基于紧凑型集总 CRLH TL 设计了小型化双频环形电桥、双工器、宽频四位数字移相器、宽频巴伦对新方法进行验证。

第 3 章建立分布 CRLH TL 的电路参数提取方法、工作机理和设计方法，提出一种基于 CSRRP 加载的新型谐振 CRLH 结构并给出其等效电路，基于 CSRR、CSRRP、GC/SSI 和 WDC/MSSI 等 4 类分布 CRLH TL 系统研究了分形 CRLH 单元的电磁特性和小型化物理机制，介绍紧凑型分布 CRLH TL 的小型化物理机制与在宽带漏波天线、威尔金森功分器、超宽阻带滤波器、一分四串联功分器和 Bulter 矩阵等微带电路小型化中的应用。

第 4 章建立了具有双并联支路的一维 CRLH TL 理论、实现方法和准则，分析了它的奇异电路特性，然后在此基础上提出了基于 CCSRR 和分形 CSRRP 两种实现方案，分析并验证了两种 CRLH TL 的左手电磁特性；采用上述两种 CRLH 结构设计了平衡带通滤波器、非平衡双频滤波器、双工器以及双频天线，器件的双频传输零点特性和天线的双零阶谐振特性验证了双并联支路 CRLH TL 理论。双并联支路 CRLH 单元具有平衡态易调整、带宽较宽以及边缘选择性好等诸多优点，在提高边缘选择性、谐波抑制与全向辐射中具有潜在应用。本章内容拓展了 CRLH TL 理论，为平衡左手传输线设计和高性能器件开发提供了一种新方法和新思路。

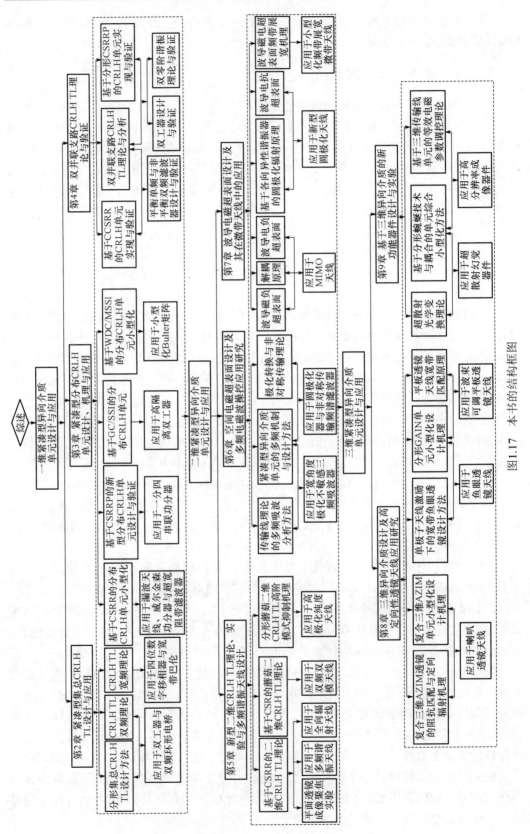

图1.17 本书的结构框图

第 5 章首次基于 CSRR 构建了二维 CRLH TL 及其相应理论与分析方法,基于 Bloch 理论、色散理论分析了二维 CRLH TL 的左手特性,设计了"完美透镜"实验,验证了该二维 CRLH TL 理论与左手负折射率特性;然后基于建立的理论和分析探讨了新型二维 CRLH TL 在谐振天线中的系列应用,建立了二维 CRLH 多频天线的设计方法,研制的 3 种天线分别实现了多频线极化、极化与辐射方向图多样性以及全向频扫特性;随后建立了基于 CSR 的蘑菇二维 CRLH TL 的分析方法与工作机理,基于上述多频天线设计方法研制了小型化双频双模微带天线;最后基于前面的理论和方法提出了基于分形几何设计二维 CRLH TL 的思想,分析了分形蘑菇 CRLH 单元抑制寄生模式的工作机制,建立了多频高极化纯度天线的设计方法,并设计了多频天线进行验证。本章内容拓展了二维 CRLH TL 在天线中的应用范畴,尤其是天线设计思想在工程应用中可以被广泛借鉴,并为三维异向介质设计提供方法基础。

第 6 章分析了多频紧凑型异向介质单元的工作机制并建立了一般设计方法和原则,然后在此基础上研究了基于多频紧凑型异向介质单元的二维空间超表面设计及其在操控电磁波传输、反射以及极化转换方面的应用,包括多频吸波器、圆极化器以及二极管式非对称传输频谱滤波器。在多频传输操控方面:首先基于分形、蜿蜒以及加载分布电抗元件等复合方法并通过优化布局提出了一种设计紧凑型异向介质单元和多频吸波的新方案;然后基于传输线理论率先建立了多频吸波分析方法;最后对设计的吸波器进行了仿真和测试。

在多频极化操控方面:首先对极化转换与非对称传输进行了理论分析,提出了将镜像与扭转相结合增强手征特性的新方案并基于分形与螺旋结构设计了两种具有强手征特性的多频紧凑型异向介质单元,由于分形和螺旋结构增加了单元的非对称性,手征单元不存在任何镜像对称和四重旋转对称性,因而具有更强的二向色性和旋光性;在此基础上设计了两种具有强手征特性的多频紧凑型异向介质超表面,然后基于手征单元的二向色性和巨旋光性分别探讨了其在 X 波段圆极化器和二极管式非对称传输频谱滤波器中的应用。

第 7 章主要介绍波导电磁超表面的设计及其在微带天线中的系列应用,主要包括 3 个方面的工作:①微带天线阵解耦方面,率先提出了基于电负异向介质降低天线耦合的方案。首先通过散射矩阵分析了解耦的一般原理,并通过场分布分析得出微带阵列天线单元间的磁场耦合相互作用机制,然后基于该原理和机制分别提出并设计了基于 Hilbert 分形的紧凑型波导磁负异向介质单元、基于螺旋技术的紧凑型波导电负异向介质单元和基于互补反向螺旋结构的电负异向介质单元。为验证解耦思想,基于波导磁负超表面和波导电负超表面分别设计了 3 种工作于 WiMAX 频段的微带 MIMO 天线和一种工作于 2.6GHz 的更加电小微带 MIMO 天线。②微带圆极化天线方面,基于电抗超表面和紧凑型各向异性谐振器的混合设计思想提出了实现微带圆极化天线的新方案。首先分析了波导电抗超表面降低天线工作频率和改善天线性能的工作机理,其次设计了两种紧凑型各向异性谐振器 CCFT 和 TCSR 并系统地分析了其电磁特性与实现微带圆极化辐射的基本原理,在此基础上形成了该方案下圆极化天线的一般设计方法,最后将 CCFT、TCSR 与波导电抗超表面结合分别设计了 3 种高性能圆极化天线。③小型化微带天线频带展宽方面,基于有效介电常数和有效磁导率参数的同时操控提出了微带天线频带展宽的新方案。首先,基于等效媒质理论分析了微带贴片天线同时实现小型化和频带拓展的作用机理,其次设计了基于 EHL 和 CSR 单元加载的波导磁电超表面单元,并系统分析了其材料参数,最后将磁电超表面单元加载于微带天线,同时实现了天线的小型化和频带拓展。

第 8 章基于紧凑型异向介质单元分别从仿真和实验探讨了新型异向介质透镜在提高天线方向性方面的系列应用。分别设计了基于复合三维 AZIM 单元的喇叭透镜天线、基于 GRIN 单元的三维宽带半鱼眼透镜天线以及三维宽带波束可调平板透镜天线。首先,探讨了复合三维 AZIM 单元的设计与小型化方法并给出了两种新型单元结构;分析了传输方向上同时满足 $\mu_z \to 0$ 和 $\varepsilon_z \to 0$ 时三维 AZIM 透镜的阻抗匹配与定向辐射机理;基于紧凑型三维 AZIM 单元设计了喇叭透镜天线并对其进行了数值和实验验证。其次,提出了基于分形几何设计紧凑型 GRIN 单元的思想并研究了其电磁特性;基于仿真分析建立了印制单极子天线激励下新型宽带三维半鱼眼透镜天线系统的设计原理和设计方法;系统分析了关键参数对天线性能的影响,在此基础上基于分形 GRIN 单元设计和实验验证了透镜天线系统。最后,分析了印制单极子天线激励下三维平板透镜天线的宽带匹配原理并建立了其设计方法;研究了透镜天线系统的实现,建立了一种实现天线可调多波束的新方案,基于分形 GRIN 单元实验验证了该透镜天线系统和多波束形成方案。

第 9 章主要从空间电磁波与异向介质相互作用的角度探讨了紧凑型异向介质单元在新功能器件中的设计与实验。首先基于光学变换理论提出了一种能实现复杂幻觉功能的超散射幻觉新方案,建立了设计的一般理论和方法,提出了一种基于分形蜻蜓技术与电、磁谐振单元相互作用的综合方法来设计具有低电等离子频率的紧凑型异向介质单元,利用 6408 个具有不同物理参数的单元制备了样品并从实验上验证了它的奇异功能。其次提出了一种提高透镜分辨率的新方案,理论分析了一种紧凑型三维层叠传输线单元的工作机制并建立了参数调控方法,基于该方法设计了成像透镜并制备了样品,搭建了精确测量 S 参数的空间测量装置并完成了测试。

第 2 章　紧凑型集总 CRLH TL 设计与应用

集总 CRLH TL 是研究最早的左手异向介质之一,虽然基于集总 CRLH TL 的小型化、双频和宽频微波器件被不断报道[55-57],但绝大多数器件只是兼顾其中某一特性的实现,如部分器件实现了小型化但性能遭到恶化,部分器件获得了双频、宽频特性,但实现方案并非最优且尺寸甚至比传统器件还大,这显然与人们对微波集成电路日益增长的需求背道而驰,因此迫切需要新方法同时实现双频、宽频器件的小型化和高性能。

本章将建立紧凑型集总 CRLH TL 的精确设计方法与基于双 CRLH TL 的双频方案和宽带理论,并基于紧凑型集总 CRLH TL 设计了小型化双频环形电桥[140]、双工器、宽频四位数字移相器[126]、宽频巴伦[123]对新方法进行验证,由于本章紧凑型 CRLH TL 主要是基于分形技术实现的,因此后面也称分形 CRLH TL。

与纯分形技术相比,由于分形 CRLH TL 的非线性色散关系,分形弯折效应对 CRLH TL 特性阻抗和相移常数等电气特性的影响较传统右手微带线明显缓解,同时紧凑型 CRLH TL 的特性阻抗不依赖于导带宽度且不需要高阶分形即可实现小型化,因而同等电性能条件下有更多的导带宽度选择进行分形设计;与纯 CRLH TL 技术相比,分形 CRLH TL 能使微波电路获得更加显著的小型化和多频电磁扰动。因此,基于分形几何和 CRLH TL 的复合方法具有更多的设计自由度,不仅可以实现电路的小型化,同时克服了传统分形或蜿蜒线中 Z_β 和 β 对弯折效应的敏感性。

2.1　任意分形集总 CRLH TL 的精确设计方法

分形几何由于具有空间填充特性和自相似性使得基于其设计的器件和天线具有独特的电磁特性[298-300],由衡量空间填充能力的 Hausdorff 维数 D、迭代因子(Iteration Factor,IF)和迭代次数(Iteration Order,IO)共同决定,其中 IF 代表分形结构的生成法则,IO 代表重复操作的次数。本节提出了将分形几何与集总 CRLH TL 结合设计紧凑型 CRLH TL 的思想,建立了分形集总 CRLH TL 的精确设计方法与基于双 CRLH TL 的宽带理论和双频方案,并基于分形集总 CRLH TL 设计了小型化宽带巴伦和小型化双频环形电桥进行验证。

CRLH TL 的等效电路[56]如图 2.1(a)所示,其中:左手电感 L_L;左手电容 C_L;右手寄生电感 L_R;右手寄生电容 C_R;特性阻抗 Z_c;单元数目 N;工作角频率 ω。图 2.1(b)给出了建立的紧凑型集总 CRLH TL 设计方法流程图。

第 1 步:确定 CRLH TL 电路参数。根据器件的工作频率和相位特性并基于等效电路理论推导合成 CRLH TL 所需要的电路参数。

第 2 步:确定微带线的物理参数。由于采用片状 SMT 元件实现 CRLH TL 的左手部分,微带线实现 CRLH TL 的右手部分,则可根据电路参数 L_R、C_R 计算所需微带线的电位

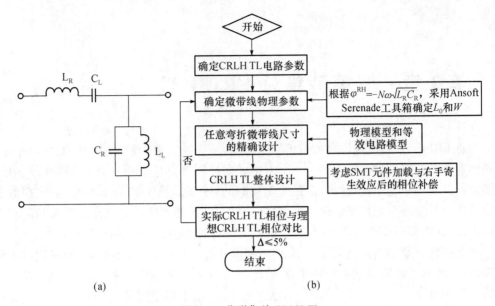

图 2.1　分形集总 CRLH TL

(a) 等效电路;(b) 精确设计方法流程图。

移为

$$\varphi^{\mathrm{RH}} = - N\omega \sqrt{L_{\mathrm{R}}C_{\mathrm{R}}} \tag{2.1}$$

双频设计中,式(2.1)中 ω 为低频角频率。根据端口特性阻抗、电位移以及介质板参数并通过 Ansoft Serenade 工具箱即可确定微带线的物理长度 L_0 和宽度 W。

第 3 步:任意弯折微带线尺寸的精确计算。由于紧凑型 CRLH TL 主要利用分形几何或蜿蜒结构的空间填充特性,其在右手微带电路中会不可避地引入弯角,并产生相位漂移和电流不连续性效应。将直角弯角改为切角弯角一定程度上能缓解电流不连续性,但不能彻底消除。这里弯角引起的效应由串联支路电感 L_{b} 和并联支路电容 C_{b} 组成的 T 形电路等效,根据公式 $\varphi = - \omega \sqrt{L_{\mathrm{b}}C_{\mathrm{b}}}$ 可知弯角效应将会在 CRLH TL 中引入额外的右手寄生相移,影响紧凑型 CRLH TL 的精确设计,因此准确评估每个弯角处产生的额外相移显得尤为重要。下面分别从物理模型和等效电路模型两个角度对弯折微带线进行精确设计。

从物理模型出发,采用长度为 Δb 的微带线来等效弯角产生的相位漂移效应,其可通过下式计算[301]:

$$\Delta b = \frac{19.2\pi h}{\sqrt{\varepsilon_{\mathrm{eff}}}Z_{\mathrm{c}}}\left[2 - (f_0 h/0.4Z_{\mathrm{c}})^2\right] \tag{2.2}$$

式中: $\varepsilon_{\mathrm{eff}}$ 为有效介电常数; h 为介质板厚度; Z_{c} 为微带线特性阻抗; f_0 为工作频率。

通过补偿,可得由 n 个弯角构成的微带线的直线部分长度为

$$L = L_0 - n \times \Delta b \tag{2.3}$$

从等效电路模型出发,可以得到弯折微带线直线部分的电长度为

$$\varphi^{\mathrm{RH}} = N\omega \sqrt{L_{\mathrm{R}}C_{\mathrm{R}}} - n\omega \sqrt{L_{\mathrm{b}}C_{\mathrm{b}}} \tag{2.4}$$

当弯角为直角且 $W/h < 1$ 时, L_{b} 、 C_{b} 可通过如下经验公式分别进行估算[302]:

$$\frac{L_b}{h} = 50(4\sqrt{W/h} - 4.21) \tag{2.5a}$$

$$\frac{C_b}{W} = \left[(14\varepsilon_r + 12.5)\frac{W}{h} - (1.83\varepsilon_r - 2.25)\right] / \sqrt{W/h} + 0.02h\varepsilon_r/W \tag{2.5b}$$

同样,对于 $W/h \geqslant 1$ 以及弯角为切角的情形均有相应的经验公式对 L_b、C_b 进行估算。

第 4 步:CRLH TL 整体设计。首先由于实际片状 SMT 元件不可避免的存在右手寄生电感 L_{b1}、电容 C_{b1} 效应,其引起相位滞后和误差不可忽略,其次由于集总元件一般加载于分形微带线的凸起部分,该部分的传输效应同样需要考虑,以上两个效应均通过分形 CRLH TL 两端的等相位直微带线进行补偿。最后,由于经验公式计算精度有限,弯折效应产生的相位漂移计算并不精确,需要对 CRLH TL 进行整体优化设计,并将设计的 CRLH TL 与理想 CRLH TL 相位进行比较,若误差小于 5% 则设计结束,否则返回第 2 步继续上述设计流程。这里为精确设计,在 Ansoft Designer 中建立电路和电磁动态联合仿真模型,其中弯折微带线为真实物理结构,其二端口 S 参数将通过电磁仿真得到,而 SMT 元件为考虑右手效应后的主电路,主电路通过调用电磁仿真 S 参数得到最终 CRLH TL 的 S 参数,包括幅度和相位。

下面将基于上述方法对其在双频和宽频器件中的应用展开研究,并进行实验验证。

2.2　CRLH TL 双工原理与应用

基于分形集总 CRLH TL 的设计思想,本节将介绍 CRLH TL 双频原理及其在双工器中的应用。双工器是为解决接收机与发射机共用一副天线且相互之间不受干扰等问题而设计的一种微波器件,是一个包含发端口、收端口和天线端口的三端口网络,通常由两个带通滤波器以及相关匹配电路组成。

目前,双工器主要分为以下 4 类:波导双工器、同轴双工器、介质双工器以及声表面波双工器等,有关这些双工器的特点介绍参考文献[126],这里不再赘述。随着无线通信技术的发展,微带双工器因成本低和易集成等优点受到了工程研究人员的青睐。在微带双工器方面研究人员提出了很多技术与方法,如基于发夹、SRR 与 CSRR 等不同结构的带通滤波方法,枝节加载技术,基片集成波导方法,螺旋传输线技术,低温共烧技术,多层 CRLH TL,对偶 CRLH TL 与集总 CRLH TL 等方法。虽然这些双工器能减少收发系统的制作成本和体积,但现有双工技术存在一些缺陷不易推广,如设计方法复杂,工作频率受限,加工过程比较繁琐且价格昂贵,电路尺寸较大等。

本节介绍的双工器原理是将工作于不同频率的两个三端口网络进行合成,与以往技术相比,方法更加完备,同时基于 Sierpinski 分形集总 CRLH TL 实现了双工器的小型化。

2.2.1　原理与设计

无耗互易三端口网络有一个重要特性,即 3 个端口不能同时匹配而其中任意两个端口能实现匹配。换句话说,在图 2.2 所示的环形电桥中当信号从 1 端口激励,低频 f_L 处 1 端口与 2 端口是匹配和直通的,3 端口是失配和隔离的,而高频 f_H 处 1 端口与 3 端口是匹配和直通的,2 端口是失配和隔离的。为便于设计,将 1 端口和 2 端口的传输线段定为

Section Ⅰ,1 端口和 3 端口的传输线段定为 Section Ⅱ,2 端口和 3 端口的传输线段定为 Section Ⅲ。

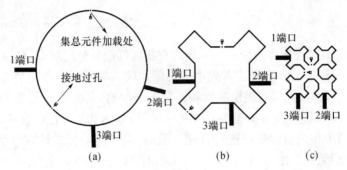

图 2.2　不同 IO 情形下 Sierpinski 分形集总 CRLH TL 的双工器版图
（a）零阶（传统环形布局）;（b）一阶;（c）二阶。

双工器工作于 GSM 两个频段,在 $f_L = 0.9\mathrm{GHz}$ 处双工器必须满足:

$$\varphi_{L1} + \varphi_{L2} + \varphi_{L3} = 360n_1 \tag{2.6a}$$

$$\varphi_{L1} + \varphi_{L2} - \varphi_{L3} = 180 \times (2n_2 + 1) \tag{2.6b}$$

式中:φ_{L1},φ_{L2},φ_{L3} 分别为 Section Ⅰ,Section Ⅱ 和 Section Ⅲ 在 f_L 处的电位移。

类似地,工作于 $f_H = 1.8\mathrm{GHz}$ 时双工器必须满足:

$$\varphi_{H1} + \varphi_{H2} + \varphi_{H3} = 360n_3 \tag{2.7a}$$

$$\varphi_{H1} + \varphi_{H2} - \varphi_{H3} = 180 \times (2n_4 + 1) \tag{2.7b}$$

式中:φ_{H1},φ_{H2},φ_{H3} 分别为 Section Ⅰ,Section Ⅱ 和 Section Ⅲ 在 f_H 处的电位移;n_1,n_2,n_3,n_4 为待定变量,在式(2.6)和式(2.7)中可以相等。

这里有 4 个方程,但至少有 7 个未知数,因此不可能获得上述参数的唯一解。这给双工器设计提供了几个自由度。为简化设计和制作,Section Ⅲ 直接采用右手微带线实现。为了实现小型化和方程有解,设计微带线的物理长度为 51mm 和 $n_1 = 2$、$n_2 = -1$、$n_3 = 5$ 和 $n_4 = -2$。给定了微带线的物理长度、特性阻抗、工作频率和介质板参数,就可以根据电路软件 Ansoft Senerade 的工具箱确定 φ_{L3}、φ_{H3} 和微带线的宽度。将确定的 φ_{L3}、φ_{H3} 和 n 代入式(2.6)和式(2.7)即可得到四元一次方程组。4 个未知数,4 个方程可以唯一确定 φ_{L1}、φ_{L2}、φ_{H1} 和 φ_{H2}。

由于 CRLH TL 独特的双曲色散关系,Section Ⅰ 和 Section Ⅱ 低频和高频处所要求的相位可以通过集总 CRLH TL 来实现。同样采用微带线实现其右手部分,片状 SMT 元件实现其左手部分。根据式(2.12)可以确定 Section Ⅰ 和 Section Ⅱ 所需要的电路参数值。为了保证 L_L、C_L、L_R 和 C_R 均为正值,双工器的电长度必须满足

$$\varphi_L\omega_L \geqslant \varphi_H\omega_H, \varphi_L\omega_H \geqslant \varphi_H\omega_L \tag{2.8}$$

若不满足,可将 φ_L 加上 2π 再判断,依次循环直到满足为止。为实现双工器良好的阻抗匹配,三段传输线的特性阻抗 Z_c 必须为端口阻抗 Z_0 的 2 倍。为了更好地实现集总元件与微带线之间的匹配,集总元件的加载采用 T 形对称布局,且两端左手电容为 $2C_L$。表 2.1 给出了构建双工器 CRLH TL 所需的 SMT 元件值和微带线物理参数。由于片状 SMT 元件存在的右手寄生效应会产生一个相位滞后,为了对该效应进行补偿,实际使用

的微带线长度比理论计算值要稍短。

表 2.1　构建 Section Ⅰ 和 Section Ⅱ CRLH TL 所需的 SMT 元件值与微带线物理参数

计算与应用	传输线段	电感/nH	电容($2C_L$)/pF	RH TL 长度/mm
理论计算	Ⅰ	57.5	11.5	128.4
	Ⅱ	94.5	18.9	61.4
实际应用	Ⅰ	56	12	127.5
	Ⅱ	100	18	60.5

为了进一步实现小型化,整个双工器被设计成不同 IO 的 Sierpinski 分形环状,且 SMT 元件加载于周围空间较大的分形片段上。基于 2.1 节建立的分形集总 CRLH TL 设计方法可以精确设计分形微带线的长度。介质板采用的是 F4B 板,介质参数为 $\varepsilon_r = 2.65$,$h = 1\,\mathrm{mm}$,$\tan\delta = 0.001$,铜箔厚度为 $0.036\,\mathrm{mm}$。微带线的宽度为 $W = 0.75\,\mathrm{mm}$,对应于 $Z_c = 100\,\Omega$。由于 IO 越大,分形片段的长度越小,有限的空间不能容纳 SMT 元件的加载,因此 IO 不能太大,这里选择其最大值为 2。如图 2.2 所示,随着 IO 的增加双工器的尺寸明显减小。与零阶圆环形双工器的尺寸 $\pi \times 38.9\,\mathrm{mm} \times 38.9\,\mathrm{mm}$ 相比,一次迭代 Sierpinski 分形环双工器的尺寸为 $59.7\,\mathrm{mm} \times 59.7\,\mathrm{mm}$,二次迭代 Sierpinski 分形环双工器的尺寸仅为 $33.6\,\mathrm{mm} \times 33.6\,\mathrm{mm}$,分别减缩了 25.1% 和 76.3%。

2.2.2　加工与实验

为了验证设计的正确性,对双工器的 S 参数进行电路和电磁仿真。其中电磁仿真为 2.1 节所描述的电路和电磁动态联合仿真。如图 2.3 所示,所有情形下在 GSM 两个波段内可以看到非常明显的双频特性。同时,由于分形集总 CRLH TL 的精确设计,所有双工器的中心工作频率均为 0.9GHz 和 1.8GHz,没有发生任何频移。与预期结果一致,在 0.9GHz时 2 端口直通,3 端口隔离,而 1.8GHz 时 3 端口直通,2 端口隔离。同时 IO = 0 时双工器联合仿真 S 参数与电路仿真 S 参数吻合得很好,验证了电磁设计的正确性。还看出电路仿真的回波损耗和插入损耗均比联合仿真的理想,说明联合仿真结果更接近于实际。进一步观察表明,与 IO = 0 时的圆环形双工器相比,IO = 1 和 IO = 2 时分形 CRLH TL 双工器的回波损耗、插损和隔离遭到不同程度的恶化,且高频比低频时更明显。由于分形弯角产生的电流不连续性效应,其恶化程度随 IO 增加有升高趋势。尽管如此,所有情形下工作频率处的回波损耗和隔离均优于 18dB,且插损非常合理。

为了进一步验证双工器的性能,我们对 IO = 2 的 Sierpinski 分形 CRLH TL 双工器进行了加工和 S 参数测试。如图 2.4 所示,T 形电路中片状电感和电容均采用 0805 型封装。如图 2.5 所示,在整个观察频率范围内,测试结果与图 2.3 所示的仿真结果吻合良好。测试结果中低频时 1 端口和 2 端口反射系数和高频时隔离和传输系数发生的略微偏移主要由非理想 SMT 元件偏离标值的误差和 SMT 元件高频增强的右手效应以及自谐振造成。尽管如此,这种频率漂移在正常范围之内且不影响双工器在预定频率的特性。测试结果表明,在 0.9GHz 时,$|S_{11}| = -22.9\mathrm{dB}$,$|S_{22}| = -17.1\mathrm{dB}$,$|S_{33}| = -0.13\mathrm{dB}$,$|S_{21}| = -0.56\mathrm{dB}$,$|S_{31}| = -25.5\mathrm{dB}$,$|S_{23}| = -23.99\mathrm{dB}$;在 1.8GHz 时,

$|S_{11}| = -19.4\text{dB}$, $|S_{22}| = -1.03\text{dB}$, $|S_{33}| = -16.6\text{dB}$, $|S_{31}| = -0.53\text{dB}$, $|S_{21}| = -14\text{dB}$, $|S_{23}| = -15.9\text{dB}$。很明显双工器具有良好的匹配、传输和隔离特性,能很好地将两工作频率分开,而电路面积仅为圆环形 CRLH TL 双工器的 23.7%,实现了小型化。

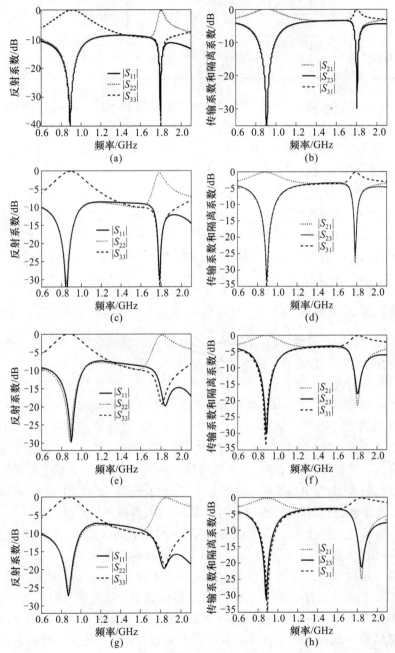

图 2.3　集总 CRLH TL 双工器的仿真 S 参数

电路仿真(a) 反射系数;(b) 传输和隔离系数,IO = 0 时联合仿真;(c) 反射系数;(d) 传输和隔离系数,IO = 1 时联合仿真;
(e) 反射系数;(f) 传输和隔离系数,IO = 2 时联合仿真;(g) 反射系数;(h) 传输和隔离系数。

图 2.4　IO = 2 时 Sierpinski 分形 CRLH TL 双工器的实物图

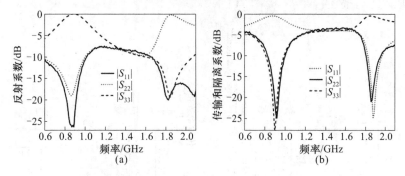

图 2.5　IO = 2 时 Sierpinski 分形 CRLH TL 双工器的测试 S 参数

(a) 反射系数；(b) 传输和隔离系数。

2.3　CRLH TL 双频理论与环形电桥应用

　　上节介绍了将两个相同电路拓扑结构在低频和高频上进行合成。与上述双频方案不同,本节介绍将两个各异的电路拓扑结构在低频和高频上进行合成并完成双频环形电桥研制[140]。鼠笼式耦合器(rat - race coupler)又称环形电桥、混合环,是微波电路中重要的基本元件。目前,微带环形电桥的研究主要集中在小型化、宽频带与谐波抑制 3 个方面[303],而关于双频、多频研究的报道很少,研制出性能优异且频比可控的双频环形电桥一直是个研究难点。目前,双频技术主要通过在电桥 4 个支路之间引入特定物理参数的 T 形阶梯阻抗枝节或某两个支路之间引入 T 形开路枝节实现,但该方法存在以下 3 个方面的不足:①双频设计将工作于不同频率的两个传统电桥进行合成,环形电桥各支路在低频和高频处具有相同的相位,其高频不可避免地工作于谐波频率;②枝节的物理参数较多,准确设计具有任意频比的双频电桥比较困难和繁琐;③枝节线尺寸较大,环形电桥很难满足小型化需要。不同于以往任何设计,这里环形电桥的双频机理是将两种具有不同拓扑原理图的电桥在任意两个频率处进行合成,实现了真正意义上的双模工作并增强了环形电桥的集成度。虽然基于集总 CRLH TL,研究人员已经实现了双频分支线耦合器、Wilkinson 功分器和 λ/4 开路分支线等器件[56],但作者尚未发现基于集总 CRLH TL 实现小型化双频环形电桥的报道,主要是因为环形电桥不同于上述微波器件,它具有两种不同相位关系的支路,双频设计难度较大。

2.3.1 双频理论与电桥设计

如图2.6(a)所示,传统环形电桥由三段$-90°$支路和一段$-270°$支路组成,所有支路的特性阻抗均为$\sqrt{2}Z_0$,其中Z_0为微带线端口阻抗且一般为50Ω。用作功率分配器时,信号从1端口输入,则2端口和3端口等幅同相输出,4端口隔离;信号从4端口输入,则2端口和3端口等幅反相输出,1端口隔离。用作功率合成器时,信号从2端口和3端口等幅同相输入,能量则在1端口合成输出,4端口隔离;信号从2端口和3端口等幅反相输入,能量则在4端口合成输出,1端口隔离。环形电桥的独特电气特性使其广泛应用于平衡混频器、功率放大器以及天线馈电网络中,其两对传输端口和两对隔离端口特性可采用如下散射矩阵进行描述:

$$[S] = \frac{\mathrm{j}}{\sqrt{2}} \begin{bmatrix} 0 & 1 & 1 & 0 \\ 1 & 0 & 0 & -1 \\ 1 & 0 & 0 & 1 \\ 0 & -1 & 1 & 0 \end{bmatrix}$$

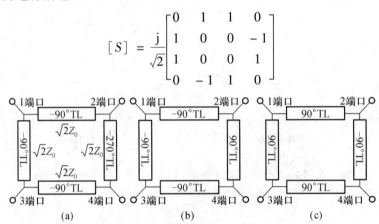

图2.6　环形电桥的拓扑原理图

(a) 3个$-90°$和1个$-270°$支路;(b) 3个$-90°$和1个$90°$支路;(c) 3个$90°$和1个$-90°$支路。

由于$-270°$支路的存在,传统环形电桥一般带宽窄、电路面积较大,而采用$+90°$ CRLH TL支路代替$-270°$支路可以明显减小电路尺寸,电桥拓扑结构如图2.6(b)所示[56],同时不难发现,图2.6(c)所示的环形电桥同样能实现上述传统环形电桥的功能[138]。本书双频设计是将如图2.6(a)和(c)所示的两种环形电桥进行合成,定义具有任意频比的低频、高频工作频率f_L、f_H,低频时电桥具有图2.6(c)所示的拓扑原理图,而高频时具有图2.6(a)所示的拓扑原理图。因此,环形电桥具有两种不同相位关系的支路:其中3条支路在f_L、f_H处分别实现$\varphi_L = 90°$、$\varphi_H = -90°$相位,而另一条支路在f_L、f_H处分别实现$\varphi_L = -90°$、$\varphi_H = -270°$相位。由于CRLH TL独特的双曲色散关系,上述两种相位关系的支路可以采用两种CRLH TL实现,因此双频环形电桥设计的实质是f_L、f_H处均满足上述相位关系的两种CRLH TL设计。为便于研究,将实现$90°$和$-90°$的支路命名为CRLH TL$_1$,而实现$-90°$和$-270°$的支路命名为CRLH TL$_2$,假定两种CRLH TL均工作于平衡条件,即满足

$$Z_c = \sqrt{L_R/C_R} = \sqrt{L_L/C_L} = \sqrt{2}Z_0 = 70.7\Omega \tag{2.9}$$

此时CRLH TL的左手部分与右手部分可以分解和单独设计,这给CRLH TL设计带来了

便利,平衡条件下 CRLH TL 的相移 φ^{CRLH} 可以表示为

$$\varphi^{CRLH} = \varphi^{LH} + \varphi^{RH} = N/\omega\sqrt{L_L C_L} - N\omega\sqrt{L_R C_R} \tag{2.10}$$

式中:φ^{LH},φ^{RH} 分别为左手和右手部分的相移;φ^{CRLH} 在角频率 ω_L 和 ω_H 处的相移满足:

$$\varphi^{CRLH}(\omega = \omega_L = 2\pi f_L) = \varphi_L, \varphi^{CRLH}(\omega = \omega_H = 2\pi f_H) = \varphi_H \tag{2.11}$$

将式(2.11)代入式(2.10)并联立式(2.9)可得 4 个独立方程,由于方程组包含 4 个未知数,因此可对 CRLH TL 的 4 个电路参数进行唯一求解[56]:

$$L_R = \frac{Z_c[\varphi_L(\omega_L/\omega_H) - \varphi_H]}{N\omega_H[1 - (\omega_L/\omega_H)^2]} \tag{2.12a}$$

$$C_R = \frac{\varphi_L(\omega_L/\omega_H) - \varphi_H}{N\omega_H Z_c[1 - (\omega_L/\omega_H)^2]} \tag{2.12b}$$

$$L_L = \frac{NZ_c[1 - (\omega_L/\omega_H)^2]}{\omega_L[\varphi_L - \varphi_H\omega_L/\omega_H]} \tag{2.12c}$$

$$C_L = \frac{N[1 - (\omega_L/\omega_H)^2]}{\omega_L Z_c[\varphi_L - \varphi_H\omega_L/\omega_H]} \tag{2.12d}$$

为了保证 L_L 和 C_L 均为正值,必须满足

$$\varphi_L\omega_H \geqslant \varphi_H\omega_L \tag{2.13}$$

式(2.13)还表明采用图 2.6(b)和(c)所示拓扑原理图不能合成双频环形电桥。

2.3.2 电桥实验

环形电桥的工作频率为 $f_L = 0.75GHz$,$f_H = 1.8GHz$,介质板采用聚四氟乙烯玻璃布板(F4B),其介电常数为 $\varepsilon_r = 2.65$,厚度为 $h = 1mm$,电正切损耗为 $\tan\delta = 0.001$,铜箔厚度为 $t = 0.036mm$。采用二次迭代 Koch 分形微带线实现 CRLH TL 的右手部分,片状 SMT 元件实现左手部分且加载于 Koch 分形微带线的中心。CRLH TL 采用两级单元实现,同时为使集总元件与微带线之间形成良好的阻抗匹配,SMT 元件采用 T 形对称布局,且两端左手电容均为 $2C_L$。表 2.2 详细给出了通过理论计算得到的两种 CRLH TL 电路参数和微带线物理参数,由于市场上 SMT 元件的规格是离散的,因此实际电感、电容值与理论计算值有偏差。

基于 2.1 节分形集总 CRLH TL 的设计方法对环形电桥的 4 个支路进行精确设计。由于 CRLH TL$_2$ 右手微带线几乎是 CRLH TL$_1$ 的两倍,若两种支路均采用严格的 Koch 二次分形结构,电桥将无法形成环路,这里在不改变分形构造原理的前提下,通过合理改变 CRLH TL$_2$ 支路中分形微带线若干处的弯折方向即可形成闭合环路,又能最大限度地实现小型化。最终设计的双频环形电桥版图和加工实物如图 2.7 所示,制作中除了 6.8nH 的电感采用 0603 型封装外,其他 SMT 元件均为 0805 型封装。为便于比较,这里还给出了工作于 0.75GHz 的传统环形电桥版图。可以看出,传统环形电桥的面积达到 $150mm \times 135mm$,而此处双频环形电桥的电路面积仅为 $52.2mm \times 39.4mm$,实现了 89.8% 的小型化。

表 2.2　两种 CRLH TL 的电路参数和微带线物理参数

（单位:电感:nH,电容:pF）

TL 类型		L_L	C_L	$2C_L$	L_R	C_R	$\varphi^{RH}/(°)$	L_0	W
CRLH TL$_1$	理论	11.1	2.2	4.4	8.42	1.68	-64.3	49.1	1.5
	实际	12	2	4.7					
CRLH TL$_2$	理论	63.1	12.6	25.2	15.3	3.1	-117.2	89.6	1.5
	实际	$56+6.8$	12	$12+12$					

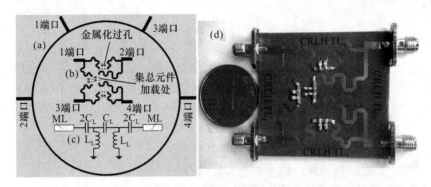

图 2.7　最终设计的双频环形电桥版图和加工实物图

（a）传统；（b）双频环形电桥版图；（c）CRLH TL 布局；（d）双频环形电桥实物。

对设计的双频环形电桥进行电路和电磁动态联合仿真并对加工样品的 S 参数进行测试。如图 2.8 和图 2.9 所示,在 0.75GHz 和 1.8GHz 附近环形电桥明显工作于两个频段,且仿真与测试 S 参数在整个观测频段范围内吻合较好,验证了设计的正确性。测试 f_L 的微小高频偏移以及 S 参数幅度的微小差异主要由非理想 SMT 元件、高频增强的右手效应以及焊盘的右手效应引起,实际中 SMT 元件会有上下 10% 的误差。当信号从 1 端口输入时,环形电桥在 0.75GHz 处的测试回波损耗 $|S_{11}|=24.2$dB、插损 $|S_{21}|=3.4$dB、$|S_{31}|=3.1$dB、隔离 $|S_{41}|=28.3$dB;1.8GHz 处 $|S_{11}|=19.9$dB、$|S_{21}|=3.2$dB、$|S_{31}|=3.5$dB、$|S_{41}|=28.5$dB。当信号从 4 端口输入时,0.75GHz 处 $|S_{44}|=28.4$dB、$|S_{24}|=3.25$dB、$|S_{34}|=3.7$dB、$|S_{14}|=28.4$dB;1.8GHz 处 $|S_{44}|=31.7$dB、$|S_{24}|=3.89$dB、$|S_{34}|=3.22$dB、$|S_{14}|=28.57$dB。

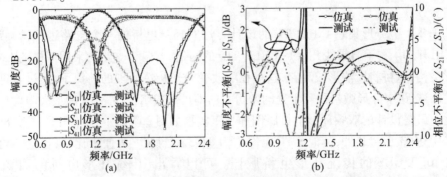

图 2.8　信号从 1 端口输入时环形电桥的仿真与测试 S 参数

（a）S 参数;（b）输出不平衡。

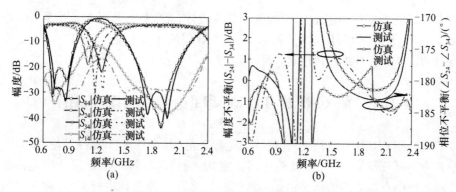

图 2.9　信号从 4 端口输入时环形电桥的仿真与测试 S 参数

（a）S 参数；（b）输出不平衡。

表 2.3 和表 2.4 总结了环形电桥在 f_L、f_H 处的详细电气性能，可以看出信号从 1 端口输入时，f_L 处满足所有指标的带宽为 190MHz（0.73~0.92GHz），相对带宽为 25.3%，而 f_H 处带宽为 480MHz（1.56~2.04GHz），相对带宽达到 26.7%。信号从 4 端口输入时，f_L 处带宽为 240MHz（0.69~0.93GHz），相对带宽为 32%，而 f_H 处带宽为 510MHz（1.59~2.1GHz），相对带宽为 28.3%。综上所述，两个频段内环形电桥均在一定带宽范围内获得了良好的匹配、传输以及隔离特性，性能并未因双频和小型化而恶化。

表 2.3　信号从 1 端口输入时双频环形电桥的详细电气性能

项目		$|S_{11}|$	$|S_{21}|$ 和 $|S_{31}|$	$|S_{41}|$	幅度不平衡（MI）	相位不平衡（PI）
f_L	仿真	18.2	2.9 和 3.3	33.1	0.35	−0.3
	测试	24.2	3.4 和 3.1	28.3	−0.4	−4.2
带宽	仿真	0.66~0.94	0.61~0.99	0.57~0.97	0.62~0.87	0.66~0.99
	测试	0.7~0.92	0.64~1.01	0.54~1.1	0.63~1	0.73~1.1
f_H	仿真	29.3	3.1 和 3.2	33.3	0.15	0.5
	测试	19.9	3.2 和 3.5	28.5	0.6	−0.15
带宽	仿真	1.58~2.14	1.48~2.29	1.45~2.31	1.57~2.44	1.4~2.36
	测试	1.56~2.16	1.46~2.3	1.11~2.33	1.5~2.4	1.37~2.04

表 2.4　信号从 4 端口输入时双频环形电桥的详细电气性能

项目		$|S_{44}|$	$|S_{24}|$ 和 $|S_{34}|$	$|S_{41}|$	幅度不平衡（MI）	相位不平衡（PI）
f_L	仿真	21.6	3.27 和 2.97	33.1	−0.29	−0.29
	测试	28.4	3.25 和 3.7	28.4	0.43	−3.3
带宽	仿真	0.66~0.91	0.62~0.96	0.56~0.96	0.62~0.86	0.66~0.96
	测试	0.68~0.93	0.63~1	0.54~1.12	0.58~0.99	0.69~1.09
f_H	仿真	34.8	3.2 和 3.1	33.3	−0.15	−0.34
	测试	31.7	3.89 和 3.22	28.57	−0.67	0.6
带宽	仿真	1.58~2.11	1.49~2.29	1.46~2.31	1.57~2.28	1.34~2.39
	测试	1.59~2.13	1.46~2.28	1.36~2.33	1.47~2.31	1.31~2.1

表 2.3 与表 2.4 中,除相位不平衡的单位为度外,其他性能指标单位均为 dB,带宽以 $|S_{11}| \geqslant 15\text{dB}$, $|S_{44}| \geqslant 15\text{dB}$, $|S_{21}|$ 和 $|S_{31}| \leqslant 5\text{dB}$, $|S_{24}|$ 和 $|S_{34}| \leqslant 5\text{dB}$, $|S_{41}| \geqslant 20\text{dB}$, $|S_{14}| \geqslant 20\text{dB}$, $|\text{MI}| \leqslant 1\text{dB}$ 和 $|\text{PI}| \leqslant 5°$ 为标准。

2.4 单 CRLH TL 宽频理论与移相器应用

本节将介绍 CRLH TL 对右手传输线的宽频理论(单 CRLH TL 宽频理论)并对其在移相器中的应用展开研究[126]。微波移相器在雷达、通信、仪器仪表、重离子加速器及导弹姿态控制系统中有重要的应用价值。微波移相器多以电控方式进行工作,称为电控移相器,一般分为数字和模拟两类。数字式移相器因其快捷灵活的控制而备受青睐,它最主要的应用领域是相控阵雷达。当前,在相控阵雷达中,较多采用四位数字移相器。以 PIN 二极管半导体器件作为控制元件的数字移相器,主要有开关线移相器、加载线移相器、混合型移相器和高通—低通型移相器等,这里主要针对开关线移相器展开研究。基于 CRLH TL 的开关移相器已被广泛报道,但这些移相器尺寸相对较大、精度不够高且难于同时兼顾多项指标要求。本节基于集总 CRLH TL 设计的四位移相器同时实现了宽频带、高精度、低插损和紧凑尺寸等优良性能。本节所有设计均采用 F4B – 2 介质板,其 $\varepsilon_r = 2.65$、$h = 1\text{mm}$、$\tan\delta = 0.001$。

2.4.1 宽频理论

基于 CRLH TL 独特的非线性色散关系,使其在有差分相移线工作时往往能够展宽器件的工作频带。与差分相移线工作原理类似,在开关线移相器中,把其中的一条右手传输线替换为 CRLH TL,也可以展宽移相器的工作带宽。

一条支路上,长 l 的右手传输线在频率为 w_s 时产生的相移 $\varphi_{\text{RH,S}}$ 可表示为

$$\varphi_{\text{RH}}(\omega = \omega_S) = -\frac{\sqrt{\mu_{\text{eff}}\varepsilon_{\text{eff}}}}{c}l\omega_S = \varphi_{\text{RH,S}} \tag{2.14}$$

式中:μ_{eff}、ε_{eff} 分别为传输线的有效磁导率和有效介电常数。

另一条支路上,由 N 级 CRLH TL 单元电路在 ω_S 时产生的相移 $\varphi_{\text{CRLH,S}}$ 可表示为

$$\phi_{\text{CRLH}}(\omega = \omega_S) = -N\left[\omega_S\sqrt{L_R C_R} - \frac{1}{\omega_S\sqrt{L_L C_L}}\right] = \phi_{\text{CRLH,S}} \tag{2.15}$$

平衡条件下的特性阻抗为

$$Z_c = \sqrt{\frac{L_R}{C_R}} = \sqrt{\frac{L_L}{C_L}} \tag{2.16}$$

所以,在平衡条件下,开关线移相器的相移量为

$$\Delta\phi(\omega) = \phi_{\text{RH}}(\omega) - \phi_{\text{CRLH}}(\omega) = \frac{\phi_{\text{RH,S}}}{\omega_S}\omega + N\left[\omega\sqrt{L_R C_R} - \frac{1}{\omega\sqrt{L_L C_L}}\right] \tag{2.17}$$

可以直观地看出,要实现最大的带宽,就需要右手传输线和 CRLH TL 所产生的相位

曲线斜率相等,也就是式(2.17)中 $\mathrm{d}\Delta\varphi/\mathrm{d}\omega\big|_{\omega=\omega_\mathrm{S}}=0$,同时满足 $\mathrm{d}^2\Delta\varphi/\mathrm{d}\omega^2\big|_{\omega=\omega_\mathrm{S}}<0$,则有

$$\frac{\varphi_{\mathrm{RH,S}}}{\omega_\mathrm{S}} + N\sqrt{L_\mathrm{R}C_\mathrm{R}} + \frac{N}{\omega_\mathrm{S}^2\sqrt{L_\mathrm{L}C_\mathrm{L}}} = 0 \tag{2.18}$$

联立式(2.14)~式(2.16)和式(2.18)4 个方程可以得到 L_R、C_R、L_L 和 C_L 分别为

$$L_\mathrm{R} = -Z_\mathrm{c}\frac{\phi_{\mathrm{RH,S}} + \phi_{\mathrm{CRLH,S}}}{2N\omega_\mathrm{S}} \tag{2.19a}$$

$$C_\mathrm{R} = -\frac{\phi_{\mathrm{RH,S}} + \phi_{\mathrm{CRLH,S}}}{2N\omega_\mathrm{S}Z_\mathrm{c}} \tag{2.19b}$$

$$L_\mathrm{L} = -\frac{2NZ_\mathrm{c}}{\omega_\mathrm{S}(\phi_{\mathrm{RH,S}} - \phi_{\mathrm{CRLH,S}})} \tag{2.19c}$$

$$C_\mathrm{L} = -\frac{2N}{\omega_\mathrm{S}Z_\mathrm{c}(\phi_{\mathrm{RH,S}} - \phi_{\mathrm{CRLH,S}})} \tag{2.19d}$$

为使求得的电感和电容值为正,且有 $\phi_{\mathrm{RH,S}}<0$,必须满足:

$$|\phi_{\mathrm{CRLH,S}}| \leqslant |\phi_{\mathrm{RH,S}}| \tag{2.20}$$

2.4.2　单级开关移相器设计

1. 22.5°开关线移相器设计

为了验证单 CRLH TL 宽频理论的正确性,这里基于 2.1 节集总传输线的设计方法,利用 CRLH TL 设计一个 22.5°的开关线移相器,其工作频率为 1.35~1.85GHz,PIN 二极管设计成理想模型。在中心频率 1.6GHz 处,选择 $\varphi_{\mathrm{RH,S}} = -45°$。要实现 22.5°的相移,则 $\varphi_{\mathrm{CRLH,S}} = -22.5°$。选用一级 L-C 单元来构成 CRLH TL,即 $N=1$,特性阻抗 $Z_\mathrm{c}=50\Omega$,则由式(2.19)可以分别计算出 $L_\mathrm{R}=2.93\mathrm{nH}$,$C_\mathrm{R}=1.17\mathrm{pF}$,$L_\mathrm{L}=25.33\mathrm{nH}$ 和 $C_\mathrm{L}=10.13\mathrm{pF}$。用微带线代替 L_R 和 C_R,可计算出其产生的相移为 -33.75°,在中心频率 1.6GHz 处对应的微带线长度为 11.9mm,另一条支路微带线的长度为 15.9mm。为便于匹配,把 CRLH TL 的左手部分用 T 形网络等效,则 $C_\mathrm{L}=20.26\mathrm{pF}$,$L_\mathrm{L}$ 不变。在电路仿真软件 Serenade 中建立开关线移相器的电路拓扑结构如图 2.10 所示。

基于集总 CRLH TL 设计的 22.5°移相器的 S 参数如图 2.11(a)所示,在 1.35~1.85GHz 范围内,22.5°CRLH TL 开关线移相器的反射系数均优于 -16dB,插入损耗保持在 -0.3dB 水平;由图 2.11(b)中的相移曲线可知,1.35~1.85GHz 范围内最大相移误差在 ±0.4°以内,而传统 22.5°开关线移相器的相移误差达到 ±3.5°,因此基于集总 CRLH TL 设计的移相器精度更高。

2. 45°、90°和 180°开关线移相器设计

45°、90°和 180°移相器和 22.5°移相器具有相同的电路拓扑结构,设计思路、过程也相同,这里不再赘述。对于 180°移相器设计,单级电路结构无法满足匹配需求,需要采用两级单元。表 2.5 给出了 45°、90°和 180°移相器的设计参数。

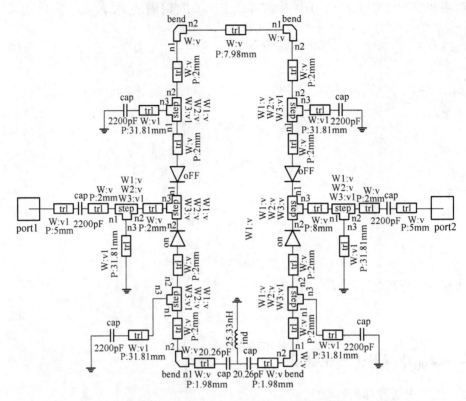

图 2.10　理想 22.5°移相器仿真电路结构图

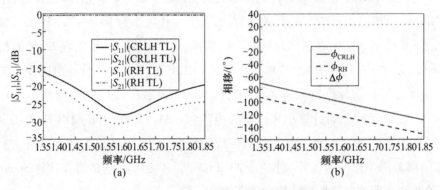

图 2.11　22.5°移相器的 *S* 参数和相移曲线

(a) *S* 参数;(b) 相移曲线。

表 2.5　45°、90°和 180°移相器的设计参数

相移器位置	N	$\varphi_{RH,S}$	$\varphi_{CRLH,S}$	CRLH TL			另一支路微带线
				L_L	C_L	微带线	
45°	1	−45°	0°	12.66nH	10.13pF	7.9mm	15.8mm
90°	1	−90°	0°	6.33nH	5.065pF	15.8mm	31.6mm
180°	2	−90°	0°	6.33nH	5.065pF	15.8mm	31.6mm

45°移相器两支路的 S 参数和相移曲线仿真结果如图 2.12 所示。从仿真结果可以看出,理想的 45°CRLH TL 开关线移相器的反射系数均在 −15dB 以下,最大相移误差在 ±0.6°以内,而相同频率范围内的传统 45°开关线移相器,最大相移误差达到 ±7°。

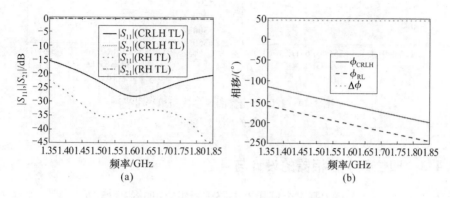

图 2.12　45°移相器的 S 参数和相移曲线
(a) S 参数;(b) 相移曲线。

90°移相器两支路的 S 参数和相移曲线仿真结果如图 2.13 所示。从仿真结果可以看出,理想的 90°CRLH TL 开关线移相器的反射系数均在 −15dB 以下,最大相移误差在 ±3°以内,而相同频率范围内的传统 90°开关线移相器,最大相移误差达到 ±14°。

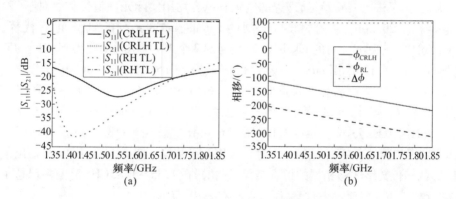

图 2.13　90°移相器的 S 参数和相移曲线
(a) S 参数;(b) 相移曲线。

对于 180°移相器来说,已经不能选用一级 L − C 单元来构造 CRLH TL,其原因是随着相移量的增大,电容 C_L 和电感 L_L 的值都不断地减小,截止频率增大,在频率低端引起的反射增大,因此需要选用两级 L − C 单元来构造 CRLH TL,即 $N = 2$。180°移相器是由两级 90°差分相移线级联而成,S 参数和相移曲线如图 2.14 所示。从仿真结果可以看出,理想的 180°CRLH TL 开关线移相器的反射系数均在 −11.5dB 以下,最大相移误差在 ±7°以内,而相同频率范围内的传统 180°开关线移相器,最大相移误差达到 ±28°。

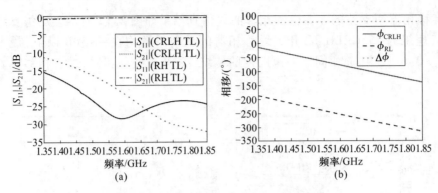

图 2.14　180°移相器的 S 参数和相移曲线

(a) S 参数；(b) 相移曲线。

2.4.3　四位数字移相器的设计与实验

将上述 22.5°、45°、90°、180°4 个移相器电路进行组合,如图 2.15 所示,就可构成四位数字移相器。用二进制码控制相应的 PIN 二极管的开关,就可以得到 $2^4 = 16$ 个相移状态。

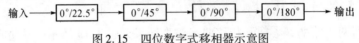

图 2.15　四位数字式移相器示意图

基于前面单级移相器(22.5°、45°、90°、180°)的设计,每一级移相器所需的电感和电容均已求得,为了进行实验验证,理想的电感和电容均用实际元件值代替。对于22.5°移相器,电容 $C_L = 20.26\text{pF}$ 采用 Murata 公司的 murata_ma58 系列的 20pF 电容代替,电感 $L_L = 25.33\text{nH}$ 选用 Toko 公司的 tokoll2012f 系列的两个 12nH 电感串联得到;对于45°移相器,电容 $C_L = 10.13\text{pF}$ 用 Murata 公司的 murata_ma58 系列 10pF 电容代替,电感 $L_L = 12.67\text{nH}$ 选用 Toko 公司的 tokoll2012f 系列 6.8nH 和 5.6nH 电感串联得到;对于90°移相器,电容 $C_L = 5.066\text{pF}$ 使用 Murata 公司的 murata_ma58 系列 5pF 电容,电感 $L_L = 6.333\text{nH}$ 用 Toko 公司的 tokoll2012f 系列 6.8nH 电感代替;180°移相器和90°移相器左手部分采用相同的 L-C 网络,只不过是采用两级结构。图 2.16~图 2.19 给出了基于 CRLH TL 的四位数字式移相器的仿真结果,移相器在 1.35~1.85GHz 范围内保持了很好的相移一致性,插入损耗较小,相移误差保持在 ±10° 范围内。

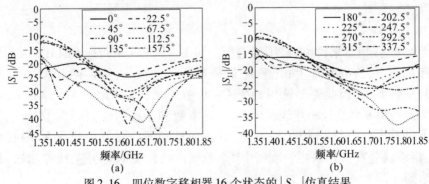

图 2.16　四位数字移相器 16 个状态的 $|S_{11}|$ 仿真结果

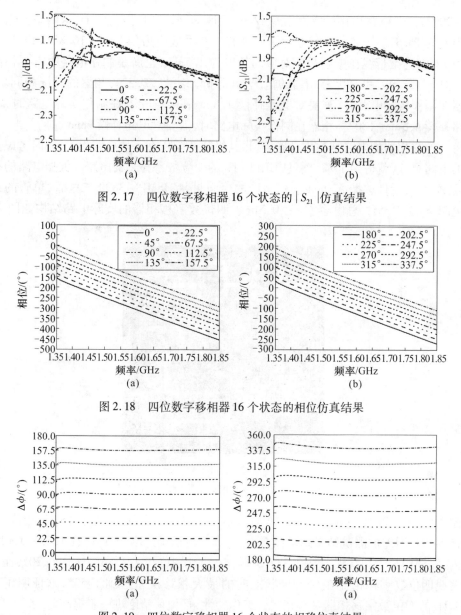

图 2.17 四位数字移相器 16 个状态的 $|S_{21}|$ 仿真结果

图 2.18 四位数字移相器 16 个状态的相位仿真结果

图 2.19 四位数字移相器 16 个状态的相移仿真结果

仿真过程中,我们考虑的是理想状况,但对于实际应用于 T 形网络中的电容和电感元件,当微波信号经过串联电容或并联电感时或多或少的会引入相位滞后效应,也就是右手效应,并且若再考虑焊接因素和电路制作过程中的一些误差,滞后效应会更明显。所以采用实际的元件构造 CRLH TL 时,由于右手效应的存在,会带来较大的相移误差,这里采用相位比较的方法来减小这种相移误差。

以 22.5°移相器的情况为例来阐述相位比较法。电容选用 Murata 公司的 murata_ma58 系列的 20pF 电容,电感选用 Toko 公司的 tokoll2012f 系列的两个 12nH 电感串联,它们组成的 CRLH TL 的左手部分在中心频率 1.6GHz 处的相移应为 $11.6° \times 2 = 23.2°$,右手部分微带线移相 -180.6°,则 CRLH TL 的相移应为 -157.4°;另一支路的微带线相移

量为 −200°；两个电路相移量应该相差 42.6°，即移相 42.6°。但实际上，这两条传输线的相移误差为 16.8°。于是每一级左手单元固有的右手效应为 (42.6° − 16.8°)/2 = 12.9°。相移为 12.9° 的微带线在中心频率对应的长度为 4.5mm，也就是制作电路中需要补偿的长度。对于 45°、90° 和 180° 移相器的情况，其分析方法与 22.5° 移相器的情况相同。45° 移相器在制作实际电路时，需要对电路补偿 4.8mm；90° 移相器在制作实际电路时，需要对电路补偿 4.5mm；180° 移相器在制作实际电路时，需要对电路补偿 9mm。

每一位移相器的电路结构均已确定，将其级联并制作在一块电路板上，同时考虑需要补偿的电路尺寸，就得到了基于集总 CRLH TL 的 4 位数字移相器电路。根据电路的技术指标要求，开关元件选择 Agilent 公司生产的表面封装 HSMP − 3890 二极管，单管的最大串联电阻 R_S 为 2.5Ω，总电容 C_T 为 0.3pF。四位数字移相器的实际电路结构如图 2.20 所示。

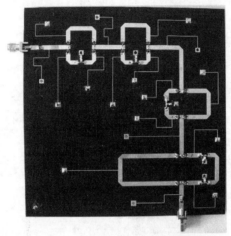

图 2.20　四位数字移相器实际电路加工图

图 2.21 ~ 图 2.25 分别给出了四位数字移相器 16 个状态的 $|S_{11}|$、$|S_{21}|$、相位、相移量和带内相移误差的测试结果。可以看出，仿真与测试结果吻合良好，在 1.35 ~ 1.85GHz 范围内，实测的最大相移误差是在 337.5° 状态时的误差，其在 1.85GHz 达到 20°；而传统的开关线四位数字移相器在 337.5° 状态时的最大相移误差达到了 53°，这证明了基于 CRLH TL 的四位数字移相器具有宽频带工作特性，且相移精度进一步提高。

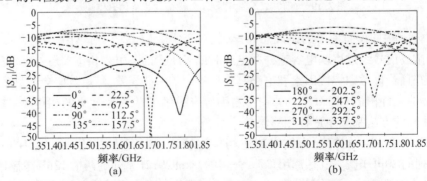

图 2.21　四位数字移相器 16 个状态的 $|S_{11}|$ 测试结果

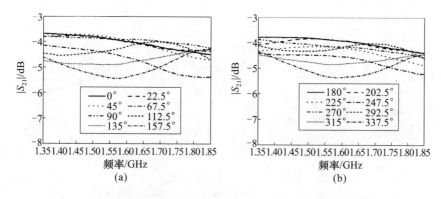

图 2.22 四位数字移相器 16 个状态的 $|S_{21}|$ 测试结果

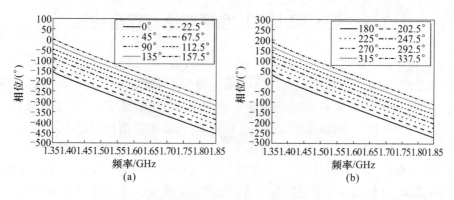

图 2.23 四位数字移相器 16 个状态的相位测试结果

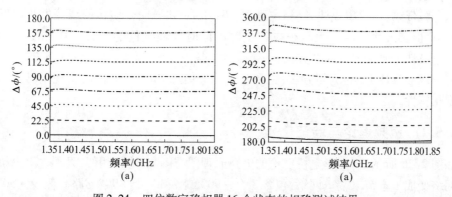

图 2.24 四位数字移相器 16 个状态的相移测试结果

实验测试中,部分状态的 $|S_{11}|$ 不满足在整个带宽内小于 $-10\mathrm{dB}$ 的要求,插入损耗 $|S_{21}|$ 较大,个别相移状态波动较大,少数相移状态在频率高端相移误差较大,造成这些结果的原因有:实际的移相器电路为了焊接 PIN 二极管和电感电容,开了很多缝,这些缝会引起反射;用于加直流控制电压的 $\lambda_g/4$ 高阻抗线是一窄带器件,在整个频带的低端和高端会引入较大的电抗成分,这些电抗成分不但会引起反射,而且会引起相位漂移;较大的插入损耗主要来源于 PIN 二极管、电感和电容的损耗、辐射损耗以及介质损耗和导体损耗。

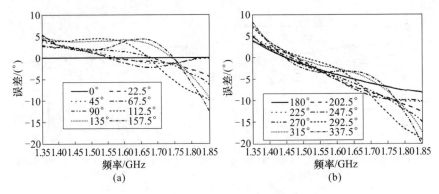

图 2.25　四位数字移相器 16 个状态的带内相移误差

2.5　双 CRLH TL 宽频理论与巴伦应用

本节将建立 CRLH TL 对 CRLH TL 的宽频原理(双 CRLH TL 宽频原理)并对其在巴伦中的应用展开研究[123]。巴伦是实现不平衡电路到平衡电路转换的一种重要三端口微波器件,广泛用于推挽放大器、微波平衡混频器、滤波器、倍频器和天线馈电网络中。由于微波集成电路的高速发展,微带巴伦受到了广泛关注,按电路拓扑结构可分为 Marchand、功分器、分支线耦合器以及定向耦合器巴伦等[55,60,121-123]。无线通信系统的快速发展对微波器件的小型化、宽频特性提出了更高的要求,巴伦也不例外。在小型化方面,基于集成耦合线、低温共烧技术、分形蜿蜒等方法的巴伦被不断报道,但这些巴伦带宽有限,部分巴伦制作成本昂贵且难以在平面内集成[123];在宽带技术方面,基于 Schiffiman 移相器、宽带槽耦合微带线、基片集成波导、相位可调 CRLH TL 和异向介质传输线等方法的巴伦被不断报道,但其尺寸普遍较大且很少有文献能同时兼顾巴伦的宽带工作和小型化[123]。本节巴伦设计主要贡献有 3 个方面:一是探讨了基于环形电桥实现巴伦的新方案;二是建立了基于双 CRLH TL 的宽频方法;三是基于分形集总 CRLH TL 同时实现了巴伦的宽频和小型化特性。

2.5.1　宽频理论与验证

如图 2.26 所示,新环形电桥巴伦的电路原理图与图 2.6(b)相似,只不过由电桥的四端口网络变成了本节三端口网络,包含 3 个 -90°支路和一个 +90°支路。假设 +90°支路的特性阻抗为 Z_{c1},而其余 3 个 -90°支路的特性阻抗为 Z_{c2},为形成良好的阻抗匹配,它们与 Z_0 之间必须满足如下关系:

$$Z_{c1} = \frac{Z_{c2}}{\sqrt{2} Z_{c2} - Z_0} Z_0 \qquad (2.21)$$

式中:Z_0 为端口阻抗且为 50Ω。

由于只有一个方程不可能对 Z_{c1} 和 Z_{c2} 唯一求解,为简化设计,这里 4 个支路的特性阻抗选择相同,因此可得 $Z_{c1} = Z_{c2} = \sqrt{2} Z_0$,同时由于 +90°支路的相位超前特性,使得该支路只能由 CRLH TL 实现。Caloz 探讨了 +90° CRLH TL 与 -90°右手传输线之间的宽频原理并基于图 2.6(b) 所示的原理图设计了宽带环形电桥[56]，下面将基于数学方法理论建立一种基于 +90° 与 -90° 双 CRLH TL 的新宽频方案。

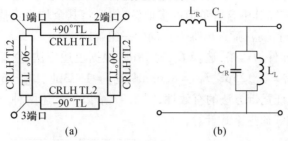

图 2.26　环形电桥巴伦与 CRLH TL 的电路原理图
(a) 环形电桥巴伦；(b) CRLH TL。

将 +90° 支路命名为 CRLH TL1，-90° 支路命名为 CRLH TL2，它们在中心工作角频率 $\omega_0 = 2\pi f_0$ 处的相移可以表示为

$$\varphi_{\text{CRLH TL1}} = -N\left[\omega_0\sqrt{L_{R1}C_{R1}} - \frac{1}{\omega\sqrt{L_{L1}C_{L1}}}\right] \tag{2.22a}$$

$$\varphi_{\text{CRLH TL2}} = -N\left[\omega_0\sqrt{L_{R2}C_{R2}} - \frac{1}{\omega\sqrt{L_{L2}C_{L2}}}\right] \tag{2.22b}$$

式中：$L_{L1}, C_{L1}, L_{R1}, C_{R1}$ 以及 $L_{L2}, C_{L2}, L_{R2}, C_{R2}$ 分别为 CRLH TL1 和 CRLH TL2 的电路参数；N 为单元数目且这里巴伦设计选择 $N=2$。

平衡条件下，CRLH TL 可分解为左手部分和右手部分，且为保证阻抗匹配，电路参数之间的关系必须满足：

$$\sqrt{\frac{L_{R1}}{C_{R1}}} = \sqrt{\frac{L_{L1}}{C_{L1}}} = \sqrt{\frac{L_{R2}}{C_{R2}}} = \sqrt{\frac{L_{L2}}{C_{L2}}} = \sqrt{2}Z_0 \tag{2.23}$$

为在 f_0 处获得最大的工作带宽，CRLH TL1 和 CRLH TL2 两支路的相位必须具有完全相同的斜率，也即 f_0 处两支路具有最小的相位差 φ_{diff}，即

$$\varphi_{\text{diff}} = -N\left[\omega\sqrt{L_{R1}C_{R1}} - \frac{1}{\omega\sqrt{L_{L1}C_{L1}}}\right] + N\left[\omega\sqrt{L_{R2}C_{R2}} - \frac{1}{\omega\sqrt{L_{L2}C_{L2}}}\right] \tag{2.24}$$

上述问题可以转换为数学求极值问题。为保证两支路的相位差在 f_0 处取得最小值，φ_{diff} 在 f_0 处必须满足一阶导数等于 0，二阶导数大于 0，即

$$\text{d}\varphi_{\text{diff}}(\omega)/\text{d}\omega\big|_{\omega=\omega_0} = N\left[\sqrt{L_{R2}C_{R2}} - \sqrt{L_{R1}C_{R1}} + \frac{1}{\omega_0^2\sqrt{L_{L2}C_{L2}}} - \frac{1}{\omega_0^2\sqrt{L_{L1}C_{L1}}}\right] = 0$$
$$\tag{2.25}$$

$$\text{d}^2\varphi_{\text{diff}}(\omega)/\text{d}\omega^2\big|_{\omega=\omega_0} = \frac{2}{\omega_0^3\sqrt{L_{L1}C_{L1}}} - \frac{2}{\omega_0^3\sqrt{L_{L2}C_{L2}}} > 0 \tag{2.26}$$

式(2.22)、式(2.23)和式(2.25)7 个方程构成了 8 元非线性相关方程组，不可能对 8 个电路参数进行唯一求解，这给宽带设计提供了额外的自由度，如可以根据市场 SMT 元件规格确定某个电路参数，也可以根据电路尺寸需要确定某个电路参数。一旦确定其中

任意某个参数后,其余7个电路参数可通过数学计算软件Matlab进行数值求解。由于目标方程组出现了平方根项,所求解的电路参数会出现多组解,典型值为16组。因此,首先根据实际物理意义剔除其中含有负值的多值解,然后将其余均为正值的解回代到上述方程组和式(2.26)进行检验,筛选出唯一正确的一组解。

根据市场集总元件值规格,选择 C_{L2} 为18pF,根据上述方法,立即可得其余电路参数为 $L_{R1}=0.62\,\mathrm{nH}$、$C_{R1}=0.125\,\mathrm{pF}$、$L_{L1}=8.63\,\mathrm{nH}$、$C_{L1}=1.73\,\mathrm{pF}$、$L_{R2}=6.5\,\mathrm{nH}$、$C_{R2}=1.3\,\mathrm{pF}$、$L_{L2}=89.9\,\mathrm{nH}$。为验证宽带方法的有效性,图2.27给出了上述两种支路的色散曲线和相位响应,其中色散曲线通过下式计算:

$$\gamma = \alpha + \mathrm{j}\beta = \mathrm{j}s(\omega)\sqrt{\left(\frac{\omega}{\omega_R}\right)^2 + \left(\frac{\omega_L}{\omega}\right)^2 - K\omega_L^2} \qquad (2.27)$$

式中: $\omega_L = 1/\sqrt{L_R C_R}$;$\omega_L = 1/\sqrt{L_L C_L}$;$K = L_R C_L + L_L C_R$。

如图2.27(a)所示,CRLH TL1、CRLH TL2支路分别在0.48GHz、4.85GHz处达到了平衡,且在平衡频率以下两个CRLH TL支路中 β 均为负。从图2.27(b)可以看出,两种CRLH TL的相位响应在 $f_0 = 1.5\,\mathrm{GHz}$ 附近具有完全相同的斜率且变化非常平缓,因此相位差在很宽的带宽范围内保持在180°附近。

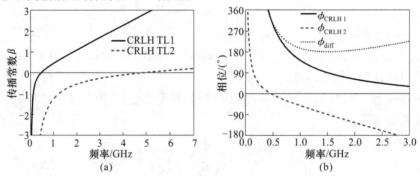

图2.27 两种支路的色散曲线与相位响应
(a) CRLH TL1 和 CRLH TL2 的色散曲线;(b)相位响应。

2.5.2 巴伦设计与实验

采用分形集总 CRLH TL 来实现上述两种支路的电路参数,其中 CRLH TL 的左手部分由片状 SMT 元件实现,右手部分由分形微带线实现。巴伦设计在F4B介质板上,其介质板参数为 $\varepsilon_r = 2.65$、$h = 1\,\mathrm{mm}$、$\tan\delta = 0.001$、$t = 0.036\,\mathrm{mm}$。如图2.28(a)所示,分形结构采用梯形 Koch 分形曲线(T – Koch),其 IF = 1/4,Hausdorff 维数 $D = \ln5/\ln4$,n 次迭代后的总长度和产生分形片段数分别为 $L_n = (5/4)^n L_0$ 和 $P_n = 5^n$,这里 L_0 为原始长度。T – Koch结构的水平分形片段使其非常适合 SMT 片状电容的加载,同时由于高阶迭代对小型化贡献很小且使分形片段呈指数增加不利于 SMT 元件加载,因此选择 IO = 2。

图2.28(b)给出了巴伦的加工实物,其中 0805 和 0603 两种封装类型的 SMT 元件加载于 T – Koch2 虚线框所示区域。基于2.1节分形集总 CRLH TL 设计方法,可确定CRLH TL1 和 CRLH TL2 的微带线长度分别为3.6mm和40.9mm,宽度均为1.51mm。由

于 CRLH TL1 支路微带线的长度很短未采用分形设计,同时为实现小型化,这里改变了 CRLH TL2 支路中 T – Koch2 的若干弯折方向并对巴伦的 4 个支路进行了优化布局。巴伦的最终尺寸仅为 29mm × 30.5mm,是传统环形电桥巴伦($\pi \times 33.9$mm $\times 33.9$mm)的 24.5%,是基于纯 CRLH 设计巴伦(32mm × 49mm)的 56.4%。

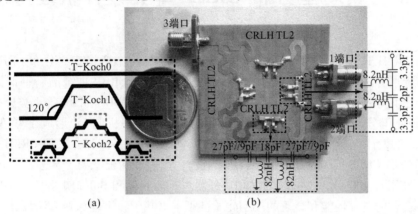

图 2.28　T – Koch 分形结构与宽带巴伦加工实物

（a）基于 IO = 0、IO = 1 和 IO = 2 的 T – Koch 分形结构;（b）宽带巴伦加工实物。

对设计的巴伦进行动态联合仿真并对制作样品的 S 参数进行测试,如图 2.29 所示。仿真与测试结果的一致性较好,两者之间的差异尤其是幅度输出不平衡的原因同 2.3 节的讨论。测试结果表明,在 1 ~ 2.25GHz 频率范围内,$|S_{11}|$ 均优于 10dB,2.9dB < $|S_{21}|$ < 3.6dB,2.8dB < $|S_{31}|$ < 3.8dB,幅度输出不平衡优于 ±1dB,相位输出不平衡优于 ±3.4°,因此巴伦的相对带宽达到了 83.3%,而基于 T – Koch 纯分形技术设计的巴伦带宽仅为 10%,远比基于混合技术设计的巴伦带宽窄。与以往巴伦相比[55,60,121 – 123],新型巴伦在减小尺寸的同时获得了最宽的带宽。

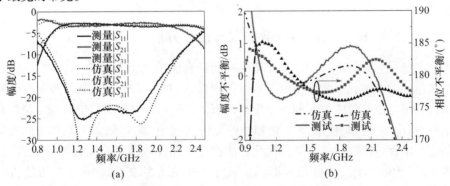

图 2.29　宽带巴伦的仿真与测试结果

（a）S 参数;（b）幅度与相位输出不平衡。

第 3 章 紧凑型分布 CRLH 单元设计机理与应用

分布 CRLH TL 是应用成果最多的左手异向介质之一,本章将建立分布 CRLH TL 的电路参数提取方法、工作机理和设计方法,提出一种基于 CSRRP 加载的新型谐振 CRLH 结构并给出其等效电路[128],基于 CSRR、CSRRP、GC/SSI 和 WDC/MSSI 等 4 类分布 CRLH TL 系统研究了分形 CRLH 单元的电磁特性和小型化物理机制,并形成了紧凑型分布 CRLH 单元的设计原则;然后基于提出的新机理、新方法,从平衡和非平衡 CRLH TL 的角度研究了分形 CRLH TL 的通带电磁特性,设计了宽带漏波天线[174]、威尔金森功分器[127]、超宽阻带滤波器[151]、一分四串联功分器[128]、双工器和 Bulter 矩阵[144]。以上分布微波器件良好的电气性能和显著的小型化验证了本书基于新机理和新方法设计微波器件的有效性,显示了紧凑型分布 CRLH TL 在微波电路中的重要实用价值,本章内容丰富了 CRLH TL 理论体系、实现方式与应用范畴。同时,紧凑型一维 CRLH TL 设计为后面二维和三维异向介质设计打下了坚实的理论和方法基础。

3.1 基于 CSRR 的分布 CRLH 单元小型化机理与设计

本节对基于 CSRR 加载的谐振分布 CRLH TL 展开研究,首先建立了分布 CRLH 单元的电路参数提取与设计方法,其次从降低串联支路谐振频率 f_{se}、CSRR 谐振频率 f_p 两个方面研究了小型化机理,并基于宽带漏波天线[174]和小型化功分器[127]进行了验证,最后基于小型化 CSRR 的多频阻带效应探讨了其在超宽阻带中的应用[151]。

3.1.1 CRLH 单元电路参数提取与设计方法

Bloch 理论是分析 CRLH TL 色散特性和辅助合成单元物理参数的有效方法和工具,但无法从单元的全波 S 参数中提取等效电路参数,而对 CRLH 单元电路参数的正确评估是准确设计与合成 CRLH 单元的一个重要环节。以往人们一般通过电磁与电路仿真 S 参数的幅度/相位曲线匹配技术(S 参数幅相匹配法)提取电路参数,如果它们之间的差异不满足精度要求则电路软件采用某种优化算法改变电路参数值并重新计算和比对,直到满足精度要求(收敛)为止,否则循环继续。该方法存在诸多缺点:一是 S 参数能否收敛取决于电路参数初始值的选择,这就决定了其非常耗时和低效;二是由于不同组合的电路参数会在一定频率范围内得到相似的电气性能,使得提取的电路参数具有多值模糊性。因此,建立可靠、精确、快速的电路参数提取方法具有重要意义。

1. 分布 CRLH TL 电路参数提取方法

本节基于等效媒质理论建立了谐振分布 CRLH TL 的电路参数提取方法,与幅相匹配法完全不同,这里电路参数通过全波 S 参数直接计算得到,因此更为高效,同时电路参数提取不要求 CRLH 单元工作于平衡态,方法具有普适性并向实际应用迈进了一步,极大地拓展了适用范围。由于谐振 CRLH 单元一般较小且小于 $\lambda_g/4$，左手 CRLH TL 可以由等效介电常数 $\varepsilon_{\text{eff}} = \varepsilon'_{\text{eff}} + j\varepsilon''_{\text{eff}}$ 和磁导率 $\mu_{\text{eff}} = \mu'_{\text{eff}} + j\mu''_{\text{eff}}$ 填充的均一化媒质来表征[66]，其中 λ_g 是工作频率处的波导波长，$\varepsilon''_{\text{eff}}$ 和 μ''_{eff} 表征电磁损耗。基于 CSRR 的 CRLH 单元等效电路如图 3.1（a）所示，CSRR 结构受轴向时谐电场激发，在电谐振频率附近产生负介电常数，而缝隙电容和线电感在磁谐振频率附近产生负磁导率，L_s 表示微带线电感，C_g 对应于导带线上的缝隙电容，C 包含线电容以及微带线和 CSRR 的边缘电容效应，CSRR 由 L_p 和 C_p 组成的并联对地谐振回路等效，电阻 R_s、G_p 分别表示串联支路、并联支路的损耗。电路参数提取包含两步：首先从全波 S 参数中提取等效媒质参数，然后从等效媒质参数计算电路参数。

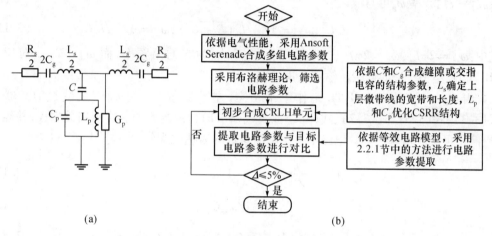

图 3.1　谐振 CRLH TL 的等效电路与设计方法流程图

（a）等效电路；（b）设计方法流程图。

从等效电路出发，串联支路阻抗和并联导纳可由等效电磁参数表示为

$$2Z_{\text{se}}(j\omega) = R_s + j\omega L_s + 1/(j\omega C_g) = j\omega(\mu'_{\text{eff}} + j\mu''_{\text{eff}})\mu_0 p Z_a^{\text{TL}}/\eta_0 \tag{3.1}$$

$$Y_{\text{sh}}(j\omega) = G_p + \frac{j\omega C[1 - \omega^2 L_p C_p]}{1 - \omega^2 L_p(C + C_p)} = j\omega(\varepsilon'_{\text{eff}} + j\varepsilon''_{\text{eff}})\varepsilon_0 p \frac{\eta_0}{Z_a^{\text{TL}}} \tag{3.2}$$

式中：p 为 CRLH 单元的周期；η_0 为自由空间的本征阻抗；Z_a^{TL} 为空气填充微带线的阻抗，可由经验公式计算。

当微带线宽度与介质厚度之比 $w/h \leqslant 1$ 时，Z_a^{TL} 和 ε_e 为[302]

$$Z_a^{\text{TL}} = \frac{Z_0}{\sqrt{\varepsilon_e}}\ln\left(\frac{8h}{w} + 0.25\frac{w}{h}\right) \tag{3.3}$$

$$\varepsilon_e = \frac{\varepsilon_r + 1}{2} + \frac{\varepsilon_r - 1}{2}\left[\left(2 + \frac{12h}{w}\right)^{-1/2} + 0.041\left(1 - \frac{w}{h}\right)^2\right] \tag{3.4}$$

而当 $w/h \geqslant 1$ 时，Z_a^{TL} 和 ε_e 可以计算为[302]

$$Z_a^{\text{TL}} = \frac{120\pi}{\sqrt{\varepsilon_e}}\frac{1}{[w/h + 1.393 + 0.667\ln(w/h + 1.444)]} \tag{3.5}$$

$$\varepsilon_e = \frac{\varepsilon_r + 1}{2} + \frac{\varepsilon_r - 1}{2}\left(1 + \frac{12h}{w}\right)^{-1/2} \tag{3.6}$$

对比式(3.1)、式(3.2)两边的实部和虚部,得

$$L_s - \frac{1}{\omega^2 C_g} = \mu'_{\text{eff}}\mu_0 p \frac{Z_a^{\text{TL}}}{\eta_0} \tag{3.7}$$

$$\frac{\omega C[1 - \omega^2 L_p C_p]}{1 - \omega^2 L_p(C + C_p)} = \varepsilon'_{\text{eff}}\varepsilon_0 p \frac{\eta_0}{Z_a^{\text{TL}}} \tag{3.8}$$

$$R_s = \omega\mu''_{\text{eff}}\mu_0 p Z_a^{\text{TL}}/\eta_0 \tag{3.9}$$

$$G_p = \omega\varepsilon''_{\text{eff}}\varepsilon_0 p\eta_0/Z_a^{\text{TL}} \tag{3.10}$$

对任意 CRLH TL 等效电路,串联支路谐振角频率 ω_{se}、并联支路谐振角频率 ω_{sh} 和并联谐振腔谐振角频率 ω_p 可写成

$$\omega_{\text{se}} = 1/\sqrt{L_s C_g}, \omega_{\text{sh}} = 1/\sqrt{L_p(C + C_p)}, \omega_p = 1/\sqrt{L_p C_p} \tag{3.11}$$

式中:$\omega_{\text{se}} = 2\pi f_{\text{se}}$、$\omega_p = 2\pi f_p$ 分别对应于 μ'_{eff}、$\varepsilon'_{\text{eff}}$ 为零的角频率,而 $\omega_{\text{sh}} = 2\pi f_{\text{sh}}$ 对应于 CRLH TL 左手通带的低端传输零点角频率。

当 $\omega_{\text{se}} = \omega_p$ 时,CRLH TL 工作于平衡态,左手通带与右手通带无缝过渡。联立式(3.3)、式(3.5)、式(3.7)、式(3.8)以及式(3.11)构成的 5 个非线性相关方程,并经推导、简化可唯一求解出等效电路中 5 个电路参数的表达式为

$$C_g = \frac{\eta_0}{Z_a^{\text{TL}}}(1/\omega_{\text{se}}^2 - 1/\omega^2)/\mu'_{\text{eff}}\mu_0 p \tag{3.12}$$

$$L_s = 1/\omega_{\text{se}}^2 C_g \tag{3.13}$$

$$C = \varepsilon'_{\text{eff}}\varepsilon_0 p \frac{\eta_0}{Z_a^{\text{TL}}}[1 - (\omega/\omega_{\text{sh}})^2]/[1 - (\omega/\omega_p)^2] \tag{3.14}$$

$$C_p = C/[(\omega_p/\omega_{\text{sh}})^2 - 1] \tag{3.15}$$

$$L_p = [(\omega_p/\omega_{\text{sh}})^2 - 1]/(C\omega_p^2) \tag{3.16}$$

2. CRLH TL 等效电磁参数提取方法

将 Nicolson – Ross – Weir(NRW)[304,305] 方法与文献[280]和[281]的方法结合起来并将电磁波在自由空间的传播问题转换为空气填充微带线中的传输问题,形成了 CRLH TL 等效电磁参数提取的改进方法。根据 NRW 方法的基本理论,等效阻抗 Z_{eff} 和折射率 n 分别为

$$Z_{\text{eff}} = \sqrt{\frac{\mu_{\text{eff}}}{\varepsilon_{\text{eff}}}} = \pm\sqrt{\frac{(1 + S_{\text{av}})^2 - S_{21}^2}{(1 - S_{\text{av}})^2 - S_{21}^2}} \tag{3.17}$$

$$e^{jk_0 np} = \cos(k_0 np) + j\sin(k_0 np) = \frac{1 - S_{\text{av}}^2 + S_{21}^2 \pm \sqrt{(1 - S_{\text{av}}^2 + S_{21}^2)^2 - 4S_{21}^2}}{2S_{21}} \tag{3.18}$$

式中:$k_0 = \omega/c$ 为自由空间波数;$S_{\text{av}} = \sqrt{S_{11}S_{22}}$[281],对于传输方向上具有非对称结构的左手传输线或块状左手媒质,S_{11} 与 S_{22} 不同。

对于由空气和微带线构造的复合媒质,Z_{eff} 可写为

$$Z_{\text{eff}} = Z_c/Z_a^{\text{TL}} \tag{3.19}$$

式中: Z_c 为传输线的特性阻抗。

经推导可得折射率为

$$n = \frac{\mathrm{Im}\left[\ln(\mathrm{e}^{jk_0 np})\right] + 2m\pi - j\mathrm{Re}\left[\ln(\mathrm{e}^{jk_0 np})\right]}{k_0 p} \tag{3.20}$$

采用泰勒级数展开的方法正确选择折射率实部分支,以确保 $\varepsilon_{\mathrm{eff}}$ 和 μ_{eff} 的数学连续性[280]。得到 n 和 Z_{eff} 后,$\varepsilon_{\mathrm{eff}}$ 和 μ_{eff} 由 $\varepsilon_{\mathrm{eff}} = n/Z_{\mathrm{eff}}$ 和 $\mu_{\mathrm{eff}} = n/Z_{\mathrm{eff}}$ 确定,而传播常数则由 $\beta = k_0 \times n = \omega \times n/c$ 得到。式(3.17)和式(3.18)中的正负号由无源材料的因果性条件确定,即 $\mathrm{Im}(n) > 0$ 和 $\mathrm{Re}(Z_e > 0)$,而式(3.17)中的正负号也可由 $|\mathrm{e}^{jk_0 np}| \leqslant 1$ 确定。

3. 分布 CRLH TL 的一般设计方法

下面以 CSRR 加载的谐振左手传输线为例建立分布 CRLH TL 的一般设计方法,非谐振左手传输线方法类似。由于谐振 CRLH TL 一般包含 5 个甚至更多电路参数,且设计中不一定满足平衡条件,方程数少于电路参数个数,因此不能像集总 CRLH TL 一样对电路参数进行唯一求解,这给分布 CRLH TL 的设计提供了很大的自由度。谐振 CRLH TL 的设计方法主要包括以下 4 步,如图 3.1(b)所示。

第 1 步:合成满足电气性能指标的多组电路参数。在 Ansoft Serenade 中建立 CRLH 单元的等效电路模型,并根据工作频率、相位、阻抗以及截止频率等电气性能指标优化拟合出符合要求的多组电路参数。

第 2 步:通过布洛赫分析选择一组正确的电路参数。由于拟合方法的多值性,电路参数不唯一,需通过 Bloch 理论筛选和验证,还可以配合其他条件进行辅助筛选,如 C_g 是否落在缝隙所能提供的电容范围之内(缝隙电容一般不会超过 1pF)。对单元采用布洛赫周期边界条件并使用 $ABCD$ 矩阵,可推导 CRLH 单元的相移和 Bloch 阻抗表达式为

$$\cos\varphi = \cos\beta p = 1 + Z_{\mathrm{se}}(j\omega) Y_{\mathrm{sh}}(j\omega) \tag{3.21a}$$

$$Z_\beta = \sqrt{Z_{\mathrm{se}}(j\omega)\left[Z_{\mathrm{se}}(j\omega) + 2Z_{\mathrm{sh}}(j\omega)\right]} \tag{3.21b}$$

式中: $Z_{\mathrm{sh}}(j\omega)$ 为并联支路阻抗。

对于图 3.1(a)所示的等效电路,式(3.21)可进一步写为

$$\cos\varphi = \cos\beta p = 1 + \frac{C\left[1 - (\omega/\omega_{\mathrm{se}})^2\right]\left[1 - (\omega/\omega_{\mathrm{p}})^2\right]}{2C_g\left[1 - (\omega/\omega_{\mathrm{p}})^2\right]} \tag{3.22a}$$

$$Z_\beta = \sqrt{\frac{C\left[1 - (\omega/\omega_{\mathrm{se}})^2\right]^2\left[1 - (\omega/\omega_{\mathrm{p}})^2\right] + 4C_g\left[1 - (\omega/\omega_{\mathrm{sh}})^2\right]\left[1 - (\omega/\omega_{\mathrm{se}})^2\right]}{-4\omega^2 C C_g^2\left[1 - (\omega/\omega_{\mathrm{p}})^2\right]}} \tag{3.22b}$$

将上述合成的电路参数值代入式(3.22)进行验证,使 β、Z_β 在传输通带内都为实数且与目标特性阻抗和相位非常接近或在预定误差允许范围内。

第 3 步:初步合成单元的物理参数。根据确定的电路参数对单元的物理结构进行初步合成,例如,根据 C、C_g 并通过经验计算公式合成缝隙或交指结构的物理参数,根据阻抗、L_s 确定上层微带线的宽带和长度,根据 L_p、C_p 优化 CSRR 的物理参数等。

第 4 步:精确设计单元的物理参数。对初步合成的物理结构进行电路参数提取,并将得到的参数与合成的目标电路参数进行对比,若差值在误差范围内则设计结束,否则返回第 3 步并根据差值符号确定下一步单元物理参数的调谐,直至满足精度要求为止,以上步

骤可通过数学计算软件 Matlab 编程实现。

3.1.2 串联支路降频方法与漏波天线设计

漏波天线[172,277]是一种沿传输方向边传输边辐射的行波结构,按工作方式可以分为两类:一是频扫漏波天线,它的波束指向随频率变化而变化;二是电扫漏波天线,它的波束指向随变容二级管的电容或物理结构参数变化而变化。传统漏波天线虽然能实现波束扫描,但扫描空间非常有限且很难实现由后向、法向、前向辐射构成的全空间波束连续扫描。左手异向介质由负到正的连续色散很容易实现漏波天线的连续波束扫描。左手异向介质漏波天线按实现方式可分为两类:一类是基于变容二极管[171]或渐变折射率[7]的块状异向介质波束可调天线;另一类是基于平面 CRLH TL 的漏波天线[172]。与块状异向介质漏波天线相比,平面 CRLH 漏波天线具有损耗小、制作简便、辐射效率高等优点,但左手电感几乎都由接地短截线来实现,当局域化的电流通过金属化过孔时会产生较大的损耗,天线增益和辐射效率将恶化。本节基于 CSRR 加载的双层平衡 CRLH 单元建立了一种能实现波束连续扫描的频扫漏波新方案,并设计了漏波天线进行验证[174],天线具有平面易集成、宽频、连续波束扫描、无金属化过孔和复杂馈电网络等优点。

1. 平衡点漏波分析

对于图 3.1(a)所示的等效电路,当 $\omega = \omega_{se} = \omega_p$ 时,CRLH 单元严格工作于平衡态,此时 $\beta \to 0$、波导波长 $\lambda_g \to \infty$、且介电常数和磁导率均为零,因此,有

$$\cos(\beta p) \approx 1 - (\beta p)^2/2 \qquad (3.23)$$

将式(3.1)、式(3.2)、式(3.23)代入式(3.21a)并忽略 R_s、G_p,可得相速表达式为

$$V_p = \frac{\omega}{\beta} p\omega \Big/ \sqrt{\frac{C}{C_g}\Big[1 - \Big(\frac{\omega}{\omega_{se}}\Big)^2\Big]\Big[1 - \Big(\frac{\omega}{\omega_p}\Big)^2\Big]\Big/\Big[1 - \Big(\frac{\omega}{\omega_{sh}}\Big)^2\Big]} \qquad (3.24)$$

对式(3.24)进行求导,可得平衡条件下群速度 V_g 的表达式为

$$V_g = \frac{\partial \omega}{\partial \beta} = \frac{-p\sin(\beta p)}{\frac{C}{2C_g}\Big\{\Big[\frac{2\omega^3}{\omega_{se}^2\omega_{sh}^2} - \frac{4\omega}{\omega_{se}^2} + \frac{2\omega}{\omega_{sh}^2}\Big]\Big[1 - \Big(\frac{\omega}{\omega_{se}}\Big)^2\Big]\Big/\Big[1 - \Big(\frac{\omega}{\omega_{sh}}\Big)^2\Big]^2\Big\}} \qquad (3.25)$$

平衡点处,式(3.25)的分子和分母均趋于零,对其应用伯努利法则并经化简,得

$$V_g = \frac{\partial \omega \begin{pmatrix} \omega \to \omega_{se,p} \\ \beta \to 0 \end{pmatrix}}{\partial \beta}$$

$$= \frac{-p^2\cos(\beta p)\Big(\frac{\partial \omega}{\partial \beta}\Big)^{-1}}{\frac{C}{2C_g}\Big[\frac{2}{\omega_{sh}^2} - \frac{4}{\omega_{se}^2} + \frac{12\omega^2}{\omega_{se}^4} + \frac{6\omega^2}{\omega_{sh}^4} - \frac{12\omega^2}{\omega_{se}^2\omega_{sh}^2} - \frac{6\omega^4}{\omega_{se}^4\omega_{sh}^2} + \frac{2\omega^6}{\omega_{se}^4\omega_{sh}^4}\Big]\Big/\Big[1 - \Big(\frac{\omega}{\omega_{sh}}\Big)^2\Big]^3}\Bigg|_{\substack{\omega=\omega_{se}\\ \beta=0}}$$

$$= \frac{-p^2\Big(\frac{\partial \omega}{\partial \beta}\Big)^{-1}}{\frac{C}{2C_g}\Big[\frac{8}{\omega_{se}^2} - \frac{16}{\omega_{sh}^2} + \frac{8\omega_{se}^2}{\omega_{sh}^4}\Big]\Big/\Big[1 - \Big(\frac{\omega_{se}}{\omega_{sh}}\Big)^2\Big]^3} \qquad (3.26)$$

进一步化简,得

$$V_{\mathrm{g}} = \left| \frac{\partial \omega}{\partial \beta} \right|_{\omega = \omega_{\mathrm{se}}} = \sqrt{C_{\mathrm{g}} p^2 \left[1 - \left(\frac{\omega_{\mathrm{se}}}{\omega_{\mathrm{sh}}} \right)^2 \right]^3 \bigg/ C \left[\frac{8}{\omega_{\mathrm{sh}}^2} - \frac{4}{\omega_{\mathrm{se}}^2} - \frac{4\omega_{\mathrm{se}}^2}{\omega_{\mathrm{sh}}^4} \right]} \tag{3.27}$$

从式(3.27)可以看出平衡点处 CRLH TL 的相速为零但群速不为零,表明在 $\omega = \omega_{\mathrm{se}} = \omega_{\mathrm{p}}$ 处仍有能量传播,对于漏波天线来说,平衡点处传播的能量将在法线方向上产生辐射。相反,当 CRLH 单元工作于非平衡态时($\omega_{\mathrm{es}} \neq \omega_{\mathrm{p}}$),在 $\omega = \omega_{\mathrm{se}}$ 和 $\omega = \omega_{\mathrm{p}}$ 处均有 $V_{\mathrm{g}} = 0$,表明没有能量传输。因此 CRLH 单元的平衡设计对具有波束连续空间扫描的宽频漏波天线设计至关重要。

2. 双层 CRLH 单元与平衡设计

下面研究双层 CRLH 技术降低 f_{se} 的工作机理,并基于 3.1.1 节建立的电路参数提取方法和设计方法对宽带平衡 CRLH 单元进行设计。如图 3.2 所示,CRLH 单元由上层容性缝隙、中层方形金属贴片、地板层 CSRR 以及位于三层结构之间的两块 F4B 介质板 Sub1 和 Sub2 组成。为实现单元的宽带阻抗匹配,上层导带采用阶梯阻抗线布局,其中低阻抗贴片、中层贴片与 CSRR 大小一致,用于增强耦合,实现有效的电激励和左手特性。双层 CRLH 单元的工作机制、等效电路与单层单元类似,但中层贴片与上层低阻抗贴片形成的平板电容极大地增大了左手电容 C_{g},而增大的 C_{g} 将显著降低 ω_{se} 并增强单元的左手特性,使得左手频段和右手频段之间的阻带间隙减小甚至消失,因此双层 CRLH 单元更容易工作于平衡态并实现小型化。需要说明的是,这里介质板的介电常数 $\varepsilon_{\mathrm{r1}}$ 和 $\varepsilon_{\mathrm{t2}}$ 可以任意选择,而为实现较大的左手电容厚度 h_2 一般小于 h_1。

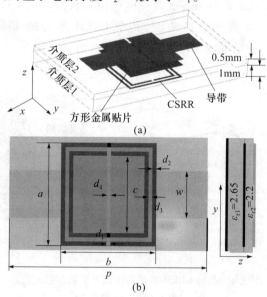

图 3.2　基于 CSRR 加载的双层 CRLH 单元

物理参数:$d_1 = d_2 = d_3 = d_4 = 0.2\mathrm{mm}, a = b = 4.8\mathrm{mm}, c = 3.6\mathrm{mm}, w = 2.2\mathrm{mm}, p = 10\mathrm{mm}$。

对于导波设计,人们主要关心传播常数 $\gamma = \alpha + \mathrm{j}\beta$ 的虚部 β,而衰减常数 α 经常被忽略,而对于漏波设计(不考虑 CSRR 的辐射损耗 G_{p}),α 为漏波因子,对应于漏波辐射损耗,由电阻 R_{s} 等效,此时导体损耗和介质损耗相比于辐射损耗均可以忽略。通过精心设

计 α 可以让电磁波能量在预定区域以可调的方式完全对外辐射,获得高性能的漏波特性,而通过精心设计相移常数 β(由电感、电容决定)可以精确操控空间电磁波的波束指向。如图 3.3(a)所示,CRLH 单元在 $f_{se} = f_p = 4.5\text{GHz}$ 处达到平衡,当 $f < f_{se}$ 时 μ'_{eff} 和 ε'_{eff} 均为负,否则 μ'_{eff} 和 ε'_{eff} 均为正,且整个观察频率范围内 μ''_{eff} 和 ε''_{eff} 始终大于零,符合无源媒质的因果性。如图 3.3(b)所示,当 $f > 4.5\text{GHz}$ 时电路参数变化平缓,而在 $5\text{GHz} < f < 6.5\text{GHz}$ 的频率范围内电路参数几乎保持不变。最终 6GHz 处提取的电路参数为 $L_s = 3.61\text{nH}$、$C_g = 0.34\text{pF}$、$C = 1.18\text{pF}$、$C_p = 5.77\text{pF}$、$L_p = 0.22\text{nH}$、$R_s = 2.45\Omega$,它们将用于电路仿真和理论分析。

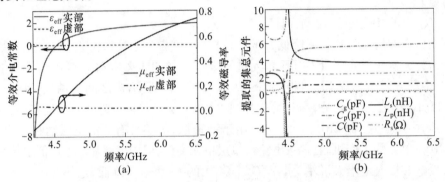

图 3.3 双层 CRLH 单元的等效电磁参数和电路参数提取结果
(a) 等效电磁参数;(b) 电路参数提取结果。

图 3.4 给出了基于 Ansoft Designer、商业电磁仿真软件 Ansoft HFSS 以及电路仿真软件 ADS 仿真得到的 S 参数和色散曲线,其中 CRLH 单元的 Bloch 理论色散曲线由式(3.21a)计算,而全波色散曲线由电磁仿真 S 参数计算:

$$\beta = \arccos\left[(1 - S_{11}S_{22} + S_{12}S_{21})/2S_{21}\right] \tag{3.28}$$

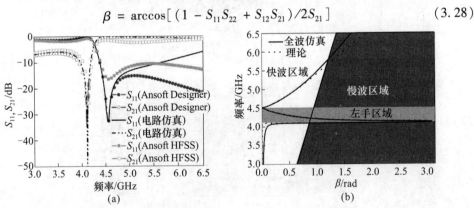

图 3.4 双层 CRLH 单元的仿真 S 参数和色散曲线
(a) 仿真 S 参数;(b) 色散曲线。

从图 3.4(a)可以看出所有情形下 S 参数在频率低端吻合得很好,而高频时电磁与电路仿真结果的微小差异由单元的固有周期特性(高次模)引起,且高次模并未在电路模型中等效。电磁仿真结果表明,在 $4.39 \sim 6.5\text{GHz}$ 的范围内单元回波损耗均优于 10dB,显示了 CRLH 单元的宽带阻抗匹配特性。从图 3.4(b)可以看出理论与全波色散曲线吻合得

很好,表明CRLH单元在4.5GHz处实现了左手通带和右手通带的无缝过渡,工作于平衡态。在空气色散曲线($\beta_0 = \omega p/c$)以下,$|\beta| > |\beta_0|$且相速$V_p < c$,为慢波导波区域,而在空气色散曲线以上,$|\beta| < |\beta_0|$且$V_p > c$,为快波辐射区域,这里c为真空中的光速,而空气与CRLH单元色散曲线的交点为漏波辐射的截止频率,因此CRLH单元的漏波区域为两种色散曲线围成的锥形区域4.14~5.81GHz,包含部分左手频段和部分右手频段。

为了说明中层金属贴片的影响,对没有中层贴片的传统CRLH单元进行仿真并将其结果与新CRLH单元对比。如图3.5(a)所示,传统CRLH单元工作于非平衡态,10dB阻抗带宽明显变窄,由于中层金属贴片减弱了CSRR与缝隙的耦合,使得C变小,传输零点稍向高频移动。如图3.5(b)所示,与传统CRLH单元相比,双层单元的左手频段$f_p = 4.68$GHz和$f_{se} = 5.6$GHz均向低频移动,其中f_{se}降幅甚至达到了1.1GHz,这是由于中层金属贴片明显增大了C_g、C_p和L_s,其中C_g的增幅达到了36%且会随h_2的减小变得更加显著。

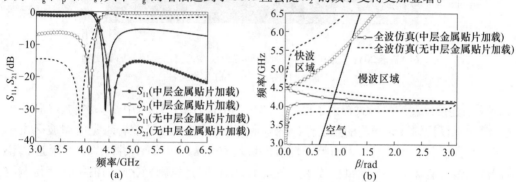

图3.5　双层CRLH单元的电磁仿真S参数和色散曲线

传统CRLH单元6GHz处的电路参数:$L_s = 3.13$nH,$C_g = 0.25$pF,$C = 1.64$pF,$C_p = 4.21$pF,$L_p = 0.28$nH。

(a)电磁仿真S参数;(b)色散曲线。

3.　天线分析与结果

由于CRLH单元工作于平衡态且具有良好的阻抗匹配特性,可以直接用来设计漏波天线。如图3.6所示,漏波天线由20个双层CRLH单元按周期p级联而成,天线尺寸为200mm×20mm×1.5mm。制作过程中,将刻蚀有金属结构的两块介质板对齐并通过胶黏剂进行固定。采用矢网N5230C对漏波天线的S参数进行测试,由于漏波天线工作于主模,只需要在终端加载一个50Ω的宽带负载即可实现匹配。这里漏波天线的波束扫描角θ(主波束方向与法线方向的夹角)可以近似计算为

$$\theta = \arcsin(\beta/k_0) \tag{3.29}$$

式中:k_0为自由空间波数。

式(3.29)表明θ由异向介质的材料特性β唯一决定,因此CRLH单元由负到正连续变化的β使得漏波天线具有后向辐射到法向辐射再到前向辐射的全空间波束扫描能力。

为评估天线性能,基于仿真和测试S参数对β和α进行提取。如图3.7(a)所示,仿真与测试S参数吻合得相当好,测试结果中低频处的蓝移主要由CSRR与缝隙的未严格对准以及介质板中间的空气间隙引起。测试结果表明,在4.36~5.8GHz范围内天线回波损耗均优于10dB,相对带宽达到了28.3%,且漏波区域最小插损为7dB,表明天线至少

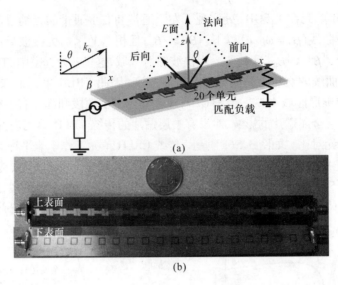

(a)

(b)

图 3.6　基于 20 个双层 CRLH 单元的漏波天线波束扫描原理与加工实物

(a) 波束扫描原理；(b) 加工实物。

有 55% 的能量以漏波的形式辐射了出去。图 3.7(b) 与图 3.5(b) 中 β 基本吻合，验证了基于单元 β 设计漏波天线阵的正确性，它们之间微小的偏差以及前者略宽的漏波区由单元间的互耦引起。测试结果表明整个辐射区域均有 $\alpha/k_0 \geqslant 0.03$（保持在 0.04 附近），说明漏波天线具有非常可观的口径效率。低频 4.2GHz 附近急剧恶化的回波损耗使得漏波因子显著增大，若采用渐变微带线或阶梯阻抗线作为天线两端的馈线可望缓解低频 α 的急剧增大。

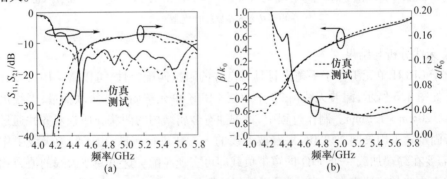

图 3.7　漏波天线的仿真、测试 S 参数以及归一化相位常数和漏波因子

(a) S 参数；(b) 相位常数和漏波因子。

为验证漏波天线随频率的连续空间扫描能力，图 3.8 给出了天线的 E 面归一化辐射方向图。可以看出仿真与测试方向图除了 4.2GHz 处波束扫描角度存在偏差外在其余频率处均吻合得非常好，与图 3.7(b) 相移常数预期结果一致。测试结果表明 4.2GHz 处 $\theta = -17°$，为后向波束，4.7GHz 和 5.8GHz 处天线扫描角分别为 $\theta = 30°$ 和 $\theta = 69°$，为前向波束，而 4.5GHz 处天线扫描角为 $\theta = 0°$，为法向波束，这与前面分析一致。同时天线具有很宽的扫频角范围，从 4.1GHz 时的 $-29°$ 到 6.1GHz 时的 72°，波束相应地由后向辐射变成法向辐射再逐渐转变成前向辐射，同时整个辐射区域，天线的交叉极化电平至少比主极化低 10dB。

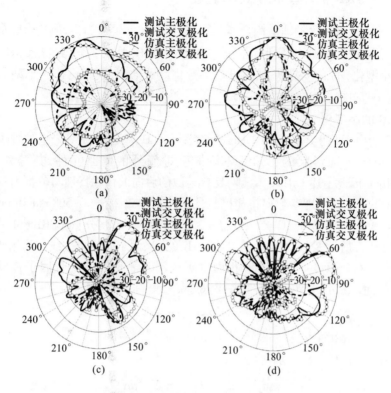

图 3.8　漏波天线不同频率处的仿真、测试辐射方向图
（a）4.2GHz；（b）4.5GHz；（c）4.7GHz；（d）5.8GHz。

如图 3.9 所示,绝大多数频率处天线的增益均大于 5dB,且在 5.6GHz 处达到峰值 12.8dB,由于 4.5GHz 附近并联支路发生了零阶谐振,天线 H 面出现了全向辐射,因此出现了增益谷值,同时测试波束扫描角度曲线与图 3.7(b)的趋势一致,再次验证了设计的正确性。由于地板 CSRR 的作用,天线的后向辐射较大,尽管如此,天线良好的连续空间扫描特性显示其在波束可调天线中具有实际应用价值。

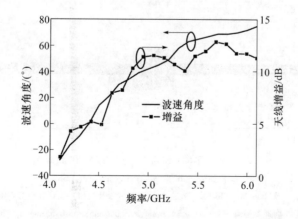

图 3.9　漏波天线随频率变化的测试增益和波束扫描角度

3.1.3　CSRR 的小型化机理与验证

双层 CRLH 技术有效降低了 f_{se}，实现了 CRLH 单元的平衡工作，但并未降低并联支路谐振频率 f_p，本节通过分析分形、多环与螺旋 CRLH 单元的电磁特性，建立了降低 f_p（CSRR的小型化）的工作机理、规律以及小型化设计准则，最后设计了小型化威尔金森功分器对建立的机理、设计准则进行验证[127]。

1. CSRR 的小型化

图 3.10 给出了基于不同 CSRR 加载的多种 CRLH 单元，微带导带上的缝隙用于实现左手电容。由于不同形状的 CSRR 环并未引进额外的电路元件，其等效电路均与图 3.1（a）相同，因此上述 CRLH 单元均具有类似的后向波传输特性与负折射特性。所有情形下，CRLH 单元的物理参数保持相同且均采用 $\varepsilon_r = 2.2$，$h = 0.508\text{mm}$ 和 $\tan\delta = 0.001$ 的 RT/duroid 介质板。基于 IO = 1 和 IO = 2 的 Minkowski 环分形 CSRR（M – SRR）如图 3.10（d）和（e）所示，其中 IO = 2 时的 CRLH 单元采用了阶梯阻抗线布局用于匹配和降低通带插损，且不会影响 f_p。M – CSRR 由垂直迭代因子 α、水平迭代因子 β 以及迭代次数 N 决定，通过 α、β 可分别确定垂直迭代深度 d_1、水平迭代长度 d_2。

$$d_1 = d\alpha, d_2 = d\beta \tag{3.30}$$

式中：d 为方形 CSRR 的边长。

M – CSRR 每迭代一次增加的长度 Δd_N 可以计算为

$$\Delta d_N = d_N - d_{N-1} = 2^{N+2}d\alpha^N \tag{3.31}$$

由式（3.31）可知，环长度与水平迭代因子 β 无关。

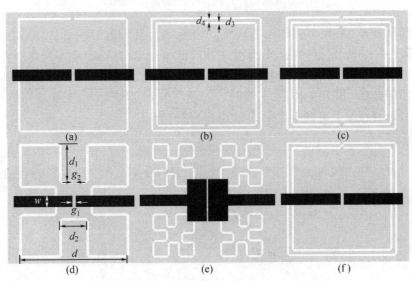

图 3.10　基于不同 CSRR 加载的多种 CRLH 单元
(a) 单环 CSRR；(b) 双环 CSRR；(c) 三环 CSRR；
(d) 一次单环 M – CSRR；(e) 二次单环 M – CSRR；(f) 螺旋双环 CSRR。
CRLH 单元的物理参数：$d = 16\text{mm}$，$w = 1.6\text{mm}$，$g_1 = 0.5\text{mm}$，$g_2 = 0.55\text{mm}$，$d_1 = 5.33\text{mm}$，
$d_2 = 4\text{mm}$，$d_3 = 0.3\text{mm}$ 和 $d_4 = 0.4\text{mm}$。其中白色、灰色和黑色分别代表 CSRR 结构、地板和微带导带。

对上述 CRLH 单元进行电磁仿真，S 参数曲线如图 3.11 所示。由于缝隙电容极小，这时 $f_p \ll f_{se}$ 且 CRLH 单元工作于非平衡态，因此单元传输通带内的反射零点频率近似为 f_p。从图 3.11(a) 中可以看出，当水平迭代因子 $\beta = 1/4$ 保持不变时，随着 α 由 0 逐渐增至 $1/3$，$\alpha = 0$ 表示不分形，单元的谐振频率由 1.74GHz 逐渐下降到 1.34GHz，下降比例为 23%，同时左手通带带宽变小，由带宽与品质因数的关系公式

$$\text{FBW} = (\text{VSWR} - 1) / Q \sqrt{\text{VSWR}} \qquad (3.32)$$

可知该谐振腔的品质因数在增大。从图 3.11(b) 中可以看出，当 $\alpha = 1/4$ 保持不变时，很明显谐振频率几乎不随 β 变化。从图 3.11(c) 中可以看出，随着 IO 增加谐振频率不断降低，由 IO = 0 时的 1.74GHz 下降到 IO = 1 时的 1.34GHz 再下降到 IO = 2 时的 1.1GHz，而单元的品质因数相应地在增加，同时频率的下降幅度随 IO 的增加逐渐减小，即由一次分形的 23% 减小到二次分形的 17.9%，3 种情形下单元的电尺寸分别为 $\lambda_0/10.8$、$\lambda_0/14$ 和 $\lambda_0/17$。图 3.11(d) 表明螺旋双环、三环和双环 CSRR 的谐振频率分别为 0.57GHz、1GHz 和 1.12GHz，与单环 CSRR 的 1.74GHz 相比，3 种情形下单元谐振频率的下降幅度分别为 67.2%、42.5% 和 35.6% 且电尺寸分别为 $\lambda_0/32.9$、$\lambda_0/18.7$ 和 $\lambda_0/16.7$，因此 CRLH 单元的谐振频率随 CSRR 环个数的增加逐渐降低但下降幅度明显减小。以上现象均表明 CRLH 单元的谐振频率与 CSRR 的长度成正比，例如 β 对环长度没有影响，因此谐振频率随 β 几乎不变；螺旋双环的长度几乎为双环 CSRR 的 2 倍，因此前者谐振频率几乎为后者的 1/2；多环 CSRR 中内增新环的尺寸逐渐减小，因此谐振频率的下降幅度在减小。分形、多环以及螺旋 CSRR 均有效延长了地板电流路径，使电感 L_p 和电容 C_p 得到不同程度的增大，根据式 (3.11) 可知 f_p 将不断降低，但也相应地增加了损耗。

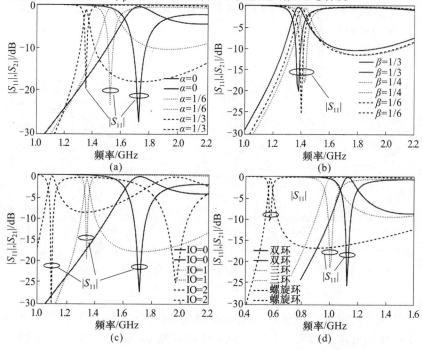

图 3.11　CRLH 单元的 S 参数随 α、β、IO 和 CSRR 环个数的变化
(a) α；(b) β；(c) IO；(d) CSRR 环个数。

双环情形下 CRLH 单元的电磁特性随 M – CSRR 中 IO 的变化关系,如图 3.12 所示,CRLH 单元导带层同样采用阶梯阻抗线布局,用于匹配和降低通带插损,介质板与图 3.10 中单元相同。由于 CSRR 小型化由 α 决定而与 β 无关,因此可通过调整 M – CSRR 的尺寸使其更有利于 α 的增大,基于这种考虑,我们改变了 IO = 2 时 M – CSRR 结构的若干弯折方向和单元尺寸。对上述不同 IO 的双环 CRLH 单元进行电磁仿真和电路仿真,如图 3.13所示,电磁、电路仿真结果吻合得非常好,验证了电路参数提取的正确性。由于 IO = 2时的单元尺寸与 IO = 0、IO = 1 时不同,这里基于电尺寸对小型化进行定量分析。3 种情形下 CSRR 的谐振频率分别为 1.09GHz、0.92GHz 和 0.77GHz,单元的电尺寸分别为 $\lambda_0/19.65$、$\lambda_0/23.3$ 和 $\lambda_0/24.4$,呈逐渐减小趋势,且下降幅度随 IO 增加逐渐趋于平缓,同时与单环 CRLH 单元相比,双环单元的谐振频率随 IO 变化更加趋于平缓,如 IO = 1 时前者频率下降幅度为 23%,后者仅为 15.6%。

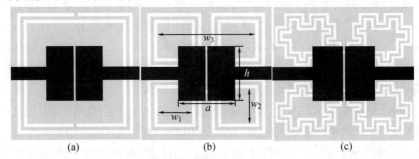

图 3.12　基于 M – CSRR 加载的双环 CRLH 单元

（a）IO = 0；（b）IO = 1；（c）IO = 2。

3 种情形下均有 $a = 7$mm, $h = 6.5$mm, $w = 1.56$mm, $w_3 = 12$mm 和 $g_1 = 0.25$mm。

IO = 0 时 $d = 14$mm, $g_2 = d_3 = d_4 = 0.4$mm；IO = 1 时 $d = 14$mm, $g_2 = d_3 = d_4 = 0.4$mm,

$\beta = 0.39$ 和 $\alpha = 0.31$；IO = 2 时 $d = 16$mm, $g_2 = d_3 = d_4 = 0.3$mm, $\beta = 1/3$ 和 $\alpha = 0.25$（参考图 3.10）。

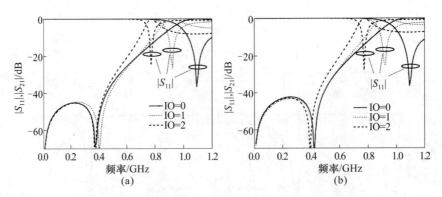

图 3.13　双环 CRLH 单元的仿真 S 参数随 IO 的变化关系

（a）电磁仿真；（b）电路仿真。

这里 CRLH 单元谐振频率随 IO 增加不断降低的机理同单环 CRLH 单元,但还隐含一个较深层次的作用机理。如表 3.1 所列,随 IO 逐渐增加,L_p 几乎保持不变而 C_p 显著增加,这是由于地板电流局限于两环之间,而 M – CSRR 中相邻竖直插入段的电流方向相反并相互抵消,削弱了 L_p 的增加效应。增加的 C_p 一定程度上能有效减小 f_{sh} 和 f_0,但仿真结

果中 f_{sh} 变化很小,这是由于低阻抗贴片与 CSRR 之间的强耦合使得 C 值相对于 C_p 很大,削弱了 C_p 对 f_{sh} 的影响。

表 3.1　不同 IO 情形下双环 CRLH 单元的电路参数

CRLH 单元	L_s/nH	C_g/pF	C/pF	L_p/nH	C_p/pF
IO = 0	11.38	0.62	20.1	6.86	0.74
IO = 1	12.4	058	20	6.31	2.49
IO = 2	10.2	0.61	19.9	6.89	3.89

综上所述,虽然基于分形几何设计的双环甚至多环 CSRR 能进一步降低 f_p,但下降幅度随 IO 变化不如单环显著,同时随 IO 增大明显减缓且极大地增加了设计的复杂性,因此本书紧凑型异向介质单元大部分均基于分形单环设计。下面研究导带分形对 CRLH 单元电磁特性的影响并探讨了一种新分形方案来缓和 CSRR 双环竖直段的电流抵消作用。图 3.14 给出了 3 种不同拓扑结构的谐振 CRLH 单元,其中分形导带为三段一阶 Koch 曲线构成的复合结构,分形 CSRR 为三角环的 Koch 二次迭代结构,称为 Kc – CSRR,两种情形下 Koch 分形的迭代因子均为 1/3。

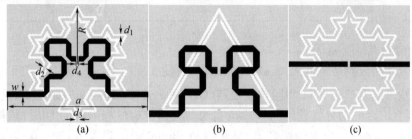

图 3.14　基于全分形(情形 1)、导带分形(情形 2)和 CSRR 分形(情形 3)的 CRLH 单元
(a)全分形;(b)导带分形;(c)CSRR 分形。
详细物理参数:$w_s = 0.78mm$,$R = 8mm$,$a = 21mm$,$d_1 = 0.3mm$ 和 $d_2 = d_3 = d_4 = 0.4mm$。

为深入研究分形导带和分形 CSRR 的作用机理,对上述 3 种 CRLH 单元进行电磁仿真并通过 3.1.1 节建立的方法进行电路参数提取,基板采用 $\varepsilon_r = 2.65$、$h = 0.5mm$ 和 $\tan\delta = 0.001$ 的 F4B 介质板。如图 3.15 所示,情形 1 的左手通带中心频率为 1.03GHz,与情形 3 更相近且比情形 2 的 1.58GHz 更低,因为情形 1、情形 3 具有相近的 L_p 和 C_p,且 Kc – CSRR 使得 L_p 显著增加了近 3 倍,如表 3.2 所列。而情形 1 的右手通带和情形 2 更相近,且更靠近左手通带使得通带带宽比情形 3 明显展宽,这是因为情形 1 和情形 2 具有相近的 L_s 和 C_g 且分形导带使得 L_s、C_g 和 C 显著增大,这对于平衡设计非常有利。这里 C 的增加主要是因为分形增大了导带与 CSRR 的耦合区域,使得两者耦合显著增强,这也解释了情形 1 的传输零点频率(0.19GHz)比情形 3(0.44GHz)更低,L_s 的增大是由于分形弯曲边界直接增加了导带电流路径。最重要的是,随 IO 的增大双环 Kc – CSRR 中 L_p 显著增加,这与 M – CSRR 中 L_p 几乎不变相反,其物理机制是:Kc – CSRR 的蜿蜒边界同样有效延长了地板的电流路径,但由于 Kc – CSRR 结构中没有竖直分形段,电流方向并未反向,因此并未抵消 L_p 的增加。

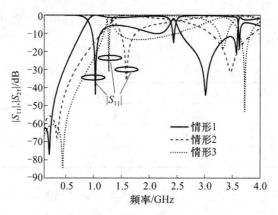

图 3.15　3 种情形下 CRLH 单元的电磁仿真 S 参数

表 3.2　3 种情形下 CRLH 单元的电路参数

CRLH 单元	L_s/nH	C_g/pF	C/pF	L_p/nH	C_p/pF
图 3.14(a)	17.7	0.41	83.8	8.22	1.62
图 3.14(b)	12.3	0.42	89.9	2.66	3.01
图 3.14(c)	11.4	0.14	15.4	8.9	1.43

2. 功分器设计与验证

威尔金森功分器是一种无源三端口网络器件,能实现两个输出端口的等幅同相输出,由一对特性阻抗为 $\sqrt{2}Z_0$ 的 $\lambda/4$ 阻抗变换器(QIT)和一个 Z_0 的隔离电阻组成,其中 Z_0 为端口参考阻抗,因此功分器设计的本质是实现具有特定相位和阻抗的 QIT。虽然 QIT 已广泛用于设计功分器、分支线耦合器、环形电桥、Butler 矩阵以及开路枝节,但是由于其 90°电位移的存在,传统器件的尺寸普遍较大,尤其是低频工作时,这与人们对集成电路日益增长的需求相矛盾。为解决该矛盾,大量技术和方法被不断报道[129-133],但部分 QIT 在小型化过程中很少能同时兼顾器件的优异性能,且小型化程度还存在不足。

为克服以上缺点,下面基于 3.1.1 节的设计方法并采用全分形 CRLH 单元精确设计了工作于 1.03GHz 且特性阻抗为 70.7Ω 的 QIT,详细物理参数如图 3.14(a)所示,为验证设计的正确性,对 QIT 进行电路和电磁仿真。如图 3.16 所示,阻抗变换器的电磁、电路仿真 S 参

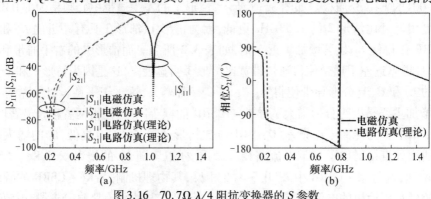

图 3.16　70.7Ω $\lambda/4$ 阻抗变换器的 S 参数

(a)幅度响应;(b)相位响应。

数吻合良好,1.03GHz 处的回波损耗优于 50dB 且精确实现了 +90° 相位,通带内插损变化平缓且保持在 0.1dB 左右。QIT 的物理尺寸仅为 21mm,在 1.03GHz 处的电尺寸仅为 $\lambda_0/13.9$,与传统阻抗变换器相比,实现了 58.9% 的小型化,是目前最紧凑的 QIT 之一。

将设计的 QIT 直接用于合成威尔金森功分器,为验证功分器的优异性能,对其进行加工、测试,实物如图 3.17 所示,两个完全相同的 QIT 之间焊接了一个阻值为 100Ω 的隔离电阻,功分器总电路面积为 $40 \times 40\text{mm}^2$,是传统功分器的 41.1%。如图 3.18 所示,整个频段内仿真和测试结果吻合良好,验证了设计的合理性,测试 S 参数微小(20MHz)的低频偏移主要是因为加工误差导致 Kc – CSRR 的槽宽度偏离了设计值,后期参数敏感分析验证了这一点。测试结果表明,在 1.03GHz 处功分器的传输系数 $|S_{21}| = 3.31\text{dB}$、$|S_{31}| = 3.42\text{dB}$、隔离度 $|S_{23}| = 23\text{dB}$、回波损耗 $|S_{11}| \geqslant 20\text{dB}$、$|S_{22}|$ 和 $|S_{33}|$ 均优于 22dB、相位输出不均衡为 0.05°,在 0.98 ~ 1.1GHz 的范围内的回波损耗优于 10dB,隔离度优于 15dB 时且输出端口相位的一致性非常好,带宽达到了 120MHz,而通过调控 CRLH 单元的相位响应和色散特性,功分器可获得更宽的工作带宽,如减小 L_s、C_p 或增加 L_p、C_g 可使色散曲线趋于平缓。由于 CRLH 阻抗变换的电磁特性由包括 Kc – CSRR 在内的多个物理参数共同决定,参数变化对 QIT 相位产生的影响远没有传统微带线敏感,解释了功分器输出端口良好的相位一致性。总之,功分器良好的电气性能和紧凑的电路验证了 CSRR 的小型化机理及其在微波电路应用中的有效性和可行性。

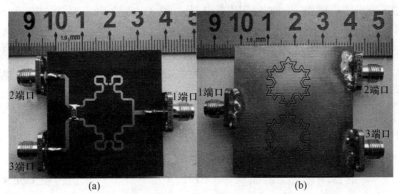

图 3.17　威尔金森功分器加工实物

(a) 正面;(b) 背面。

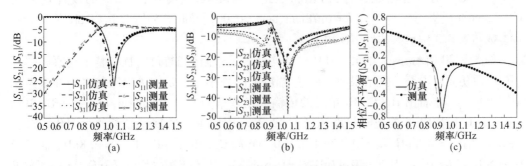

图 3.18　功分器的仿真和测试 S 参数

(a) 1 端口回波损耗和 2、3 端口的传输系数;(b) 2、3 端口的回波损耗和隔离度;(c) 2、3 端口的相位输出不平衡。

3.1.4　小型化 CSRR 的多频阻带特性与超宽带应用

本节将研究小型化分形 CSRR(单负 CRLH 单元)的多频阻带特性并探讨其在超宽阻带微带低通滤波器(LPF)中的应用[151]。这里宽阻带的思想在于将工作于不同频率的渐变单负 CRLH 单元进行级联,优点在于电小 CRLH 单元具有弱单元间耦合和多频阻带效应,极大地提高了一次设计成功率、带外抑制效率和抑制深度。

LPF 是一种广泛应用于现代无线通信系统的低频信号选择器件,要求其具有尺寸小、阻带宽、传输损耗低以及选择性好等特性。为满足需求,研究人员提出了多种方法,如采用缺陷地结构、电磁带隙结构、微带线与交指电容结构、高低阻抗线发卡式谐振器以及基于分布元件的椭圆函数 LPF 等[57,149]。尽管这些 LPF 在某方面具有优异性能,但很少能实现性能的全面提升,且部分 LPF 还存在很多不足,如阻带抑制深度不够、带宽较窄、边缘陡峭度不好、通带内插损较大等。

1. H－CSRR 单元结构与电磁特性

由于级联单负 CRLH 单元之间存在耦合,使得 LPF 中单元的电磁特性、工作频率与预期设计有偏差,同时耦合还恶化了 LPF 的性能。为解决以上难题,这里采用电小单元来实现单元间的弱耦合。由于 Hilbert 曲线(分形维数为 $\ln 63/\ln 8 \approx 2$)具有很强的空间填充能力,非常适合电小单元设计,但其具有两个开放端口,不能构成终端耦合的开口环谐振器并形成有效谐振,因此不能直接用于设计。图 3.19 给出了基于 Hilbert 分形 CSRR(H－CSRR)设计的电小单负 CRLH 单元拓扑结构和等效电路,其中 H－CSRR 通过将二阶 Hilbert 曲线的两个末端分别向外延伸一个最小分形片段,然后将其首尾连接成闭合环并选择左/右侧进行开口实现。为系统研究和进行对比,这里还给出了另外两种单元结构,可以看出 3 种单元均通过 CRLH 单元去掉左手电容实现。为区别于开口位置位于 CSRR 上/下侧的传统单元,将开口位置位于 CSRR 左/右侧的改进结构命名为 I－CSRR。

由于 H－CSRR 和 I－CSRR 结构打破了 CRLH 单元传输方向上的镜像对称性,会引起单元的非对称传输效应,因此在图 3.19 所示的等效电路中,采用电感 L 对其进行等效,而 L_s、C、C_p 和 L_p 的物理意义与前面双负 CRLH 单元一致。对于由传统 CSRR 加载的单负 CRLH 单元,$L=0$,因此其等效电路可视为新单元等效电路的特例。为了研究分形 CSRR 的工作机理和开口位置的影响,对基于 CSRR、I－CSRR 和 H－CSRR 加载的单负 CRLH 单元分别进行电磁、电路仿真和电路参数提取,所有单元、LPF 的设计均采用 RT/duroid 介质板,其 $\varepsilon_r = 2.2$、$h=0.78\mathrm{mm}$、$\tan\delta = 0.001$,同时 3 种情形下 CRLH 单元的物理参数与表 3.3 中最大的 #1 单元相同。

如图 3.20 所示,两个单负 CRLH 单元均呈现了带阻传输特性,且在整个观察频率范围内电磁仿真与电路仿真结果吻合良好,幅度上的微小差异是因为电路仿真中并未考虑单元损耗。不难看出 H－CSRR 单元的传输零点频率为 $f_{sh} = 2.63\mathrm{GHz}$,与 I－CSRR 单元 $f_{sh} = 4.55\mathrm{GHz}$ 相比,f_{sh} 的下降幅度达到了 42.2%,因此单元实现了显著的小型化。对于 I－CSRR 有 $L=0.2\mathrm{nH}$、$L_s = 0.62\mathrm{nH}$、$C=0.65\mathrm{pF}$、$C_p = 0.87\mathrm{pF}$ 和 $L_p = 0.8\mathrm{nH}$,而对于 H－CSRR 有 $L=0.44\mathrm{nH}$、$L_s = 0.47\mathrm{nH}$、$C=0.6\mathrm{pF}$、$C_p = 1.6\mathrm{pF}$ 和 $L_p = 1.68\mathrm{nH}$,与 I－CSRR 单元相比,H－CSRR 单元的电路参数 L_s 和 C 变化不大,而 C_p、L_p 和 L 显著增大且增加幅度分别为 83.9%、110% 和 120%,根据式(3.11)可知 f_p 和 f_{sh} 将显著下降。同时,Hilbert

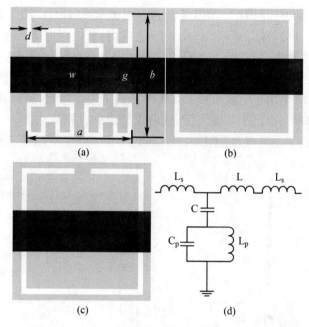

图 3.19　基于单环 CSRR 加载的单负 CRLH 单元与等效电路

（a）H – CSRR 单元；（b）I – CSRR 单元；（c）传统 CSRR 单元；（d）T 形等效电路。

分形引起的非对称效应比改变环缺口要强，因此 L 明显偏大，而 C_p 和 L_p 增加的原因与 3.1.3 节相同。

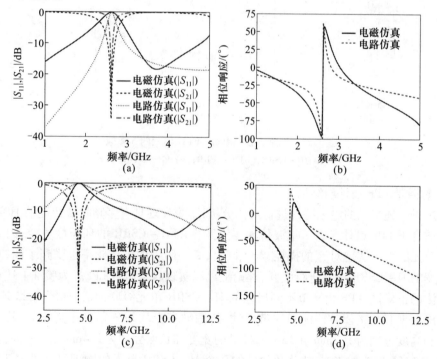

图 3.20　基于 H – CSRR 和 I – CSRR 加载的单负 CRLH 单元的 S 参数幅度和相位曲线

（a）、（b）H – CSRR；（c）、（d）ICSRR。

基于3.1.1节的方法对 H-CSRR 单元进行电磁参数提取,由图3.21可知,整个频段内折射率均为正值,同时在2.6~3.5GHz 频率范围内,折射率虚部迅速增加,传输模转变成消逝模,进一步观察表明在2.6~2.85GHz 范围内,介电常数为负值,信号传播被抑制,因此单元的电负特性未随开口位置变化和分形扰动而发生改变。为研究 H-CSRR 独特的电磁特性,图3.22给出了上述3种 CRLH 单元的宽带 S 参数,可以看出3种情形下单元在负介电常数区域均出现了基波阻带,且由于分形的自相似性,H-CSRR 会形成多个局部谐振回路,因此单元具有多频阻带特性,同时传统 CSRR 单元阻带频带更窄且在 f_{sh} 附近引入了反射零点。

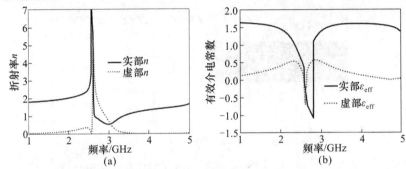

图3.21 基于 H-CSRR 加载的单负 CRLH 单元等效电磁参数
(a) 折射率;(b) 有效介电常数。

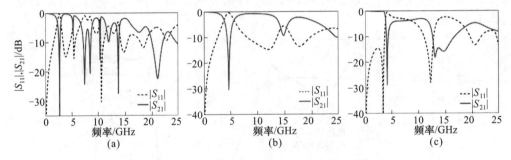

图3.22 3种情形下单负 CRLH 单元的 S 参数
(a) H-CSRR;(b) I-CSRR;(c) 传统 CSRR。

2. 宽阻带 LPF 设计与结果

通过对上述单元的电磁特性进行对比分析,不难发现具有多频阻带特性的 H-CSRR 单元更适合于 LPF 设计。由于基波传输零点频率由 H-CSRR 的环长度决定,因此可通过调节单元的大小实现对 f_{sh} 的操控,与此同时,高频阻带的工作频率也受到了调控,而将大小渐变的 H-CSRR 单元进行级联,理论上可以实现超宽阻带 LPF。为验证上述设计思想和方法的正确性,LPF 由9节不同尺寸的 H-CSRR 单元级联而成,如图3.23所示,同时为形成 LPF 良好的阻抗匹配和通带特性,传输导带上均匀分布着开路枝节,其中枝节的宽度和高度分别为 1.2mm 和 13mm,导带的宽度和长度分别为 2.4mm 和 95mm,且两端与 50Ω 的 SMA 接头相连,最终优化设计的9个 H-CSRR 单元的物理尺寸见表 3.3。为验证 LPF 的超宽阻带性能,对设计的 LPF 进行加工并对其 S 参数进行测试。

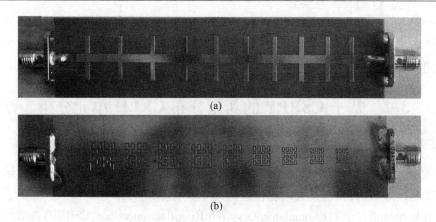

(a)

(b)

图 3.23　LPF 的加工实物

（a）俯视图；（b）底视图。

表 3.3　9 个 H-CSRR 单元的详细物理尺寸　　　　　　　（单位：mm）

单元	1	2	3	4	5	6	7	8	9
a	7	6.65	6.3	5.95	5.6	4.9	4.2	3.85	3.5
b	8	7.6	7.2	6.8	6.4	5.6	4.8	4.4	4
c	1	1	0.8	0.8	0.8	0.8	0.6	0.6	0.6
d	0.3	0.3	0.3	0.3	0.3	0.3	0.2	0.2	0.2

如图 3.24 所示，LPF 的仿真、测试 S 参数一致性较好，测试结果表明 LPF 的 3dB 截止频率为 2.15GHz，且通带内插损很小，最大值为 0.59dB，回波损耗优于 10.8dB，以 20dB 插损计算的阻带带宽为 2.4～25GHz，相对带宽达到了 164.9%，实现了超宽阻带特性，同时 LPF 的边缘选择性好，过渡频带仅为 0.25GHz（2.15～2.4GHz），因此根据式（3.33）计算的陡峭度达到了 $\xi = 68\text{dB/GHz}$，即

$$\xi = (\alpha_2 - \alpha_1)/(f_2 - f_1) \tag{3.33}$$

式中：α_1 为 3dB 衰减点，对应于频率 f_1，α_2 为 20dB 衰减点，对应于频率 f_2。

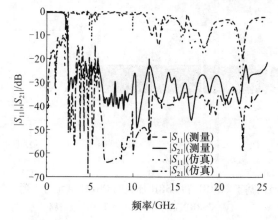

图 3.24　LPF 的仿真、测试宽频 S 参数

由于采用了具有多频阻带特性的小型化 H‒CSRR 单元,LPF 以截止频率计算的电尺寸比以往很多文献都要小,同时获得了优良的阻带特性,与以往文献相比[57,149],LPF 实现了最宽阻带宽度和最佳边缘陡峭度。

3.2 基于 CSRRP 的新型分布 CRLH 单元分析、 设计与零相移验证

虽然谐振 CRLH 单元结构层出不穷[72‒79],研究进展详见 1.2.1 节,但它们绝大多数为 CSRR 的改进结构,真正具有代表性并应用于工程实践的并不多。本节提出了一种基于互补开口单环谐振器对(Complementary Split Ring Resonator Pair,CSRRP)加载的新型谐振 CRLH 单元及其等效电路[128],与以往谐振 CRLH 单元相比,这里 CRLH 单元具有通带损耗低,左手、右手通带易调整,平衡态易实现,边缘选择性好,单元电小等诸多优点,同时对它的深入研究丰富了谐振 CRLH TL 理论与设计方法。本节单元和功分器的设计均采用 $\varepsilon_r = 2.65$,$h = 0.8mm$ 和 $\tan\delta = 0.001$ 的 F4B 介质板。

3.2.1 CRLH 单元、等效电路与分析

并联分布电感和串联分布电容是异向介质形成左手通带的必要条件,其产生方式越简单、直接,通带内的插损就越低,沿着这个思路,这里提出了一种新型 CRLH 单元。如图 3.25(a)所示,CRLH 单元由导带层的开口缝隙和地板上的 CSRRP 组成,其中缝隙位于单元的正中央,用于提供电场激励,CSRRP 位于缝隙的正下方,由两个完全相同且开口相对放置的 CSRR 组成,与图 3.25(b)所示的 CSRR 相比,CSRRP 的环开口位置发生了 90°旋转。在图 3.25(c)所示的等效电路中,微带线电感 L_s 和缝隙电容 C_g 构成的串联支路提供负磁导率,C 包含微带线电容和上层导带与 CSRRP 的边缘耦合电容,而 L_p、C_p、C_k 组成的并联对地谐振回路则用来等效 CSRRP 受垂直电场激发时产生的电响应,即负介电常数效应。这里 C_k 表示两个相互靠近 CSRR 之间的相互作用,而基于 CSRR 加载的 CRLH 单元 $C_k = 0$,因此其电路模型可视为该等效电路的特例。

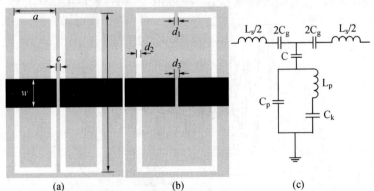

图 3.25 基于 CSRRP 和 CSRR 加载的 CRLH 单元与 T 形等效电路
(a) CSRRP;(b) CSRR;(c) T 形等效电路。

CSRRP 的物理参数:$a = 2.4mm$,$b = 9.6mm$,$c = 0.3mm$,$d_1 = 0.3mm$,$d_2 = 0.3mm$,$d_3 = 0.2mm$,$w = 1.8mm$。

由于 CRLH 单元非常电小,小于 $0.09\lambda_g$,其中 λ_g 为左手频段中心频率处的波导波长,因此可以通过 Bloch 理论对其进行分析。由等效电路出发,计算串联支路、并联支路的阻抗为

$$Z_{se}(j\omega) = \frac{1 - \omega^2 L_s C_g}{j\omega C_g} \tag{3.34a}$$

$$Z_{sh}(j\omega) = \frac{(1 - \omega^2 L_p C_k)}{j\omega(C_p + C_k) - j\omega^3 L_p C_p C_k} + \frac{1}{j\omega C} \tag{3.34b}$$

由此可计算并联支路的导纳为

$$Y_{sh}(j\omega) = 1/Z_p(j\omega) = \frac{j\omega C[C_p + C_k - \omega^2 L_p C_p C_k]}{C_p + C_k + C - \omega^2 L_p C_k (C_p + C)} \tag{3.35}$$

将式(3.34)代入式(3.21)可以计算 CRLH 单元的相移常数 β 和 Bloch 特性阻抗 Z_β,当 β 和 Z_β 均为实数时,电磁波才可以传播。当串联支路谐振,即式(3.34a)等于零时,可计算 CRLH 单元的右手通带的下限频率 $f_{RH} = f_{se}$,而当并联支路谐振,即式(3.34b)等于零或式(3.35)趋于无穷大时,可计算左手通带下边频带外传输零点频率为

$$f_{sh} = \frac{1}{2\pi}\sqrt{\frac{C_p + C_k + C}{L_p C_k (C_p + C)}} \tag{3.36}$$

当 CSRRP 谐振时,并联支路阻抗无穷大或式(3.35)等于零,得到左手通带的上限频率计算公式为

$$f_{LH}^H = f_p = \frac{1}{2\pi}\sqrt{\frac{C_p + C_k}{L_p C_k C_p}} \tag{3.37}$$

式(3.37)成立的前提是 $f_p \le f_{se}$,当 $f_p > f_{se}$ 时 $f_{RH}^L = f_p$、$f_{LH}^H = f_{se}$。令式(3.21b)等于零可得左手通带的下限频率 f_{LH}^L 和右手通带的上限频率 f_{RH}^H,由于公式较繁琐这里未给出详细表达式,但可以借助电路参数绘图进行分析(图 3.28)。为使 CRLH 单元工作于平衡态并实现左手通带与右手通带的无缝过渡,必须有 $f_{RH}^L = f_{LH}^L$。

为验证等效电路的正确性和 CRLH 单元的独特电磁特性,对上述两种 CRLH 单元进行电磁、电路仿真和电路参数提取。CRLH 单元的电路参数为 $L_s = 17.1\text{nH}$, $L_p = 2.97\text{nH}$, $C_g = 0.067\text{pF}$, $C = 363.6\text{pF}$, $C_p = 1.03\text{pF}$ 和 $C_k = 1.06\text{pF}$。如图 3.26 所示,电磁、电路仿真 S 参数吻合得很好,验证了等效电路的正确性,同时还可以看出两种情形下 CRLH 单元均工作于非平衡态,左手通带与右手通带之间明显存在阻带,且在左手通带下边频附近明显存在传输零点。与基于 CSRR 加载的传统 CRLH 单元相比,新 CRLH 单元的左手通带中心频率由 3.65GHz 降低到 3.55GHz,而右手通带的中心频率由 6.88GHz 降低到 5.09GHz,因此具有更小的单元尺寸和左、右手通带之间更窄的阻带间隙,同时单元通带插损更小、左手通带更宽,还可以看出新 CRLH 单元的右手通带上边频传输零点也向低频发生了偏移,由于该传输零点是由结构的右手周期特性引起的故未在等效电路中进行等效。

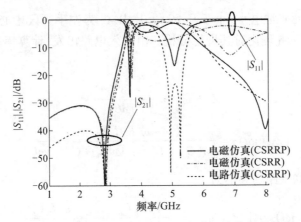

图 3.26 CRLH 单元的电磁、电路仿真 S 参数幅度曲线

为验证上述右手通带以及左手通带内的负折射率和后向波特性,基于 3.1.1 节的方法对新 CRLH 单元的等效电磁参数进行提取,如图 3.27 所示。不难发现 CSRRP 在 3.6GHz 附近发生电谐振,并在谐振频率附近出现了负介电常数,而磁导率在整个观察频段内均为负,因此双负左手频段完全取决于负介电常数所在的频段,在 $3.56 \sim 3.94GHz$ 范围内,μ'_{eff}、ε'_{eff} 同时为负而 μ''_{eff}、ε''_{eff} 和 n'' 均近似为零,表明电磁波为传输模且通带损耗小,还可以看出,负折射率与负传播常数所在的频段($2.74 \sim 3.94GHz$)完全吻合,虽然 CRLH 单元在 $2.74 \sim 3.56GHz$ 范围内折射率实部为负,但虚部很大且磁导率为负而介电常数为正,消逝模抑制了电磁波的传输。综上所述,等效电磁参数显示的结果与电磁仿真得到的传输特性完全吻合。

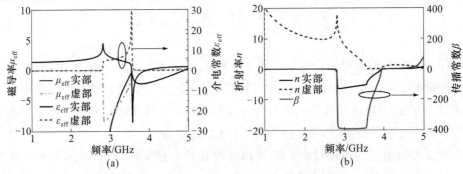

图 3.27 CRLH 单元的等效介电常数、磁导率和传播常数、折射率

(a) 等效介电常数、磁导率;(b) 传播常数、折射率。

将提取的电路参数代入式(3.34)、式(3.35)、式(3.21b)可得 Z_{se}、Y_{sh}、Z_{β} 以及相移常数曲线,如图 3.28 所示,可以看出 2.83GHz 处 Y_{sh} 趋于无穷大,对应于 f_{sh},这与图 3.26 显示的传输零点频率 2.82GHz 几乎相同,而 4.03GHz 处 $Y_{sh} = 0$,对应于 f_{LH}^{H},且 4.71GHz 处 $Z_{se} = 0$,对应于 f_{RH}^{L}。在 $3.61 \sim 4.03GHz$ 和 $4.71 \sim 5.5GHz$ 两个频段内 Z_{β} 为正实数,而 β 分别为负实数和正实数,对应于单元的左手通带和右手通带,而在 $4.03 \sim 4.71GHz$ 范围内 Z_{β} 和 β 为纯虚数且值很大,对应于阻带间隙。因此,上述基于等效电路的 Bloch 理论分析结果与电磁、电路仿真结果完全吻合。

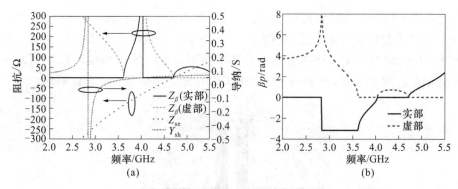

图 3.28　基于等效电路分析得到的电路参数和相移常数
（a）电路参数；（b）相移常数。

3.2.2　电小平衡 CRLH 单元设计与零相移特性

由 3.1.2 节的分析可知，零相移传输特性只有在平衡条件下才有意义，因此零相移 CRLH TL 的设计实际上是预定频率处具有平衡特性的 CRLH 单元设计，而零相移频率的可设计性得益于 CRLH 单元的色散和阻抗能在较宽的频率范围内进行调控，同时新 CRLH 单元左手、右手通带之间的间隙很小，因此更容易工作于平衡态。根据 3.2.1 节的分析，为在 f_0 处实现零相移特性，CRLH 单元必须满足 $\beta=0$、$f_{\mathrm{RH}}^{\mathrm{L}}=f_{\mathrm{LH}}^{\mathrm{H}}$ 和 $Z_\beta=50\Omega$，而 3 个方程不能对 6 个电路参数进行唯一求解，因此这里零相移 CRLH TL 设计具有很大的自由度，可以用来实现小型化或满足其他特殊需求。设计时，事先初步合成 CSRRP 的物理参数使其谐振频率大致落在 WiMAX 波段内，这样就确定了 L_{p}、C_{p} 和 C_{k} 3 个电路参数，然后根据上述 3 个方程确定 L_{s}、C_{g} 和 C 并初步合成上层导带线或阶梯阻抗线的物理参数，最后对整个结构进行优化以实现最佳阻抗匹配和相位关系。

为快速合成 CSRRP，我们基于参数扫描分析形成了 CSRRP 的主要物理参数对工作频率和传输特性的影响规律。研究表明，当 a 和 b 增大时，左手通带和右手通带均向低频移动，且当 CSRRP 满足 $2a\approx b$ 即方形布局时，左手、右手通带之间的阻带间隙逐渐减小直至消失，CRLH TL 工作于准平衡态。而两个 CSRR 的间距 c 对工作频率的影响较 a，b 要小，但对传输特性影响较大，当 c 值很小且逐渐增大时，C_{k} 不断减小，CRLH 单元的左手通带向高频移动而右手通带略向低频移动，两通带逐渐靠拢，当达到某临界值时单元阻带消失并工作于平衡态，而 c 再增大时，两个 CSRR 之间的相互作用减弱，通带内插损变大，CRLH 单元左手特性减弱并工作于非平衡态，因此为降低损耗和维持左手特性，c 值不宜很大。

虽然基于 CSRRP 的 CRLH 单元左手带宽得到展宽且右手通带显著降低，但左手带宽仍然较窄且频率下降幅度很小，因此单元尺寸仍较大。下面基于建立的平衡态设计准则探讨 CRLH 单元的小型化并同时获得宽频零相移特性。为实现平衡 CRLH 单元的小型化，将 Koch 分形结构融入 CSRRP 的设计并将新谐振器命名为 K - CSRRP，同时导带层采用阶梯阻抗线布局以降低串联谐振频率。新谐振器降低 CRLH 单元并联支路谐振频率的物理机制同 3.1.3 节分形单环 CSRR，同时由于分形扰动在等效电路中未引入额外电路参数，因此不会改变 CRLH 单元的左手电磁特性。如图 3.29 所示，CSRR 的 4 边均被设计成二次迭代 Koch 曲线,为准方形布局且在正交二维方向上均具有较小的尺寸。由于 K – CSRRP 中的两个缺口位置离得较远,C_k 比基于 CSRRP 加载的 CRLH 单元要小。仿真结果表明 K – CSRRP 使得 CRLH 单元的中心频率由不分形时的 5.01GHz 降低到 3.5GHz,频率下降幅度达到 30.2%,由于 $2a \approx b$,此时 CRLH 单元平衡态非常容易调整。

图 3.29　基于 K – CSRRP 加载的电小零相移 CRLH 单元

Koch 曲线 IF = 1/3,单元的物理参数:$a = 4$mm,$b = 7.2$mm,$c = 0.1$mm,

$d_1 = d_2 = 0.3$mm,$d_3 = 0.4$mm,$m = 0.6$mm,$h = 6.5$mm,$w = 0.5$mm。

对基于 K – CSRRP 加载的零相移 CRLH 单元进行电磁、电路仿真和电路参数提取,得到单元的电路参数为 $L_s = 16.37$nH,$L_p = 2.14$nH,$C_g = 0.125$pF,$C = 159.4$pF,$C_p = 2.22$pF 和 $C_k = 1.68$pF。如图 3.30(a) 所示,整个观察频率范围内零相移 CRLH 单元的电磁、电路仿真 S 参数吻合良好,再次验证了等效电路的正确性,同时在 3.17 ~ 4.13GHz 范围内回波损耗优于 10dB,且整个通带内没有出现阻带,表明单元工作于平衡态。基于电路参数进行 Bloch 理论分析,如图 3.30(b) 所示,CRLH 单元在 3.11 ~ 4.22GHz 范围内 Z_β 实部为正实数,虚部近似为零,对应于低损耗传输通带,Z_{se} 和 Y_{sh} 曲线相交于频率轴上 3.5GHz,对应于平衡点,该频率处单元的传输相位为零,Y_{sh} 曲线在 2.66GHz 处趋于无穷大,对应于 f_{sh} 且与电磁仿真得到的 2.67GHz 非常接近,而当 $Z_\beta = 0$ 时可以得到 $f_{LH}^L = 3.11$GHz 和 $f_{RH}^H = 4.24$GHz。

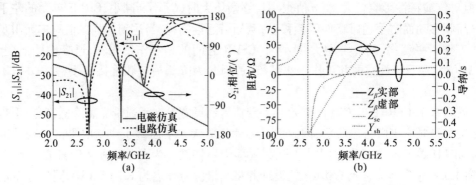

图 3.30　零相移 CRLH 单元的电磁与电路仿真 S 参数和电路参数图

(a) S 参数;(b) 电路参数图。

3.2.3　零相移特性验证

2π 相位线在馈电网络和功分网络中应用广泛,但传统 2π 相位线给功分器带来两个致命缺陷:一是传统功分器的尺寸较大尤其是低频工作时;二是由于相位随频率变化的快慢跟传输线的长度成正比,使得功分器的带宽一般很窄。为减小 2π 相位线的尺寸,研究人员提出了两种典型方法:一是将 2π 相位线设计成蜿蜒状[124];二是采用集总元件构建的零相移 CRLH TL 代替 2π 相位线[124,126]。但以上方法均存在缺陷:首先,蜿蜒线的大量弯角增加了电磁波传输的不连续性和辐射损耗,从而恶化了功分器的性能;其次,集总元件由于自身谐振只适用于低频场合,高频时功分器性能将急剧下降。基于 K – CSRRP 的零相移 CRLH TL 能有效克服以上缺点并同时实现小型化,下面将通过一分四串联功分器对零相移特性进行验证。

一分四串联功分器的原理图[124]如图 3.31(a)所示,工作于 WiMAX 波段,中心频率为 3.5GHz。每个功分端口在特性阻抗为 70.7Ω、相位为 2π 整数倍的传输线上引入,且每个功分支路的输入阻抗为 200Ω,用以保证各输入端口的阻抗匹配。采用二级 $\lambda/4$ 阻抗变换线实现 200Ω 负载与 50Ω 同轴接头的匹配,其中第一级变换线的阻抗为 158.11Ω,导带的长度、宽度分别为 15.3mm 和 0.16mm,第二级变换线的阻抗为 79.06Ω,导带的长度、宽度分别为 14.8mm 和 0.99mm。将设计的零相移 CRLH 单元直接取代 2π 相位线,制作了一分四功分器如图 3.31(b)、(c)所示。

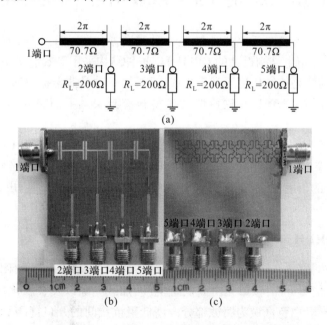

图 3.31　一分四串联功分器的原理图与加工实物的俯视图和底视图
(a) 原理图;(b) 加工实物的俯视图;(c) 加工实物的底视图。

如图 3.32 所示,仿真与测试结果吻合得相当好,测试结果表明,在 3.3 ~ 3.8GHz 范围内,功分器 1 端口的回波损耗优于 10dB,各功分支路的插损均在 5.96 ~ 8.8dB 范围内波动,与理想四等分功率分配器的 6.02dB 相比,最大波动为 2.8dB,完全满足四等分功率分配器的指标要求。为便于比较,对设计的蜿蜒线一分四功分器进行了加工、测试,结果表明其10dB回波损耗带宽只有320MHz(3.38 ~ 3.7GHz),电路尺寸为 $43.5 \times 61.6mm^2$,而基于零相移CRLH TL设计的功分器尺寸为 $41 \times 38mm^2$,电路面积缩减了42%,带宽却展宽了56%。

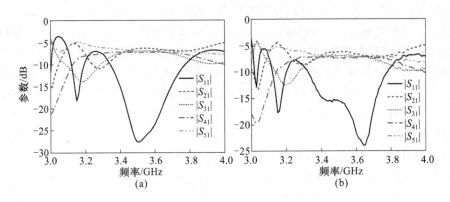

图3.32　一分四串联功分器的 S 参数

(a) 仿真结果;(b) 测试结果。

3.3　基于 GC/SSI 的分布 CRLH 单元设计与高隔离双工器

分布 CRLH TL 一般有两种实现方式:一种是谐振分布 CRLH TL,如之前研究的基于 CSRR、CSRRP 及其衍生结构设计的 CRLH TL,这种结构采用等效形式实现左手电感和电容,大部分需刻蚀缺陷地结构而不利于集成应用;另一种是非谐振分布 CRLH TL,设计简单,且无缺陷地结构,研究其电磁特性就显得很有意义。下面将对这一类非谐振分布 CRLH 单元进行研究。

本节基于缝隙电容(GC)和短截线电感(SSI)设计了非谐振 CRLH 单元,分析了平衡与非平衡条件下新型 CRLH TL 单元的左手电磁特性,建立了等效电路模型,提取了平衡与非平衡条件下的色散曲线,最后探讨了其在高隔离双工器中的应用[136]。本节所有设计均采用 F4B − 2 介质板,其中 $\varepsilon_r = 2.65$, $h = 1.5mm$ 和 $\tan\delta = 0.001$。

3.3.1　CRLH 单元等效电路与色散曲线

基于 GC/SSI 的非谐振分布 CRLH 单元结构及其等效电路如图 3.33 所示。由图 3.33(a) 的结构图可知,该单元由高低阻抗线、加载缝隙以及金属化过孔组成,其中深色区域为金属导体,白色区域为腐蚀部分。高低阻抗线间的开口缝隙和低阻抗线上的对称开口槽提供负磁导率效应,金属化过孔提供负介电常数效应。非谐振分布 CRLH 单元的等效电路如图 3.33(b) 所示, C_3 表示高低阻抗线间的左手电容, L_2 表示由金属化过孔产生的左手电感效应, L_3 表示由低阻抗线引入的线电感, C_1 等效为低阻抗线上刻蚀缝隙和开口槽的电容效应, L_1 和 C_2 为右手寄生电感和电容。

为验证等效电路的正确性和非谐振 CRLH 单元独特的电磁特性,这里给出两种结构参数分别进行电磁、电路仿真和电路参数提取,两组结构参数如表 3.4 所列。

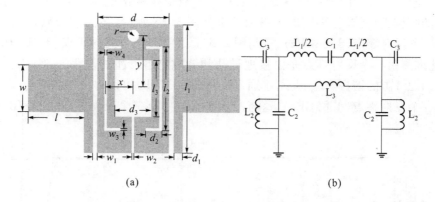

图 3.33　基于 GC/SSI 的非谐振 CRLH 单元和等效电路模型

(a) 非谐振 CRLH 单元;(b) 等效电路模型。

表 3.4　参数 I 和参数 II　　　　　　　　　(单位:mm)

参数	w	l	d	l_1	d_1	l_2	d_2	l_3	d_3	w_1	w_2	w_3	w_4	r	x	y
I	4.1	1	6.1	11	0.5	10	1.8	8	3.1	0.2	0.3	0.5	0.5	0.5	2.3	4.75
II	4.1	1	5.6	11	0.5	10	1.55	2.5	1	0.25	0.25	3.25	1.3	0.5	1.65	4.25

如图 3.34 所示,两种结构参数情况下,电磁、电路仿真 S 参数曲线吻合良好,验证了等效电路的正确性。如图 3.34(a)所示,参数 I 中 CRLH 单元工作于平衡态,S 参数曲线中有两个反射零点(3.44GHz 和 3.60GHz),且左手通带和右手通带实现了无缝过渡,提取的等效电路参数为:$C_1 = 0.72\text{pF}$,$C_2 = 2.57\text{pF}$,$C_3 = 0.45\text{pF}$,$L_1 = 26.32\text{nH}$,$L_2 = 0.75\text{nH}$,$L_3 = 14.88\text{nH}$;如图 3.34(b)所示,参数 II 中 CRLH 单元工作于非平衡态,S 参数曲线两个反射零点发生了分离(3.68GHz 和 4.88GHz),左手通带和右手通带间存在明显的阻带,提取的等效电路参数为:$C_1 = 1.51\text{pF}$,$C_2 = 1.03\text{pF}$,$C_3 = 0.24\text{pF}$,$L_1 = 12.14\text{nH}$,$L_2 = 1.5\text{nH}$,$L_3 = 5.9\text{nH}$。

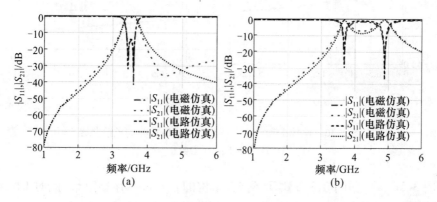

图 3.34　电磁和电路仿真 S 参数幅度曲线

(a) 参数 I;(b) 参数 II。

为了进一步分析两个传输零点特性,保持参数Ⅰ和参数Ⅱ不变,对去掉金属化过孔 ($r=0$)的结构进行仿真,得到的S参数结果如图3.35所示。由图3.35(a)可知,S参数只剩一个反射零点(3.66GHz),这与图3.34(a)中第二个反射零点(3.60GHz)很接近,由此推测第一个反射零点是由接地过孔和缝隙电容产生的左手通带,第二个反射零点由刻蚀缝隙的谐振产生,为右手通带。从图3.35(b)可以得出相似结论,即S参数也只剩一个反射零点(4.85GHz),这与图3.34(b)中第二个反射零点(4.88GHz)几乎位于同一位置。

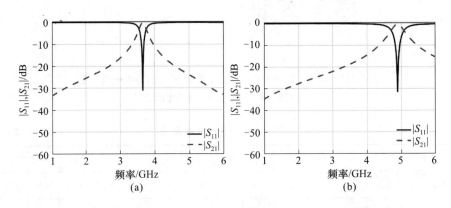

图3.35 参数Ⅰ和参数Ⅱ情况下去掉过孔单元的S参数

(a)参数Ⅰ;(b)参数Ⅱ。

由于非谐振CRLH单元属电小结构,参数Ⅰ和参数Ⅱ情况下单元尺寸均小于$0.11\lambda_g$,因此可采用Bloch-Floquet理论对其进行分析。基于参数Ⅰ和参数Ⅱ情况下的电磁仿真S参数,全波色散曲线可由式(3.28)求得,结果如图3.36所示。

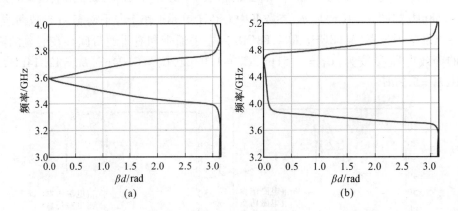

图3.36 参数Ⅰ和参数Ⅱ情况下CRLH单元的色散曲线

(a)参数Ⅰ;(b)参数Ⅱ。

由图3.36(a)可知,在3.58GHz附近,结构的$\beta=0$,不存在阻带,此时CRLH单元工作于平衡态,色散曲线进一步验证了该非谐振结构的左手色散特性;从图3.36(b)中可以看出,当频率小于3.9GHz时单元表现为左手传输特性,而大于4.7GHz时表现为右手传输特性,当频率介于3.9和4.7GHz时,β为虚数,出现阻带,CRLH单元工作于非平衡态。

3.3.2 高隔离双工器

根据通信系统工作频段的差异,双工器可分为时分双工和频分双工两种。随着移动通信技术的不断发展,双工器的发展要求其低成本、小型化、且频段向高频发展。传统的频分双工器存在着尺寸大、端口隔离度差、插损大、工作频段低等缺点,这就对采用新型 CRLH TL 技术设计高性能双工器提出了迫切要求。

设计频分双工器的关键是两个输出端口带通滤波器的设计及隔离处理,我们通过两个非谐振 CRLH 单元级联技术分别设计了两个中心频率为 3.5GHz 和 4GHz 的带通滤波器,发端口、收端口和天线端口均接 50Ω 微带线,其宽度 w 均为 4.1mm,长度 l 均为 10mm。缝隙的宽度及金属化过孔半径始终不变: $w_1 = 0.12mm$, $w_2 = 0.2mm$, $w_3 = 0.2mm$, $w_4 = 0.2mm$, $r = 0.5mm$,其余结构参数如表 3.5 所列。

表 3.5 两个通道的带通滤波器的结构参数 （单位:mm）

参数	d	l_1	d_1	l_2	d_2	l_3	d_3	x	y	h
3.5GHz	6.28	11	0.79	8.7	1.4	4.8	4	2.4	4.35	0.12
4.0GHz	5.78	9	0.54	6.1	1.2	4.5	4	2.4	3.75	0.12

双工器结构示意图如图 3.37(a) 所示,其中 $l_{12} = 18.70mm$, $l_{13} = 19.8mm$。为了进行实验验证,对其进行了加工,实物图如图 3.37(b) 所示。

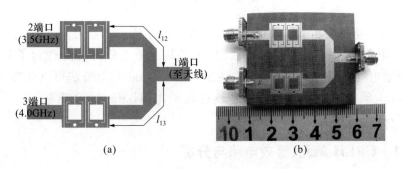

图 3.37 双工器结构示意图和加工实物图
(a) 结构示意图;(b) 加工实物图。

如图 3.38 所示,仿真与测试结果吻合良好。测试结果表明,在 3.47GHz,2 端口直通,3 端口隔离, $|S_{21}| = -1.95dB$, $|S_{31}| = -27dB$,带宽为 280MHz;在 3.98GHz,3 端口直通,2 端口隔离, $|S_{21}| = -23dB$, $|S_{31}| = -1.97dB$,带宽为 370MHz;在这两个通带内,隔离度 $|S_{23}|$ 优于 $-26.5dB$,该双工器能够很好地实现两个频带的分离。

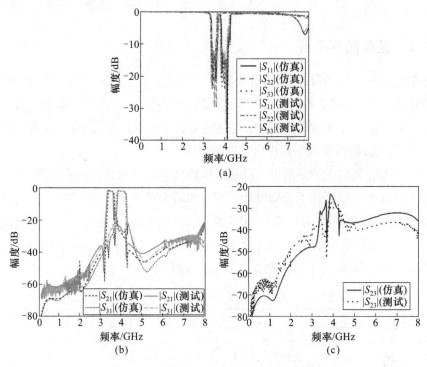

图 3.38　微波双工器的仿真与测试结果

(a) 反射损耗；(b) 插入损耗；(c) 隔离损耗。

3.4　基于 WDC/MSSI 的分布 CRLH 单元设计与小型化 Bulter 矩阵

本节基于非谐振分布 CRLH 单元提出了增强左手电容的新方案，建立了新型 CRLH 单元的等效电路和电路参数提取方法，分析了其左手电磁特性并探讨了其在小型化 Bulter 矩阵馈电网络中的应用[144]，其中谐振 CRLH 单元的设计方法可以直接应用于本节非谐振 CRLH 单元的设计。本节所有设计均采用 RT/duroid 介质板，其中 $\varepsilon_r = 2.2$，$h = 1\,\mathrm{mm}$ 和 $\tan\delta = 0.001$。

3.4.1　CRLH 单元、等效电路与分析

自从基于微带交指电容（IDC）和短截线电感（SSI）的非谐振 CRLH TL 被提出之后[56]，人们从未停下改善其性能和探讨其工程应用的步伐，尽管已经取得很大进展（见1.2.1 节），但较小的交指电容 C_L，较弱的左手效应和较大的单元尺寸成为制约该类 CRLH TL 走向应用的一大瓶颈。为解决以上难题，本节率先将分形思想融入非谐振 CRLH 单元的设计，如图 3.39 所示，新型非谐振 CRLH 单元由基于 Wunderlich 分形的锯齿电容（WDC）和蜿蜒短截线电感（MSSI）组成，其中 WDC 结构通过在低阻抗贴片上刻蚀由两个 Wunderlich 二次分形曲线构成的组合结构，用于形成更多的短锯齿交指。由于 IDC 结构的长交指弱耦合被 WDC 结构的多锯齿短交指紧耦合取代，C_L 将显著增大。单

元等效电路中，WDC 结构的高阶谐振由 L_p^{WDCS} 和 C_p^{WDCS} 等效，其电路的合理性将在后面进行详细分析和验证，单元的电路参数由 WDC 结构的 π 形等效电路参数和 MSSI 结构的 T 形等效电路参数合成如下：

$$C_{\mathrm{L}} = C_s^{\mathrm{WDC}}, L_{\mathrm{R}} = L_s^{\mathrm{WDC}} + 2L_s^{\mathrm{MSSI}}, L_{\mathrm{L}} = L_p^{\mathrm{MSSI}}$$

$$C_{\mathrm{R}} = 2C_p^{\mathrm{WDCF}} + C_p^{\mathrm{MSSI}}, L_p^s = \frac{1}{2}L_p^{\mathrm{WDCS}}, C_p^s = 2C_p^{\mathrm{WDCS}} \tag{3.38}$$

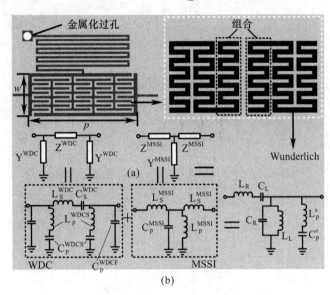

图 3.39　基于 WDC/MSSI 的 CRLH 单元与等效电路

（a）CRLH 单元；（b）等效电路。

WDC 的锯齿宽度、间距以及 MSSI 的线宽、线间距均为 0.2mm，

$p = 10.5\mathrm{mm}, w = 4\mathrm{mm}$，馈线长度和宽带分别为 2mm 和 0.2mm。

式（3.38）表明 C_{L}、L_p^s 和 C_p^s 由电流通过 WDC 细短交指结构时产生，而 L_{L} 由电流从弯曲短截线经过金属化过孔时产生，L_{R} 包含 WDC 和 MSSI 的寄生电感效应，C_{R} 包含 WDC 和 MSSI 的线电容效应。从等效电路出发，可以计算串联支路的阻抗和并联支路的导纳为

$$Z_{\mathrm{se}}(\mathrm{j}\omega) = \frac{1 - \omega^2 L_{\mathrm{R}} C_{\mathrm{L}}}{\mathrm{j}\omega C_{\mathrm{L}}}, Y_{\mathrm{sh}}(\mathrm{j}\omega) = \frac{\mathrm{j}\omega C_p^s}{1 - \omega^2 L_p^s C_p^s} + \frac{1 - \omega^2 L_{\mathrm{L}} C_{\mathrm{R}}}{\mathrm{j}\omega L_{\mathrm{L}}} \tag{3.39}$$

为分析新 CRLH 单元的独特电磁特性，对其进行电磁仿真并将仿真结果与基于 IDC/SSI 的传统 CRLH 单元进行对比，两种情形下，单元的大小完全一致。为准确评估中心频率，对两种单元以及 WDC、IDC、MSSI 和 SSI 分别进行电磁参数提取。如图 3.40（a）所示，新型 CRLH 单元的中心频率近似为 1.84GHz，与传统 CRLH 单元的中心频率 3.06GHz 相比降低了 39.9%，同时还可以看出新 CRLH 单元在通带上边频 2.6GHz 和 3.18GHz 附近存在两个传输零点，分别对应于 WDC 和 MSSI 的高阶谐振。如图 3.40（b）所示，CRLH 单元在 $f_{\mathrm{LH}}^{\mathrm{H}} = 1.42\mathrm{GHz}$ 附近 $\beta \approx 0$，电尺寸为 $\lambda/20.1$，与传统 CRLH 单元的 $f_{\mathrm{LH}}^{\mathrm{H}} = 2.64\mathrm{GHz}$ 相比，左手通带频率降低了 46.5%，进一步观察表明 CRLH 单元的色散由于

高阶谐振存在不同程度的起伏。从图3.40(c)、(d)可以看出2.6GHz附近的传输零点由WDC的高阶电谐振引起,3.18GHz附近的传输零点由MSSI的高阶电谐振引起,同时由于MSSI的高阶谐振强度很弱且在更高频率处,其影响可以忽略。

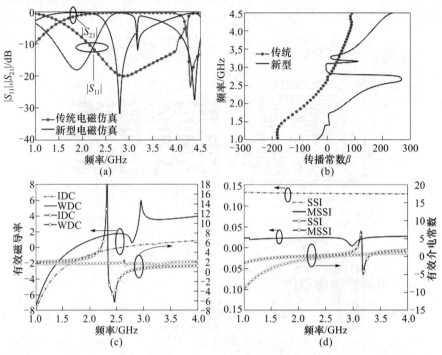

图3.40　基于WDC/MSSI、IDC/SSI的CRLH单元S参数和等效电磁参数

(a) 单元S参数;(b) 单元色散;(c) WDC、IDC的等效电磁参数;(d) MSSI、SSI的等效电磁参数。

由于WDC的高阶谐振为电谐振且引起了传输零点,根据式(3.40)可以唯一确定其如图3.39(b)所示电路拓扑结构,即

$$\varepsilon_{\mathrm{eff}} = Y^{\mathrm{WDC}}/\mathrm{j}\omega , \omega_{\mathrm{sh2}} = 2\pi f_{\mathrm{sh2}} = 1 \Big/ \sqrt{L_{\mathrm{p}}^{\mathrm{WDCS}} C_{\mathrm{p}}^{\mathrm{WDCS}}} = 1 \Big/ \sqrt{L_{\mathrm{p}}^{\mathrm{s}} C_{\mathrm{p}}^{\mathrm{s}}} \tag{3.40}$$

CRLH单元的有载品质因数Q_{L}和无载品质因数Q_{U}分别为

$$Q_{\mathrm{L}} = f_0/\Delta f_{-3\mathrm{dB}} , Q_{\mathrm{U}} = Q_{\mathrm{L}}/(1 - |S_{21}|) \tag{3.41}$$

式中:f_0为中心工作频率;$\Delta f_{-3\mathrm{dB}}$为传输损耗下降3dB的带宽。

根据式(3.41)得到新CRLH单元的$Q_{\mathrm{L}} = 1.226$和$Q_{\mathrm{U}} = 29.1$,而传统CRLH单元的$Q_{\mathrm{L}} = 1.636$和$Q_{\mathrm{U}} = 33.6$。Q_{U}反映损耗且与工作频率处的电流密度成反比,所以通常情况下Q_{U}会随电路的小型化而急剧恶化,这是因为小型化导致电流密度急剧增加,更多的能量将会耗散或辐射。然而新CRLH单元的Q_{U}并未因为单元的小型化而急剧恶化,原因在于电流被分散在大量的短锯齿交指上,电流密度并未显著增加,因此新CRLH单元的损耗较小。

为进一步研究CRLH TL的电磁特性,对不同数量单元级联的传输线进行电磁仿真。从图3.41(a)可以看出,除三单元传输线通带内的反射系数出现波纹外,3种情形下S参数几乎一致,尤其是带外传输零点,而且随着单元数目的增加带外抑制深度和带宽均显著增加,因此多单元级联CRLH TL有利于提高带外谐波抑制和边缘选择性,这里传输线通

带内反射系数和阻抗带宽的差异是因为单元数目变化引起了输入阻抗的变化。如图3.41(b)所示,辐射损耗 $\alpha = 1 - |S_{11}|^2 - |S_{21}|^2$ 随 CRLH 单元数目的增加而加强,但所有情形下,通带内 α 均小于0.3,且 IDC 的 α 是这里 WDC 的6倍,表明新 CRLH 结构因电流不连续性引起的辐射损耗很小。

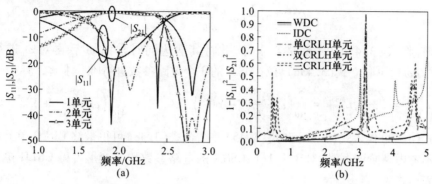

图 3.41　CRLH TL 随单元数目变化的 S 参数和辐射损耗
(a) S 参数;(b) 辐射损耗。

3.4.2　电路参数提取方法

受文献[56]的启发,本节建立了考虑 WDC 高阶谐振时 CRLH 单元的电路参数提取方法。首先分别对 WDC 和 MSSI 的电路参数进行提取,将 WDC 结构的 Y 参数、MSSI 的 Z 参数分别转换成 π 形、T 形电路,可得

$$Z^{\mathrm{WDC}} = -1/(Y_{21}^{\mathrm{WDC}}) \tag{3.42a}$$

$$Y^{\mathrm{WDC}} = Y_{11}^{\mathrm{WDC}} + Y_{21}^{\mathrm{WDC}} \tag{3.42b}$$

$$Z^{\mathrm{MSSI}} = Z_{11}^{\mathrm{MSSI}} - Z_{12}^{\mathrm{MSSI}} \tag{3.42c}$$

$$Y^{\mathrm{MSSI}} = 1/Z_{12}^{\mathrm{MSSI}} \tag{3.42d}$$

式中:串联支路的阻抗 Z^{WDC}、Z^{MSSI},并联支路的导纳 Y^{WDC}、Y^{MSSI} 可由电路参数进行计算,这4个参数的表达式如下:

$$Z^{\mathrm{WDC}} = \mathrm{j}[\omega L_{\mathrm{s}}^{\mathrm{WDC}} - 1/(\omega C_{\mathrm{s}}^{\mathrm{WDC}})] \tag{3.43a}$$

$$Y^{\mathrm{WDC}} = \mathrm{j}\omega C_{\mathrm{p}}^{\mathrm{WDCS}}/(1 - \omega^2 L_{\mathrm{p}}^{\mathrm{WDCS}} C_{\mathrm{p}}^{\mathrm{WDCS}}) + \mathrm{j}\omega C_{\mathrm{p}}^{\mathrm{WDCF}} \tag{3.43b}$$

$$Z^{\mathrm{MSSI}} = \mathrm{j}\omega L_{\mathrm{s}}^{\mathrm{MSSI}} \tag{3.43c}$$

$$Y^{\mathrm{MSSI}} = \mathrm{j}[\omega C_{\mathrm{p}}^{\mathrm{MSSI}} - 1/(\omega L_{\mathrm{p}}^{\mathrm{MSSI}})] \tag{3.43d}$$

将式(3.43a)、式(3.43b)分别对 ω 进行求导,并将其两边同时乘以 ω 后再分别对 ω 进行求导($\mathrm{d}\omega Z^{\mathrm{WDC}}/\mathrm{d}\omega$ 和 $\mathrm{d}\omega Y^{\mathrm{WDC}}/\mathrm{d}\omega$)共得到4个方程,再联立式(3.40)可以对 WDC 结构的5个等效电路参数进行唯一求解,经推导、化简可得其表达式如下:

$$C_{\mathrm{p}}^{\mathrm{WDCS}} = \frac{1}{2\mathrm{j}\omega}\left(\frac{(1 - (\omega/\omega_{\mathrm{p}})^2)^2}{(\omega/\omega_{\mathrm{p}})^2}\right)\left(3\omega\frac{\partial Y^{\mathrm{WDC}}}{\partial\omega} - Y^{\mathrm{WDC}}\right) \tag{3.44a}$$

$$C_{\mathrm{p}}^{\mathrm{WDCF}} = \frac{1}{2\mathrm{j}\omega}\left(\frac{1 + (\omega/\omega_{\mathrm{p}})^2}{(\omega/\omega_{\mathrm{p}})^2}Y^{\mathrm{WDC}} - \frac{3 + (\omega/\omega_{\mathrm{p}})^2}{(\omega/\omega_{\mathrm{p}})^2}\omega\frac{\partial Y^{\mathrm{WDC}}}{\partial\omega}\right) \tag{3.44b}$$

$$L_{\mathrm{p}}^{\mathrm{WDCS}} = \frac{1}{\omega_{\mathrm{p}}^2 C_{\mathrm{p}}^{\mathrm{WDCS}}} \tag{3.44c}$$

$$L_{\mathrm{s}}^{\mathrm{WDC}} = \frac{1}{2\mathrm{j}\omega}\Big(\omega\,\frac{\partial Z^{\mathrm{WDC}}}{\partial\omega} + Z^{\mathrm{WDC}}\Big) \tag{3.44d}$$

$$C_{\mathrm{s}}^{\mathrm{WDC}} = \frac{2}{\mathrm{j}\omega}\Big(\omega\,\frac{\partial Z^{\mathrm{WDC}}}{\partial\omega} - Z^{\mathrm{WDC}}\Big)^{-1} \tag{3.44e}$$

同理,将式(3.43d)对 ω 进行求导,并将其两边同时乘以 ω 后再对 ω 进行求导 $(\mathrm{d}\omega Y^{\mathrm{WSSI}}/\mathrm{d}\omega)$,再联立式(3.43c)可对 MSSI 的 3 个电路参数进行唯一求解,即

$$L_{\mathrm{s}}^{\mathrm{MSSI}} = \frac{Z^{\mathrm{MSSI}}}{\mathrm{j}\omega},\, L_{\mathrm{p}}^{\mathrm{MSSI}} = \frac{2}{\mathrm{j}\omega}\Big(\omega\,\frac{\partial Y^{\mathrm{MSSI}}}{\partial\omega} - Y^{\mathrm{MSSI}}\Big)^{-1},\, C_{\mathrm{p}}^{\mathrm{MSSI}} = \frac{1}{2\mathrm{j}\omega}\Big(\omega\,\frac{\partial Y^{\mathrm{MSSI}}}{\partial\omega} + Y^{\mathrm{MSSI}}\Big) \tag{3.45}$$

将式(3.42)代入式(3.44)和式(3.45)并结合式(3.38)可得最终 CRLH 单元的电路参数。不考虑高阶谐振时,对 3.1.1 节 CSRR 的电路参数稍作变形可得 CRLH 单元的电路参数表达式为[125]

$$C_{\mathrm{L}} = \Big(\frac{1}{\omega_{\mathrm{se}}^2} - \frac{1}{\omega^2}\Big)\frac{\eta_0}{Z_{\mathrm{a}}^{\mathrm{TL}}\mu'_{\mathrm{eff}}\mu_0 p} \tag{3.46a}$$

$$L_{\mathrm{R}} = 1/(\omega_{\mathrm{se}}^2 C_{\mathrm{L}}) \tag{3.46b}$$

$$L_{\mathrm{L}} = \Big(\frac{1}{\omega_{\mathrm{sh}}^2} - \frac{1}{\omega^2}\Big)\frac{\eta_0}{Z_{\mathrm{a}}^{\mathrm{TL}}\varepsilon'_{\mathrm{eff}}\varepsilon_0 p} \tag{3.46c}$$

$$C_{\mathrm{R}} = 1/(\omega_{\mathrm{sh}}^2 L_{\mathrm{L}}) \tag{3.46d}$$

式中: $\omega_{\mathrm{se}} = 1/\sqrt{L_{\mathrm{R}}C_{\mathrm{L}}}$ 、 $\omega_{\mathrm{sh}} = 1/\sqrt{L_{\mathrm{L}}C_{\mathrm{R}}}$ 分别为串联、并联支路的谐振角频率。

如图 3.42 所示,考虑高阶谐振与不考虑高阶谐振时提取得到的 C_{L} 趋势完全一致,从而验证了上述方法的正确性,两种情形下 C_{L} 在 1.8GHz $<f<$ 3GHz 范围内均维持在 3pF 左右。同时从仿真 S 参数可以看出,考虑 WDC 高阶谐振后, S 参数无论在带内还是带外均吻合得很好,而不考虑时 S 参数仅在带内吻合得很好。最终提取新 CRLH 单元的电路参数为: $L_{\mathrm{R}}=4.05\mathrm{nH}$, $L_{\mathrm{L}}=1.76\mathrm{nH}$, $C_{\mathrm{R}}=2.94\mathrm{pF}$, $C_{\mathrm{L}}=3.15\mathrm{pF}$, $L_{\mathrm{p}}^{\mathrm{s}}=3.59\mathrm{nH}$, $C_{\mathrm{p}}^{\mathrm{s}}=0.9\mathrm{pF}$,而传统 CRLH 单元的电路参数为 $L_{\mathrm{R}}=2.2\mathrm{nH}$, $L_{\mathrm{L}}=2.7\mathrm{nH}$, $C_{\mathrm{R}}=1.23\mathrm{pF}$, $C_{\mathrm{L}}=1.72\mathrm{pF}$,因此新 CRLH 单元具有更大的左手电容和更低的谐振频率,其中 C_{L} 的增幅达到了 83.1%。

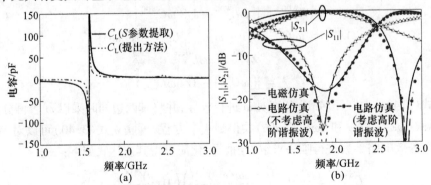

图 3.42　考虑和不考虑 WDC 高阶谐振时单元的 C_{L} 值与电磁、电路仿真 S 参数

(a) C_{L} 值;(b) S 参数。

3.4.3 小型化 Bulter 矩阵

现代无线通信系统的飞速发展对高频谱效率的紧凑型微波器件提出了很高要求，4×4 Butler 矩阵作为一种重要的 8 端口无源器件[143,144]，由于其 4 个输出端口具有等功率和固定的输出相位关系，因此在多波束智能天线阵的波束形成网络、定位系统和多通道放大器中具有广泛的应用。Butler 矩阵主要由 90°分支线耦合器、0dB 跨接和 45°移相器组成，因此 Butler 矩阵的尺寸一般较大（尤其是低频工作时），且尚未有基于 CRLH 技术实现 Butler 矩阵的报道。本节基于具有良好特性的新型 CRLH 单元设计了工作于 1.8GHz 的小型化 4×4 Bulter 矩阵，用于波束形成网络时，其能在输出端口输出相位不同的信号用于对 4 个天线单元进行馈电，而通过改变输入端口则可以实现具有不同指向的空间波束。下面将分别介绍分支线耦合器、0dB 跨接以及最终 Bulter 矩阵的设计与结果。

分支线耦合器由两个特性阻抗为 35.3Ω 的水平阻抗变换器和两个特性阻抗为 50Ω 的竖直阻抗变换器组成，因此分支线耦合器的设计最终可归结为 $\lambda/4$ 阻抗变换器的设计。由于多节 CRLH 单元级联容易引起通带内 S 参数的严重起伏，因此本节所有 $\lambda/4$ 阻抗变换器均由一个 CRLH 单元实现。将式(3.39)代入式(3.21)，并根据 3.1.1 节的设计方法完成了 25Ω、35.3Ω 和 50Ω 3 种 $\lambda/4$ 阻抗变换器的设计。这里首先根据工作频率对 WDC 和 MSSI 进行初步设计，使单元的复合左右手频段与耦合器的预定工作频率基本一致，为简化设计，3 种情形下阻抗变换器中 WDC 和 MSSI 结构的物理参数均相同；其次通过引入开路枝节的长度和微带馈线的宽度对变换器的阻抗和相位进行精确调控，开路枝节的宽度均为 0.4mm。由于引入的开路枝节对单元的左手特性影响很小，但会改变右手电容从而影响单元的阻抗和相位，因此该方法可行、简单、高效。

如图 3.43 所示，仿真结果表明 3 种阻抗变换器均工作于 1.8GHz，该频率处变换器的相位严格控制在 −90°，且传输损耗低，阻抗匹配良好，回波损耗优于 20dB，验证了采用枝节调控阻抗变换器相位和阻抗的合理性和灵活性。同时 3 种情形下均可以看出 WDC 的高阶谐振，通过对 35.3Ω、50Ω CRLH 阻抗变换器进行组装，可以设计 3dB 分支线耦合器。图 3.44 给出了加工实物，可以看出新型耦合器尺寸为 $21.4\text{mm} \times 21.3\text{mm}$，相当于传统耦合器尺寸($29.8\text{mm} \times 30.3\text{mm}$)的 50.4%。

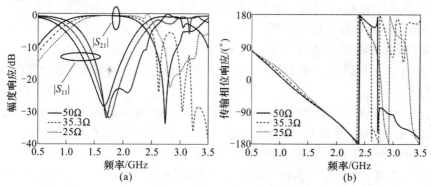

图 3.43　25Ω、35.3Ω 和 50Ω 阻抗变换器的 S 参数

（a）幅度响应；（b）传输相位响应。

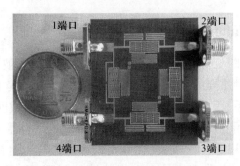

图 3.44　所设计的分支线耦合器加工实物

为验证 3dB 分支线耦合器的性能,采用矢网 N5230C 对样品的 S 参数进行测试。如图 3.45 所示,仿真与测试结果在整个频段吻合得很好,测试结果表明耦合器的中心频率近似为 1.8GHz,该频率处耦合器的插入损耗 $|S_{21}|$、$|S_{31}|$ 分别为 3.46dB、3.81dB,且隔离损耗优于 30dB。3dB 插损带宽为 1.62 ~ 1.93GHz,相对带宽达到 17.2%,10dB 阻抗带宽为 1.64 ~ 1.92GHz,相对带宽达到 15.5%,而在 1.71 ~ 1.86GHz 范围内,两个输出端口的不平衡度小于 ±0.5°。

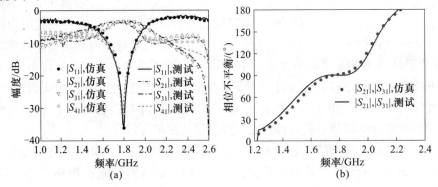

图 3.45　分支线耦合器的仿真与测试 S 参数和输出相位不平衡曲线

(a) S 参数;(b) 输出相位不平衡曲线。

0dB 跨接的加工版图如图 3.46(a) 所示,包括 25Ω、35.3Ω 和 50Ω 3 种阻抗变换器,主要实现 1 个无耗直通端口和 3 个隔离端口。图 3.46(b) 分别给出了传统和新型 0dB 跨接的仿真 S 参数,可以看出除了隔离效果与传统设计稍有差距外,新型 0dB 跨接在 1.8GHz 处具有可观的 0dB 传输带宽和 20dB 隔离带宽,同时工作带宽内插损只有 0.7dB。由于阻抗变换器的小型化,这里跨接在保持器件良好性能的同时尺寸仅为传统跨接的 50.4%。

基于设计的分支线耦合器、0dB 跨接,我们设计并组装了最终的 Butler 矩阵,加工实物如图 3.47(a) 所示,由于 45° 移相线较宽,采用一次迭代 Koch 曲线设计不会影响其性能,整个 Butler 矩阵由两个跨接、两个 45° 移相器、4 个 3dB/90° 分支线耦合器组成,其中 1 端口、2 端口、3 端口和 4 端口为输入端口,而 5 端口、6 端口、7 端口和 8 端口为输出端口。与传统设计相比,新型 Butler 矩阵的电路面积为 109mm × 119mm,在保持馈电网络性能的情况下至少实现了 55% 的小型化。如图 3.47(b) 和 (c) 所示,当对 1 端口激励时,Butler 矩阵在中心频率 1.8GHz 处的回波损耗为 27.8dB,4 个输出端口的平均和最大插损分别

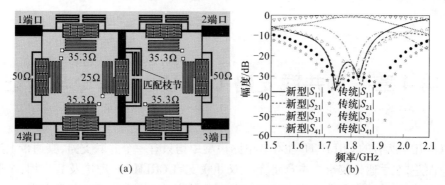

图 3.46　基于 CRLH 阻抗变换器的 0dB 跨接版图与仿真 S 参数
(a) 版图;(b) 仿真 S 参数。

为 7.6dB 和 8.7dB,与理论输出相位值($<S_{81} - <S_{71} = <S_{71} - <S_{61} = <S_{61} - <S_{51} = -45°$)相比,矩阵的测试相位分别偏移了 5.9°、3.2° 和 1.8°。当对 2 端口激励时,1.8GHz 处输入端口的回波损耗为 25.6dB,4 个输出端口的平均和最大插损分别为 7.5dB 和8.8dB,与理论输出相位值($<S_{82} - <S_{72} = <S_{72} - <S_{62} = <S_{62} - <S_{52} = 135°$)相比,测试相位分别偏离了 4.4°、3.7° 和 1.3°。而文献[143]中心频率处的插损达到了 10dB,因此新型 Butler 矩阵在通带性能方面具有明显优势。

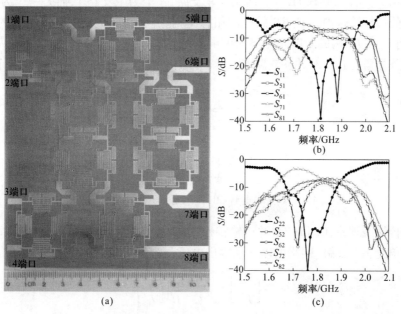

图 3.47　Butler 矩阵的实物与 1 端口、2 端口输入时的测试回波损耗和插入损耗
(a) 实物图;(b) 1 端口;(c) 2 端口。

第4章　双并联支路 CRLH TL 理论与验证

以往几乎所有的 CRLH TL 在等效电路模型中均只有一个并联支路,其通带上边频边缘选择性差,左手通带较窄。本章将介绍双并联支路 CRLH TL 理论及其应用,主要包括双并联支路 CRLH TL 相关理论、实现方法和准则的建立[80,81],两种实现方案的提出,以及具有双频传输零点特性的器件[137]和双零阶谐振特性的天线设计与验证[168]。新型 CRLH 单元具有平衡态易调整、带宽较宽以及边缘选择性好等诸多优点。本章内容拓展了 CRLH TL 理论,为平衡左手传输线设计和高性能器件开发提供了一种新方法和新思路。

4.1　双并联支路 CRLH TL 理论与分析

如图 4.1 所示,CRLH TL 具有两个并联支路,一个为主支路 1,而另一个为副支路 2。两个支路的拓扑结构均与 CSRR 的电路拓扑结构相同,共同提供 CRLH 单元的负介电常数效应,而 L_s 和 C_g 构成的串联支路则提供负磁导率效应[80,81]。下面将分别从等效电路和级联矩阵的角度建立双并联支路 CRLH TL 的相关理论,并推导关键频率的计算公式。

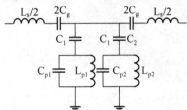

图 4.1　双并联支路 CRLH 单元的 T 形等效电路模型

根据传输线理论,CRLH TL 的传输特性很容易通过 $[ABCD]$ 矩阵进行计算。对于一维 CRLH 单元,其二端口网络的输入和输出电压、电流与 $[ABCD]$ 矩阵的关系可以表示为

$$\begin{bmatrix} V_{\text{out}} \\ I_{\text{out}} \end{bmatrix} = \begin{bmatrix} A & B \\ C & D \end{bmatrix} \begin{bmatrix} V_{\text{in}} \\ I_{\text{in}} \end{bmatrix} \tag{4.1}$$

这里 $ABCD$ 参数和 S 参数可以进行转换,而每个单元二端口网络的 $[ABCD]$ 矩阵与串联支路阻抗 $Z = 2Z_{\text{se}}$ 和并联支路导纳 $Y_{\text{sh}} = Y_1 + Y_2$ 的关系可以表示为

$$\begin{bmatrix} A & B \\ C & D \end{bmatrix} = \begin{bmatrix} 1 & Z/2 \\ 0 & 1 \end{bmatrix} \begin{bmatrix} 1 & 0 \\ Y_{\text{sh}} & 1 \end{bmatrix} \begin{bmatrix} 1 & Z/2 \\ 0 & 1 \end{bmatrix}$$

$$= \begin{bmatrix} 1 + ZY/2 & Z(1 + ZY/4) \\ Y & 1 + ZY/2 \end{bmatrix} \begin{bmatrix} 1 + Z_{\text{se}}(Y_1 + Y_2) & Z[1 + Z_{\text{se}}(Y_1 + Y_2)/2] \\ Y_1 + Y_2 & 1 + Z_{\text{se}}(Y_1 + Y_2) \end{bmatrix} \tag{4.2}$$

从图 4.1 所示的等效电路出发，Z_{se} 和 Y_{sh} 分别可以表示为

$$Z_{se} = \frac{(1 - \omega^2 L_s C_g)}{2j\omega C_g} \tag{4.3}$$

$$Y_{sh} = \frac{j\omega(1 - \omega^2 L_{p1} C_{p1}) C_1}{1 - \omega^2 L_{p1} C_{p1} - \omega^2 L_{p1} C_1} + \frac{j\omega(1 - \omega^2 L_{p2} C_{p2}) C_2}{1 - \omega^2 L_{p2} C_{p2} - \omega^2 L_{p2} C_2} \tag{4.4}$$

对单元二端口网络采用周期边界条件，得

$$V_{out} = e^{-j\beta_p} V_{in} \tag{4.5a}$$

$$I_{out} = e^{-j\beta_p} I_{in} \tag{4.5b}$$

式中：p 为单元周期；β 为相移常数。

将式(4.5)代入式(4.1)，得

$$\begin{bmatrix} A & B \\ C & D \end{bmatrix} \begin{bmatrix} V_{in} \\ I_{in} \end{bmatrix} - e^{-j\beta_p} \begin{bmatrix} V_{in} \\ I_{in} \end{bmatrix} = \begin{bmatrix} A - e^{-j\beta_p} & B \\ C & D - e^{-j\beta_p} \end{bmatrix} \begin{bmatrix} V_{in} \\ I_{in} \end{bmatrix} = 0 \tag{4.6}$$

为保证式(4.6)有解，矩阵的行列式必须等于零，即

$$AD - (A + D) e^{-j\beta_p} + e^{-2j\beta_p} - BC = 0 \tag{4.7}$$

将式(4.2)代入式(4.7)，并通过化简可得单元的色散方程为

$$\cos(\beta p) = 1 + Z_{se}(Y_1 + Y_2) \tag{4.8}$$

对于布里渊区域有 $\beta p = \pi$，将其代入式(4.8)可得

$$Z_{se}(Y_1 + Y_2) = -2 \tag{4.9}$$

对式(4.9)进行求解可得 CRLH 单元通带的两个截止频率，即左手通带下限频率 f_{LH}^L 和右手通带上限频率 f_{RH}^H，由于求解过程复杂且表达式较繁琐，这里未给出其具体的解析表达式，但后面将通过电路参数绘图与多单元级联 CRLH TL 的传输特性进行验证，同样令 $\beta p = 0$，可得 $Z_{se} = 0$ 和 $Y_{sh} = 0$，即

$$1 - \omega^2 L_s C_g = 0 \tag{4.10a}$$

$$(C_1 - \omega^2 L_{p1} C_{p1} C_1)(1 - \omega^2 L_{p2} C_{p2} - \omega^2 L_{p2} C_2)$$
$$+ (C_2 - \omega^2 L_{p2} C_{p2} C_2)(1 - \omega^2 L_{p1} C_{p1} - \omega^2 L_{p1} C_1) = 0 \tag{4.10b}$$

式(4.10)的两个解分别对应于右手通带的下限频率 $f_{RH}^L = f_{se}$ 和左手通带上限频率 $f_{LH}^H = f_p$，同时从式(4.10b)中可以看出 f_p 由两个并联支路共同决定。将从式(4.7)中求解出的 $e^{-j\beta_p}$ 代入式(4.6)中，并考虑对称($A = D$)和互易($AD - BC = 1$)网络条件可得布洛赫阻抗为

$$Z_\beta = \frac{V_{in}}{I_{in}} = \frac{B}{A - e^{-j\beta_p}} = \frac{B}{\sqrt{A^2 - 1}} \tag{4.11}$$

将式(4.2)代入式(4.11)，得

$$Z_\beta = \sqrt{Z_{se}[2/(Y_1 + Y_2) + Z_{se}]} \tag{4.12}$$

令式(4.12)等于零同样可得式(4.9)，其代表传播模和消逝模的边界条件且对应 CRLH 单元通带的两个截止频率，而将式(4.3)和式(4.4)代入式(4.8)和式(4.12)分别

可以计算单元的相移 $\varphi = \beta p$ 和特性阻抗 Z_β。

由于电路模型中任意一个并联支路产生谐振时并联支路的总阻抗均为零,即会产生一个传输零点,因此双并联支路 CRLH 单元存在两个传输零点。

$$\omega_{sh1} = 2\pi f_{sh1} = \frac{1}{\sqrt{L_{p1}(C_1 + C_{p1})}} \tag{4.13a}$$

$$\omega_{sh2} = 2\pi f_{sh2} = \frac{1}{\sqrt{L_{p2}(C_2 + C_{p2})}} \tag{4.13b}$$

当 $f_p = f_{se}$ 时,CRLH TL 严格工作于平衡态。注意这里 f_{LH}^L 和 f_{RH}^H 并不等同于双并联支路的两个传输零点,它们之间存在以下关系:$f_{sh1} \leqslant f_{LH}^L < f_{LH}^H \leqslant f_{RH}^L < f_{RH}^H \leqslant f_{sh2}$。

假设 CRLH TL 为图 4.2 所示的 N 单元阶梯网络,这里为便于分析和设计,CRLH 单元具有各向同性且周期重复加载,但实际中 CRLH TL 可以是非均匀的或为某种有规律的非周期排布。基于级联矩阵的方法,N 单元 CRLH TL 的传输特性可以通过级联 N 个上述二端口网络的传输矩阵得到,即

$$\begin{bmatrix} V_{out} \\ I_{out} \end{bmatrix} = \begin{bmatrix} A_N & B_N \\ C_N & D_N \end{bmatrix} \begin{bmatrix} V_{in} \\ I_{in} \end{bmatrix} = \prod_{k=1}^{N} \begin{bmatrix} A & B \\ C & D \end{bmatrix}^N \begin{bmatrix} V_{in} \\ I_{in} \end{bmatrix} \tag{4.14}$$

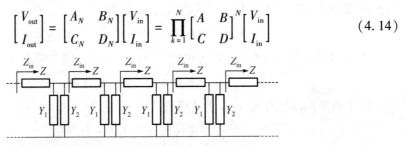

图 4.2 基于 N 单元阶梯网络的 CRLH TL

从式(4.14)可以看出,N 单元 CRLH TL 的传输特性由 CRLH 单元的基本传输特性决定。由于 CRLH TL 是无限周期延拓的,任意网络节点处的输入阻抗 Z_{in} 相同,因此可以直接得[56]

$$Z_{in} = Z + \left[\left(\frac{1}{Y_1 + Y_2}\right) \| Z_{in}\right] = Z + \frac{Z_{in}/(Y_1 + Y_2)}{1/(Y_1 + Y_2) + Z_{in}} = Z_{se}\left[1 \pm \sqrt{1 + \frac{2}{Z_{se}(Y_1 + Y_2)}}\right]$$
$$\tag{4.15}$$

而当式(4.15)的分母等于 -2 时立即得到式(4.9),此时 $Z_{in} = Z_{se}$。由于无耗情况下 Z_{se} 为纯虚数,因此 $\mathrm{Re}(Z_{in}) = 0$,而电磁波能够传播的条件是 $\mathrm{Re}(Z_{in}) \neq 0$,因此式(4.9)代表的是传播模和消逝模的边界条件且其解为 CRLH 单元通带的两个截止频率,而当式(4.15)的分母等于 0 时,即 $Z_{se}(Y_1 + Y_2) = 0$,输入阻抗 Z_{in} 的实部 $\mathrm{Re}(Z_{in}) \to \infty$,代表了 $\mathrm{Re}(Z_{in})$ 的两个极点,即 f_{RH}^L 和 f_{LH}^H。因此,上述两种角度理论分析得出的结论完全一致。

为验证上述理论分析并对关键频率形成直观的认识,选择一组平衡电路参数进行分析和电路仿真,它们分别为 $L_s = 7.72\mathrm{nH}$,$C_g = 0.1\mathrm{pF}$,$C_1 = 1.96\mathrm{pF}$,$C_2 = 0.82\mathrm{pF}$,$C_{p1} = 0.2\mathrm{pF}$,$L_{p1} = 0.85\mathrm{nH}$,$C_{p2} = 7.66\mathrm{pF}$,$L_{p2} = 0.07\mathrm{nH}$。如图 4.3 所示,从 Y_{sh} 曲线可以看出,CRLH 单元并联支路在 3.7GHz 和 6.53GHz 处发生谐振,导纳趋于无穷大,分别对应于 f_{sh1} 和 f_{sh2},其中通带上边频的传输零点 f_{sh2} 是双并联支路 CRLH 单元的特有性质,对提高通带的边缘选择性非常有利。还可以看出在 4.83GHz 和 6.37GHz 处 $Z_\beta = 0$,分别对应于两个

截止频率 $f_{\mathrm{LH}}^{\mathrm{L}}$ 和 $f_{\mathrm{RH}}^{\mathrm{H}}$，而在 $f_{\mathrm{LH}}^{\mathrm{L}} < f < f_{\mathrm{RH}}^{\mathrm{H}}$ 范围内，Z_β 的实部大于零而 φ 的实部由负值连续变化到正值，说明通带包含左手通带和右手通带。Z_{se} 和 Y_{sh} 交于频率轴同一频点 $f_{\mathrm{p}} = f_{\mathrm{se}} = 5.72\mathrm{GHz}$，该频率处左手通带与右手通带实现了无缝过渡，CRLH 单元严格工作于平衡态。

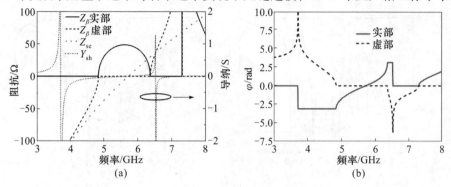

图 4.3 基于理论分析得到的电路参数绘图和相移常数

(a) 阻抗;(b) φ。

采用 Ansoft Serenade 对具有上述电路参数的多单元 CRLH TL 进行电路仿真。如图 4.4 所示，从传输曲线中可以看出通带上、下边频存在两个传输零点且频率与图 4.3(a) 完全吻合。当单元数目不断增加时，通带边缘的陡峭度和阻带深度均得到显著改善，且周期结构的通带传输特性趋于稳定并取决于单元的通带特性，这与式(4.14)预期一致，同时通带内回波损耗曲线的波纹起伏变大，这由有限周期结构的固有物理属性引起，与4.2.3节得出的结论一致。当 $N = 10$ 时，可以清晰看到通带的截止频率分别为 $f_{\mathrm{LH}}^{\mathrm{L}} = 4.83\mathrm{GHz}$ 和 $f_{\mathrm{RH}}^{\mathrm{H}} = 6.38\mathrm{GHz}$，这与图 4.3 得到的结果完全一致。因此电路仿真结果验证了双并联支路理论分析的正确性。

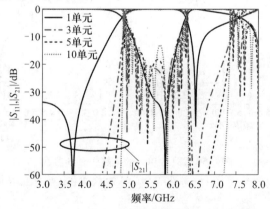

图 4.4 多单元 CRLH TL 的电路仿真 S 参数

为研究双并联支路中各电路参数对 S 参数的影响，采用 Ansoft Serenade 软件对各电路元件值进行参数扫描分析。当改变某一电路参数时，其余电路参数保持不变且与上述一致。如图 4.5 所示，所有黑线情形均为原始平衡态，当 C_1、C_{p1} 和 L_{p1} 逐渐增大时 f_{sh1} 逐渐降低而 f_{sh2} 固定不变，同时由于偏离平衡态，CRLH 单元通带内的回波损耗均遭到不同程度恶化且波纹起伏变大，最终平衡通带完全分裂成两个通带。当 C_2、C_{p2} 和 L_{p2} 逐渐增大时

f_{sh2}逐渐降低而f_{sh1}固定不变,通带内回波损耗和传输曲线的变化规律与并联支路1电路参数变化时相似。电路参数扫描分析再次验证了理论分析所得出的结论,即平衡条件由两个支路共同决定。

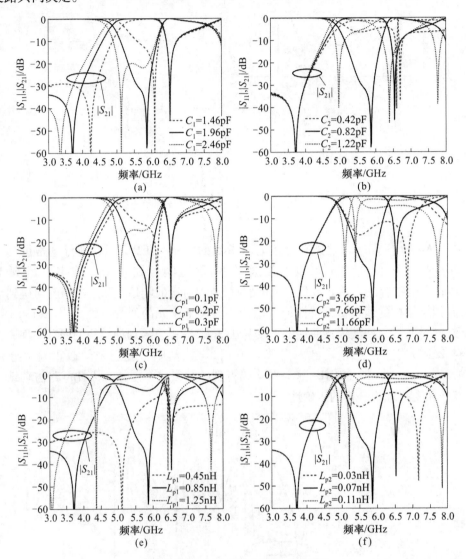

图4.5　CRLH 单元的电路仿真 S 参数

(a) 随 C_1 变化;(b) 随 C_2 变化;(c) 随 C_{p1} 变化;(d) 随 C_{p2} 变化;(e) 随 L_{p1} 变化;(f) 随 L_{p2} 变化。

4.2　基于 CCSRR 的 CRLH 单元实现与验证

为实现上述双并联支路,CRLH 单元的电谐振器必须具有两个或多个自相似结构或自相似谐振电路。沿着这个思路,本节提出了一种基于级联互补开口环谐振器(Cascaded Complementary Split Ring Resonator,CCSRR)的 CRLH 单元,并基于平衡和非平衡带通滤波器的双频传输零点特性对双并联支路理论进行了验证[153]。

4.2.1　CRLH 单元与电磁特性分析

如图 4.6 所示,新型 CRLH 单元由地板上刻蚀的 CCSRR 以及正上方用于提供电激励的微带容性缝隙组成,其中 CCSRR 的中间细杆将大 CSRR 分为两个完全相同的小 CSRR,且两个开口对称分布于每个小 CSRR 的上方中间位置,因此 CCSRR 可以看成是由两个大小相同的 CSRR 级联而成。在图 4.1 所示的等效电路中,微带线电感和缝隙电容分别由 L_s、C_g 等效,而轴向电场对新型 CCSRR 的激励分为两部分:一是缝隙对具有两个开口的大 CSRR 的激励,为主激励,由导带与大 CSRR 间的耦合 C_1、并联对地谐振回路 L_{p1} 和 C_{p1} 等效;二是缝隙对小 CSRR 的激励,为副激励,由导带与小 CSRR 间的耦合 C_2、并联对地谐振回路 L_{p2} 和 C_{p2} 等效。因此传统 CSRR 加载的 CRLH TL 等效电路是双并联支路等效电路的特殊情况,只需去掉其中一个并联支路。与同等尺寸的单开口 CSRR 相比,CCSRR 由于两种 CSRR 之间的相互作用使其与导带的耦合减弱,因此具有更高的谐振频点。同时当 CCSRR 的 3 条竖直边尺寸相同时,CRLH 单元更容易工作于平衡态,这个结论将在下面电磁仿真中得到体现并在 4.2.3 节进一步印证。

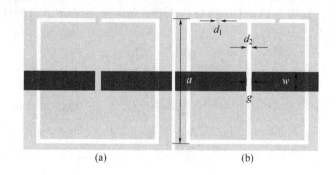

图 4.6　基于 CSRR 和 CCSRR 的 CRLH 单元
（a）基于 CSRR;（b）基于 CCSRR。
白色、灰色和黑色分别代表 CCSRR、地板和导带,CCSRR 和 CSRR 的物理
参数均为 $d_1 = g = 0.3\mathrm{mm}, d_2 = 0.2\mathrm{mm}, w = 2.2\mathrm{mm}$ 和 $a = 6.2\mathrm{mm}$。

为揭示基于 CCSRR 的 CRLH 单元的独特电磁特性,采用 Ansoft Designer 对新单元和基于 CSRR 加载的传统 CRLH 单元进行电磁仿真并基于 Ansoft Serenade 进行电路仿真和电路参数提取。本节所有分析和滤波器设计均采用 $\varepsilon_r = 2.65$、$h = 0.8\mathrm{mm}$ 和 $\tan\delta = 0.001$ 的 F4B 介质板,提取的双并联支路 CRLH 单元电路参数见 4.1 节。如图 4.7(a) 所示,两种情形下电磁和电路仿真曲线均吻合良好,验证了等效电路的正确性。进一步观察表明,新 CRLH 单元在传输通带上、下边频 6.53GHz 和 3.7GHz 处分别存在传输零点,且通带的 10dB 阻抗带宽为 1GHz(5.1～6.1GHz),与传统 CRLH 单元的 0.2GHz 相比带宽显著增加,同时新 CRLH 单元的传输零点和左手通带中心频率均向高频偏移,与前面分析一致。如图 4.7(b) 所示,新 CRLH TL 的电磁仿真 S 参数随单元数目的变化趋势与图 4.4 结果一致,只是电磁 S 参数随单元数目的变化更加灵敏,收敛速度更快,以至当 $N = 3$ 时即可辨别两个截止频率。

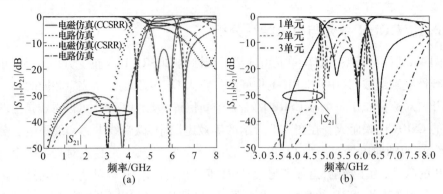

图 4.7　基于 CCSRR 和 CSRR 加载的 CRLH 单元仿真 S 参数

（a）电磁、电路仿真结果；（b）新型 CRLH TL 随单元数目变化的电磁仿真结果（单元间距为 4mm）。

为验证新型 CRLH 单元的左手特性，图 4.8 给出了基于单元 S 参数提取得到的等效传播常数和折射率。可以看出，在 4.9～6.5GHz 范围内 CRLH 单元明显存在负折射效应和后向波传输特性，同时在 4.9～6.45GHz 范围内，代表电磁损耗的折射率虚部几乎为零，而传播常数和折射率实部由负到正连续变化，进一步验证了平衡通带由左手通带和右手通带复合而成。电磁参数提取结果与图 4.3 电路分析结果完全一致，验证了电路模型的正确性。

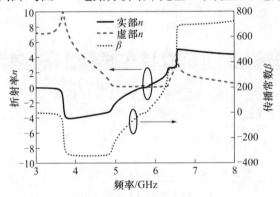

图 4.8　新型 CRLH 单元的传播常数和折射率

下面研究 CCSRR 的开口数目对 CRLH 单元电磁特性的影响规律。如图 4.9 所示，CRLH 单元分别由二开口、四开口以及六开口的 CCSRR 与刻蚀有缝隙的高低阻抗导带组成，同时为形成新的平衡通带，CCSRR 开口的大小与图 4.6 不同。对 3 种 CRLH 单元分别进行电磁仿真并对六开口 CRLH 单元进行电路仿真和电路参数提取。如图 4.10（a）所示，3 种情形下均可以在通带的上、下边频明显观察到两个传输零点，增加了单元的边缘选择性和抑制深度，同时随着开口数目的增加低频传输零点和左手通带几乎保持不变，而高频传输零点明显向高频偏移，如由二开口的 6.32GHz 偏移至四开口的 7.46GHz 和六开口的 7.97GHz，因此 10dB 阻抗带宽明显展宽，上述结果与图 4.5 中 S 参数随副支路电路参数减小的变化趋势一致。根据小 CSRR 面积与开口数目 N 的关系 $S = S_0/N$ 可知，增加的开口数目明显减小了小 CSRR 尺寸，因此双并联支路中副支路的电路参数急剧减小，同时由于小 CSRR 与大 CSRR 之间的复杂作用，这里高频传输零点频率与 N 并不成严格线性比例关系。如图 4.10（b）所示，电磁、电路仿真 S 参数吻合良好，再次验证了等效电路模型的合理性。六开口 CRLH 单元在 $5.1 \sim 7.3\mathrm{GHz}$ 范围内回波损耗均优于 $10\mathrm{dB}$,两个传输零点分别为 $4.1\mathrm{GHz}$ 和 $8\mathrm{GHz}$。

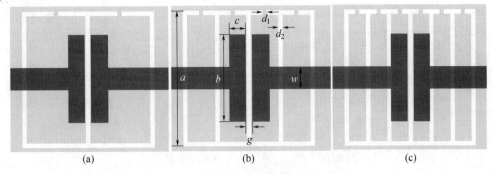

(a)　　　　　　(b)　　　　　　(c)

图 4.9　基于二开口、四开口和六开口的 CRLH 单元

(a) 二开口;(b) 四开口;(c) 六开口。

单元的物理参数:$d_1 = d_2 = 0.2\mathrm{mm}, g = 0.3\mathrm{mm}, a = 6.2\mathrm{mm}, b = 4\mathrm{mm}, c = 0.85\mathrm{mm}, w = 1\mathrm{mm}$。

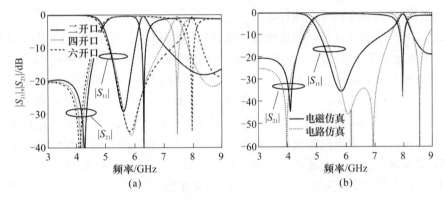

(a)　　　　　　　　(b)

图 4.10　基于不同开口数目的 CRLH 单元 S 参数

(a) 电磁仿真 S 参数;(b) 电磁、电路仿真 S 参数。

六开口 CRLH 单元的电路参数:$L_s = 4.2\mathrm{nH}, C_g = 0.1556\mathrm{pF}, C_1 = 1.53\mathrm{pF}, C_2 = 0.658\mathrm{pF},$

$C_{p1} = 0.25\mathrm{pF}, L_{p1} = 0.89\mathrm{nH}, C_{p2} = 19.99\mathrm{pF}$ 和 $L_{p2} = 0.019\mathrm{nH}$。

如图 4.11 所示,从 Y_{sh} 曲线中可以看出 $f_{sh1} = 4\mathrm{GHz}$ 和 $f_{sh2} = 8\mathrm{GHz}$,与电磁仿真结果一致,而从 $Z_\beta = 0$ 可以看出两个截止频率 $f_{LH}^L = 4.94\mathrm{GHz}$ 和 $f_{RH}^H = 7.91\mathrm{GHz}$,在 $f_{LH}^L < f < f_{RH}^H$ 范围内,Z_β 的实部大于零且虚部等于零,而 φ 的实部由负值连续变化到正值,说明平衡通带由左手通带和右手通带复合而成。Z_{se} 和 Y_{sh} 交于频率轴 $f_p = f_{se} = 6.2\mathrm{GHz}$,该频点处左手通带与右手通带实现了无缝过渡,CRLH 单元严格工作于平衡态,且在 $4.94 \sim 6.2\mathrm{GHz}$ 范围内 CRLH 单元支持后向波传输。

4.2.2　平衡情形下双并联支路验证

新型 CRLH 单元的双频传输零点可以用来提高器件的边缘选择性。本节基于二开口 CCSRR 加载的 CRLH 单元设计了工作于 WLAN 频段且中心频率为 $2.45\mathrm{GHz}$ 的平衡带通滤波器。根据 4.2.1 节的电磁分析,通过对新型 CRLH 单元的精确设计可以使其通带完全覆盖 WLAN 波段,同时为形成平衡通带,CCSRR 的竖直边需保持一致。由于双并联支

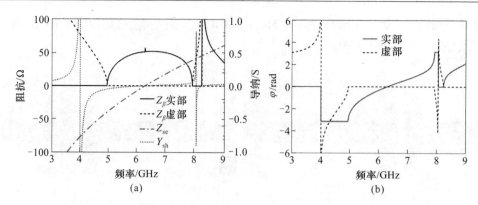

图 4.11　基于六开口 CCSRR 的 CRLH 单元

(a) 电路参数绘图；(b) 相移常数。

路 CRLH 单元具有 8 个电路参数，不可能对其进行唯一求解，增加的自由度可以用来满足其他指标要求。双并联支路 CRLH 单元的设计与 3.1.1 节类似，同样包含 4 步，只是电路参数合成时多了高频传输零点指标。

　　虽然 CRLH 单元具有很好的边缘选择性，但高频带外信号抑制频带窄，达不到谐波抑制要求，多单元级联一定程度上可以增加带外抑制深度但会恶化通带性能尤其是插损，同时阻带宽带不足，这里建立并研究了一种增加带外抑制深度和宽度的新方案。由文献［12］可知，当 ELC 结构受到平行于中心竖直杆的电场激励时会产生电谐振和负介电常数效应，因此根据 Babinet 原理，互补 ELC 结构(称为 CELC)具有磁谐振特性，用作单负传输线时具有带阻特性且通带内的损耗非常小。这里基于 CELC 单负传输线的宽阻带特性辅助新型 CRLH 单元实现带通滤波器的谐波抑制。如图 4.12(a)所示，单负传输线由地板上的 CELC 和上层微带导带组成，而将 CELC 刻蚀在微带导带上则实现了另一种单负传输线，见图 4.12(b)，该方案适用于对地板完整性要求比较苛刻的场合，同时由于 CELC 较大，导带需要采用高低阻抗布局且 CELC 刻蚀在低阻抗贴片上，上述两种 CELC 单负传输线的激励方式相似，因此具有相似的电磁特性。

　　对上述两种单负 CELC 单元分别进行电磁仿真，全波 S 参数如图 4.12(c)、(d)所示，可以看出两者均明显存在两个传输零点，其中地板 CELC 单元两个阻带离得比较远，而导带 CELC 单元两个阻带则相互靠近形成了一个较宽的阻带。进一步研究表明，当 CELC 结构的物理参数相同时两种情形下单负传输线的传输零点大致吻合。对上述单元进行等效电磁参数提取，如图 4.13 所示，可以看出两种情形下均明显存在低频磁谐振和高频电谐振，谐振频率附近出现的负磁导率和负介电常数效应是产生两个阻带的原因。研究表明，高频电谐振由上下两个 U 形槽之间的耦合决定，当其距离变大时，减弱的耦合导致电谐振强度减弱甚至谐振消失。

　　为实现对上述两个阻带频率的单独调控并形成设计准则，这里对 CELC 几个关键物理参数进行扫描分析并给出了相关结论：首先，g 对两个传输零点的影响可以忽略；其次，当 U 形槽长度 L 增加时，两个传输零点均向低频偏移，但高频传输零点降幅更大，两个传输零点互相靠近并逐渐形成一个宽阻带；最后，当 h 在一定范围内增加时两个传输零点均向高频偏移，但低频传输零点的增幅较高频传输零点小，因此两个传输零点相互分离形成

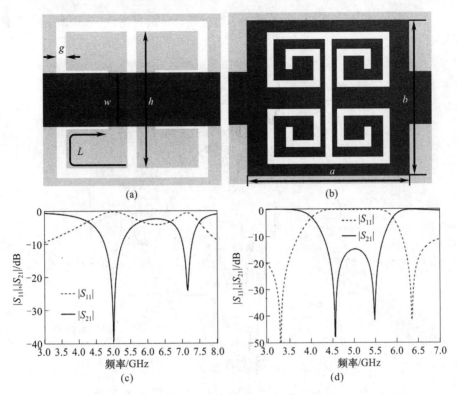

图 4.12　基于 CELC 的单负传输线单元(a)、(b)结构与(c)、(d)仿真 S 参数

(a)、(c) 地板 CELC；(b)、(d) 导带 CELC。

单负传输线的物理参数：(a) $L=7\text{mm}, h=4.6\text{mm}, g=0.2\text{mm}, w=2.2\text{mm}$；

(b) $L=9.7\text{mm}, h=5.5\text{mm}, g=0.3\text{mm}, a=7\text{mm}$ 和 $b=6.5\text{mm}$。

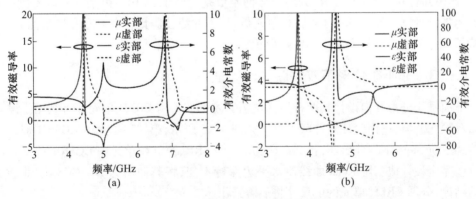

图 4.13　基于 CELC 加载的单负传输线单元等效电磁参数

(a) 地板 CELC；(b) 导带 CELC。

两个阻带，当 h 继续增加时，电谐振消失，同时增加 h 还会导致低阻抗贴片更宽从而增加了高低阻抗效应，因此 h 不宜过大。

将两种 CELC 单负传输线巧妙地加载于平衡 CRLH 单元的两端，基于前面参数分析可知，通过对 CELC 单元物理参数的精确设计可以使其阻带准确调控于平衡通带的谐波处。为在不增大电路面积的情况下获得一定的阻带抑制深度和阻带带宽，这里采用双层

CELC 布局,如图 4.14 所示,这极大地增加了滤波器设计的灵活性。CRLH 单元左侧地板和导带($a=7\mathrm{mm}$ 和 $b=6\mathrm{mm}$)上分别加载了与图 4.12(b)尺寸相同的 CELC 单元而右侧仅在导带上加载了相同大小的 CELC 单元($a=b=6\mathrm{mm}$),最终滤波器的尺寸为 $39.4\mathrm{mm}\times22\mathrm{mm}$ 。

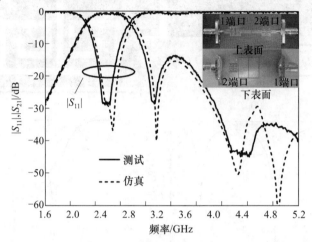

图 4.14　平衡带通滤波器的仿真与测试 S 参数
CCSRR 的物理参数: $d_1=d_2=g=0.3\mathrm{mm}$ 、 $a=12.8\mathrm{mm}$,单元的电尺寸为 $\lambda_0/9.6$ 。

从图 4.14 可以看出,整个观察频率范围内仿真、测试 S 参数吻合得很好,在 2.28 ~ 2.7GHz 范围内滤波器的回波损耗优于 10dB,插损优于 1.2dB,通带边缘的两个传输零点增加了滤波器的选择性,验证了双并联支路理论。基于式(3.33)计算的陡峭度分别达到了 38.6dB/GHz 和 56.6dB/GHz,且从通带边缘到 5.2GHz 的频率范围内带外信号抑制优于 14.5dB,而一次谐波 4.9GHz 处的信号抑制更是达到了 35dB。由于双并联支路 CRLH 单元的带外抑制性显著减少了 CELC 单元数目,因此滤波器具有宽带谐波抑制优势,同时保持了良好的通带性能和紧凑的电路面积。

4.2.3　非平衡情形下双并联支路验证

下面基于分形几何设计了两种结构更为紧凑的非平衡 CRLH 单元并将其用于设计非平衡双频滤波器,进而验证双并联支路。如图 4.15 所示,第一种单元中 CCSRR 被设计成一阶和二阶 Sierpinski 分形环,将其命名为 S – CCSRR,第二种单元中 CCSRR 的垂直边被部分或完全设计成三阶 Koch 曲线而水平边保持不变,将其命名为 K – CCSRR,根据第 2 章的结论,分形 CRLH 单元的电尺寸将显著减小。

由图 4.16 所示的电磁仿真 S 参数可以得出 3 个结论:首先,S – CCSRR 中 3 条不同长度的竖直槽打破了单元的平衡态,因此一次、二次分形 S – CCSRR 使较宽的复合平衡通带分裂为左手通带和右手通带,CRLH 单元工作于非平衡态,这可从图 4.16(b)中提取的折射率得到验证,如二次 S – CCSRR 单元的折射率在 2.61 ~ 2.68GHz 范围内为负,而在 3.4 ~ 3.48GHz 范围内为正,分别对应于左手、右手通带,且两个通带内的折射率虚部均近似为零,单元损耗很小,而两个通带之间的相移常数和折射率实部为零,显示为阻带。其次,当 IO 从 1 增加到 2 时两个通带均向低频偏移,中心频率最大降幅达到了 30.7%,

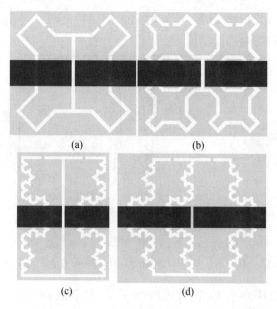

图 4.15　基于 S – CCSRR 和 K – CCSRR 加载的 CRLH 单元

（a）IO = 1；（b）IO = 2；（c）部分分形；（d）全分形。

S – CCSRR 单元的物理参数：$d_1 = d_2 = g = 0.3\text{mm}, w = 2.2\text{mm}, a = 9.8\text{mm}$；

K – CCSRR 单元的物理参数：$d_1 = d_2 = g = 0.3\text{mm}, w = 2.2\text{mm}, a = 12\text{mm}$。

CRLH 单元更加电小，频率的降低是由于延伸的电流路径有效增加了 L_{p1}、C_{p1} 和 L_{p2}、C_{p2}，因此降低了 ω_p，由于一次分形 S – CCSRR 的周长小于 CCSRR，因此当 IO 从 0 增加到 1 时单元工作频率并未降低。最后，当 IO 从 1 增加至 2 时传输零点并未发生偏移，这是由于 S – CCSRR 有效激励面积的减小降低了 C_1，抵消了 L_{p1}、C_{p1} 的增大效果。因此，IO = 2 时不变的传输零点和更低的左手频段使单元的左手通带下边频具有更好的选择性。

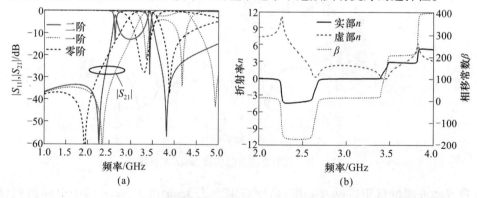

图 4.16　基于 S – CCSRR 加载的 CRLH 单元的电磁仿真 S 参数与折射率和相移常数

（a）S 参数；（b）折射率和相移常数。

　　为验证 CRLH 单元的非平衡双频特性由 CCSRR 三条竖直边的非一致性引起，基于同种介质板对 K – CCSRR 加载的 CRLH 单元进行电磁仿真。如图 4.17 所示，全分形 K – CCSRR 单元具有一个较宽的复合平衡通带，而部分分形 K – CCSRR 单元的平衡态被打破，左手通带和右手通带发生分离，再次验证了当 CCSRR 的 3 条竖直边尺寸完全相同时新型 CRLH 单元具有固有平衡特性,同时由式(3.41)还可以得出两种情形下有载品质因数 Q_L 均随分形次数的增加而增加。

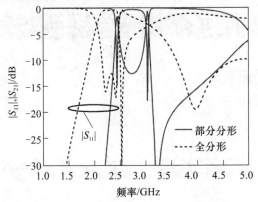

图 4.17 基于 K – CCSRR 加载的 CRLH 单元的电磁仿真 S 参数

基于非平衡 CRLH 单元的电磁特性与 4.2.2 节的设计方法,这里将二次分形 S – CCSRR 单元直接用于双频窄带滤波器的设计,同时采用 4.2.2 节提出的导带 CELC 结构进行谐波抑制。如图 4.18 所示,滤波器包含一个 CRLH 单元和一个基于导带 CELC 加载的单负传输线单元,同时 S – CCSRR 上方插入的低阻抗贴片可以有效实现 CRLH 单元的阻抗匹配并降低插损,而且通过优化贴片的宽度和高度可以实现对 CRLH 单元右手通带的调控使其工作于 WiMAX 波段,而对 S – CCSRR 的设计可以使左手通带位于 DMB 波段(Satellite Digital Mobile Broadcasting,2605 ~ 2655MHz),同时对 CELC 的精心设计则可以使其阻带工作于谐波频率处。

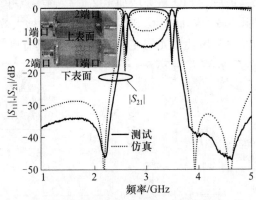

图 4.18 双频滤波器的仿真、测试 S 参数

最终滤波器的低阻抗贴片宽度、高度分别为 5.5mm 和 3.5mm,整个电路面积仅为 $30 \times 18 mm^2$。由图 4.18 可知,在 1 ~ 5GHz 范围内仿真、测试 S 参数吻合得非常好,滤波器的工作频率精确覆盖了 DMB 频段和 WiMAX 频段,且低频、高频通带内的插损分别为 1.7dB 和 0.6dB,两个通带之间的带外抑制达到 12dB,实现了两个频段的有效隔离,同时高频带外抑制度非常可观,直到一次谐波频率处均优于 35dB。与以往文献相比[57,149,154],双频滤波器在获得同等谐波抑制效果的同时具有最小的电路面积,且通带边缘的双频传输零点再次验证了双并联支路理论的正确性。

4.3　基于分形 CSRRP 的 CRLH 单元实现与验证

本节通过在 3.2 节提出的 CSRRP 中内插 4 个谐振环来实现副并联支路,探讨了双并联支路 CRLH TL 的另外一种实现方式,并通过双工器[137]、双频天线[168]进行验证。

4.3.1　CRLH 单元与电磁特性分析

如图 4.19 所示,新型电谐振器通过在 CSRRP 的每个开口处向内部延伸一段 Koch 环形槽形成,为便于分析将其命名为 K – CSRRP。CRLH 单元除了 K – CSRRP 与 3.2 节不同之外其他条件均相同。一般来讲内环可以是任意形状,只要保证中间区域不被占用即可形成有效激励和谐振,这里内环为三段二阶 Koch 曲线和一段一阶 Koch 曲线的混合体,这样设计的目的有两个方面:一是为了有效降低单元的高频传输零点,使其紧靠右手通带的截止频率从而有效增强带外抑制深度和选择性;二是为了降低通带谐振频率实现单元的小型化。与 CSRRP 的激励方式类似,互补延伸内环受轴向电场的激励将会产生不依赖于 CSRRP 的感应电流并形成新的谐振,因此延伸分形环的等效电路拓扑结构与 CSRRP 完全相同,等效为 K – CSRRP 电路模型中的副并联支路。与 4.2 节的 CCSRR 类似,新并联支路将在 CRLH 单元通带的上边频产生传输零点。

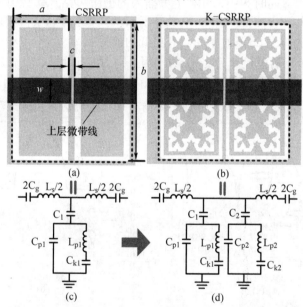

图 4.19　基于(a)、(c)CSRRP 和(b)、(d)K – CSRRP 加载的 CRLH 单元与 T 形等效电路图
CRLH 单元的物理参数:$a = 5.3\text{mm}$, $b = 10.3\text{mm}$, $c = 0.3\text{mm}$, $d_2 = 0.3\text{mm}$, $d_3 = 0.2\text{mm}$, $w = 2\text{mm}$。

这里基于 K – CSRRP 加载的双并联支路理论与 4.1 节完全类似,只不过需要将式(4.4)替换为

$$Y_{\text{sh}} = Y_1 + Y_2 = \frac{j\omega C_1 \left[C_{\text{p1}} + C_{\text{k1}} - \omega^2 L_{\text{p1}} C_{\text{p1}} C_{\text{k1}} \right]}{C_{\text{p1}} + C_{\text{k1}} + C_1 - \omega^2 L_{\text{p1}} C_{\text{k1}} (C_{\text{p1}} + C_1)} + \frac{j\omega C_2 \left[C_{\text{p2}} + C_{\text{k2}} - \omega^2 L_{\text{p2}} C_{\text{p2}} C_{\text{k2}} \right]}{C_{\text{p2}} + C_{\text{k2}} + C_2 - \omega^2 L_{\text{p2}} C_{\text{k2}} (C_{\text{p2}} + C_2)}$$

$$(4.16)$$

式(4.10b)替换为

$$C_1[C_{p1} + C_{k1} - \omega^2 L_{p1} C_{p1} C_{k1}][C_{p2} + C_{k2} + C_2 - \omega^2 L_{p2} C_{p2}(C_{p2} + C_2)]$$
$$+ \omega C_2[C_{p2} + C_{k2} - \omega^2 L_{p2} C_{p2} C_{k2}][C_{p1} + C_{k1} + C_1 - \omega^2 L_{p1} C_{k1}(C_{p1} + C_1)] = 0$$

$$(4.17)$$

式(4.13)替换为

$$f_{sh1} = \frac{1}{2\pi} \sqrt{\frac{C_{p1} + C_{k1} + C_1}{L_{p1} C_{k1}(C_{p1} + C_1)}} \qquad (4.18a)$$

$$f_{sh2} = \frac{1}{2\pi} \sqrt{\frac{C_{p2} + C_{k2} + C_2}{L_{p2} C_{k2}(C_{p2} + C_2)}} \qquad (4.18b)$$

采用 Ansoft Designer 对基于 K – CSRRP 加载的 CRLH 单元进行全波仿真,并采用 Ansoft Serenade 进行电路仿真和电路参数提取,基板采用 RT/duroid 4300C 介质板,其 ε_r = 3.38,h = 0.5mm 和 tanδ = 0.001。为研究新型 CRLH 单元的独特电磁特性,将其仿真结果与 CSRRP 加载的 CRLH 单元进行对比。如图 4.20(a) 所示,电磁、电路仿真结果吻合得很好,验证了等效电路模型的正确性,同时两者高频处的微小差异尤其是电磁仿真结果中出现的第三个传输零点由 K – CSRRP 的高阶谐振引起,而该高阶模式并未在等效电路中考虑。与预期结果一致,新 CRLH 单元在 f_{sh1} = 0.9GHz 和 f_{sh2} = 2.48GHz 明显存在两个传输零点,而基于 CSRRP 加载的 CRLH 单元并未出现高频传输零点。与 CSRRP 单元的谐振频率 2.7GHz 相比,K – CSRRP 单元具有更低的谐振频率 1.78GHz,频率下降幅度达到 34%,且该频率处单元的电尺寸为 $\lambda_0/16.4$。从图 4.20(b) 可以看出,新型 CRLH 单元工作于平衡态,且平衡点发生在 $f_{RH}^L = f_{LH}^H$ = 1.78GHz,左手频段为 1.39 ~ 1.78GHz,右手频段为 1.78 ~ 2.14GHz,同时从 Y_{sh} 曲线得到的传输零点与电磁仿真结果完全吻合。

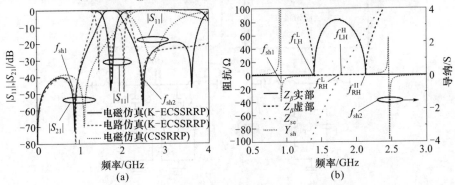

图 4.20　CRLH 单元的电磁、电路仿真 S 参数与电路参数分析图

(a) S 参数;(b) 电路分析图。

提取的电路参数:L_s = 31.02nH,C_g = 0.26pF,C_1 = 6.74pF,C_{k1} = 351.4pF,C_{p1} = 0.59pF,

L_{p1} = 4.26nH,C_2 = 1.33pF,C_{k2} = 2.16pF,C_{p2} = 0.1pF 和 L_{p2} = 4.84nH。

为进一步验证等效电路的正确性,对多单元 CRLH TL 分别进行电磁、电路仿真,CRLH 单元的间距为 4.6mm。从图 4.21 可以看出,上边频和下边频的选择性和信号抑制深度均随单元数目的增加而明显改善,电磁仿真结果表明,当 $N \geqslant 3$ 时以 10dB 信号衰减观察到的截止频率为 $f_{LH}^L = 1.52$ 和 $f_{RH}^H = 2.09$GHz,而电路仿真结果表明,当 $N \geqslant 7$ 时以同样标准观察到的截止频率为 $f_{LH}^L = 1.48$ 和 $f_{RH}^H = 2.05$GHz,两者非常接近。为了实现对两个传输零点的单独调控,对基于 K – CSRRP 的 CRLH 单元进行参数扫描分析,结果表明 f_{sh1} 主要由 CSRRP 决定但也会受到延伸内环和间距 c 的影响,而 f_{sh2} 仅由延伸内环决定。

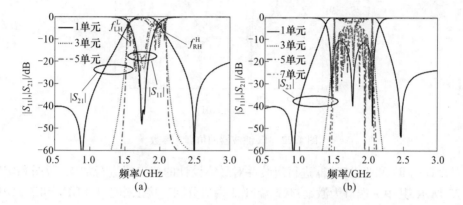

图 4.21　CRLH TL 的仿真 S 参数随单元数目的变化曲线
(a) 电磁仿真;(b) 电路仿真。

4.3.2　双工器设计与双并联支路验证

双工器是为解决接收机与发射机共用一副天线且相互之间不受干扰等问题而设计的一种微波器件,是一个包含发端口、收端口和天线端口的三端口网络,通常由两个带通滤波器以及相关匹配电路组成。主要分为以下 4 类:波导双工器、同轴双工器、介质双工器以及声表面波双工器等[126]。随着无线通信技术的发展,微带双工器因其成本低、易集成等优点受到了工程设计人员的青睐,大量技术与方法被不断报道,如基于发夹、SRR 与 CSRR 等不同结构的带通滤波方法,枝节加载技术,基片集成波导方法,螺旋传输线技术,低温共烧技术,多层、对偶与集总 CRLH TL 方法等[137]。虽然这些双工器能减少收发系统的制作成本和体积,但现有技术仍存在诸多缺陷,如设计方法复杂,工作频率受限,加工比较繁琐,成本较高,电路尺寸较大等。

基于前面的理论和电磁分析,本节探讨了基于 K – CSRRP 加载的 CRLH 单元在双工器中的应用。双工器的两个工作频率为 $f_1 = 1.8$GHz 和 $f_2 = 2.2$GHz,包含分别工作于 f_1 和 f_2 的 Rx 和 Tx 带通滤波器。由于 K – CSRRP 在通带上、下边频的传输零点可以提高滤波器的选择特性,而高频处出现的第三个传输零点有效拓展了抑制带宽,因此 Rx 和 Tx 滤波器只需采用一个单元即可实现谐波抑制和高频边缘选择性。这里 Rx 滤波器直接采用 4.3.1 节的 CRLH 单元,而用于合成 Tx 滤波器的 CRLH 单元则主要通过减小 K – CSRRP 的尺寸实现,同时通过在内环再延伸一条斜槽实现对传输零点频率的调控。两种情形下由于 $2a \approx b$,根据 3.2.2 节的分析可知 CRLH 单元均工作于平衡态。如图 4.22 所示,Tx 滤波器工作于 2.2GHz,由于单元在通带上边频存在两个传输零点,带外阻带抑制深度和阻带宽度均得到明显改善,在 2.82 ~ 4.13GHz 范围内抑制深度大于 20dB,而 Rx 滤波器在 2.28 ~ 3.7GHz 范围内抑制深度大于 20dB。

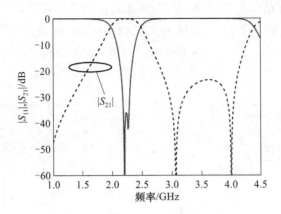

图 4.22　Tx 滤波器的仿真 S 参数

对设计的 Rx 和 Tx 滤波器进行组装并对最终设计的双工器进行加工,版图和实物如图 4.23 所示,其中 1 端口为激励口,2 端口、3 端口分别连接工作于 1.8GHz 和 2.2GHz 的 CRLH 单元,双工器的尺寸为 15.6mm × 28mm,在 1.8GHz 处的电尺寸为 $0.094\lambda_0 \times 0.168\lambda_0$,与以往文献[56,126,135,137]相比具有最紧凑的电路面积。如图 4.24 所示,仿真与测试结果吻合得很好,测试结果表明在 1.61～1.83GHz 范围内,端口 2 直通,端口 1 回波损耗 $|S_{11}| > 10$dB,$|S_{21}| < 1.5$dB,而在 2.08～2.41GHz 范围内,端口 3 直通,$|S_{11}| > 10$dB,$|S_{31}| < 1.3$dB,两个频带的工作带宽分别达到了 220MHz 和 320MHz。1.8GHz处,双工器的 $|S_{11}| = 12.9$dB,$|S_{21}| = 0.94$dB 和 $|S_{31}| = 14.7$dB,而 2.2GHz 处,$|S_{11}| = 28.1$dB,$|S_{21}| = 23.8$dB 和 $|S_{31}| = 0.54$dB。在 2.77～3.66GHz 范围内带外抑制均优于 20dB,且整个观测频率范围内端口 2 和端口 3 的隔离均优于 15dB。综上所述,双工器能很好地将两个频段分开且具有通带内插损小、带外抑制好和电路紧凑等优点。

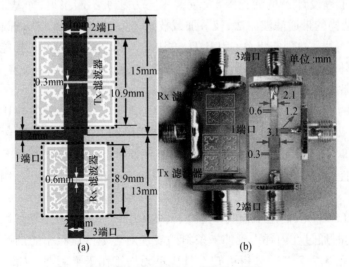

图 4.23　双工器的加工版图与实物

(a) 加工版图;(b) 实物。

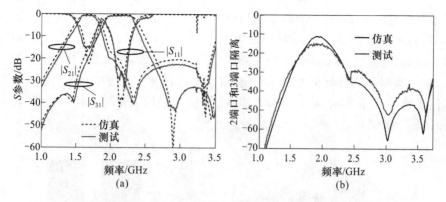

图 4.24　双工器的仿真与测试 S 参数和输出端口的隔离

(a) S 参数；(b) 输出端口的隔离。

4.3.3　双频零阶谐振理论与验证

本节将从理论上推导并从实验上验证单端口双并联支路 CRLH 天线具有双频准零阶谐振特性，从辐射的角度对双并联支路理论进行验证。由图 4.19 的等效电路出发，对单并联支路 CRLH 单元采用 Bolch‐Floquet 理论可得

$$\varphi = \beta_n p = \frac{n\pi}{N} \quad (n = 0,\ \pm 1,\ \pm 2, \cdots)$$

$$= \arccos\left\{ 1 + \frac{C_1[f_{se}^2 - f^2][f_p^2 - f^2]}{2C_g f_{se}^2 f_p^2 [\, C_1(f_s^2 - f^2)/(C_{p1} + C_{k1})f_s^2 + (f_p^2 - f^2)/f_p^2]} \right\} \quad (4.19)$$

式中：n 为工作模式；N 为单元数目；f_{se}，f_p 的计算参考 3.2.1 节，而 $f_s = 1/(2\pi\sqrt{L_{p1}C_{k1}})$ 且恒小于 f_p。假设 $f_p \leqslant f_{se}$ 且有 $f_{sh} \leqslant f_p$，当 $f_0 = f_p$ 时发生零阶谐振，此时 $n = 0$ 且波长无限大。通过判别式(4.19)的正负号可知 $+1$ 阶模式 f_{+1} 发生在 f_{se} 之上，-1 阶模式 f_{-1} 发生在 f_{sh} 和 f_p 之间，而 -1 阶、$+1$ 阶模式的存在取决于 φ 的极限值并依赖于电路参数。

天线作为单端口辐射器件，不同于任何二端口导波器件，具有开放终端，从输入端口到辐射终端的输入阻抗可以通过下式计算[56]

$$Z_{in} = -jZ_0 \cot\beta p^{\beta\to 0} = -jZ_0 \frac{1}{\beta p} = \frac{1}{Y_{sh}} \quad (4.20)$$

式中：Y_{sh} 为并联支路的导纳，单并联支路情形下由式(3.35)计算而双并联支路情形下由式(4.16)决定，由式(4.20)可知当 $\beta \to 0$ 时发生零阶谐振，此时 $Z_{in} \to \infty$，$Y_{sh} \to 0$。因此令 $Y_{sh} = 0$ 可以得到 CRLH 天线的零阶谐振频率，由此可知零阶谐振频率主要由影响并联支路电路参数的物理参数决定，而不像传统半波长谐振天线一样取决于整个天线的尺寸。需要说明的是对于二端口导波器件，两个并联支路的电路参数共同贡献 f_{LH}^H，如 4.1 节理论分析，而对于本节单端口辐射问题，两个并联支路独立工作并将形成两个谐振点 f_{01} 和 f_{02}，类似于单并联支路的零阶谐振，基于单并联支路 CRLH 天线的零阶谐振分析，可以类推 f_{01} 和 f_{02} 的表达式为

$$f_{01} = \frac{1}{2\pi}\sqrt{\frac{C_{p1} + C_{k1}}{L_{p1}C_{k1}C_{p1}}},\ f_{02} = \frac{1}{2\pi}\sqrt{\frac{C_{p2} + C_{k2}}{L_{p2}C_{k2}C_{p2}}} \quad (4.21)$$

　　基于上面的理论分析和双并联支路的设计准则,这里基于 Wunderlich 分形设计了新型 CSRRP 电谐振器,将其命名为 W - CSRRP。如图4.25所示,地板上 W - CSRRP 由 CS-RRP 和内部延伸的二阶 Wunderlich 分形槽组成。由于与 K - CSRRP 具有类似的单元拓扑结构,W - CSRRP 具有类似的工作机制,这里不再详述。天线单元由上层开缝的金属贴片和位于缝隙正下方的 W - CSRRP 组成,介质板采用 RT/duroid 5880,其 $\varepsilon_r = 2.2$,$h = 1\text{mm}, \tan\delta = 0.001$。

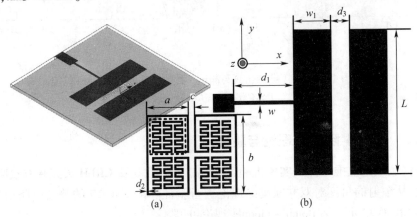

图4.25　基于 W - CSRRP 加载的零阶谐振天线

(a) 全视图;(b) 俯视图。

物理参数:$L = 24\text{mm}, a = 5.9\text{mm}, b = 10.7\text{mm}, d_1 = 12\text{mm}$,

$d_2 = 0.35\text{mm}, d_3 = 3\text{mm}, c = 0.7\text{mm}, w_1 = 7.5\text{mm}, w = 0.2\text{mm}$。

　　由于 Wunderlich 分形曲线具有很强的空间填充能力,将会显著增加副并联支路的电路参数,尤其是 L_{p2}、C_{p2},因此 f_{02} 将会显著降低,同时由于内环的间接作用 f_{01} 也会降低,但没有 f_{02} 变化明显,因此 f_{02} 将逐渐接近 f_{01},但由于 L_{p1} 和 C_{p1} 间接包含了内环的效果,始终有 $f_{01} < f_{02}$。为研究双并联支路的独特零阶谐振特性,采用 Ansoft HFSS 对图4.25所示的天线进行仿真,并将结果和 CSRRP 加载的零阶谐振天线以及传统微带天线进行对比。如图4.26(a)所示,基于 W - CSRRP 加载的零阶谐振天线具有最低的双谐振频率,对应于 $f_{01} = 1.68\text{GHz}$ 和 $f_{02} = 1.86\text{GHz}$,基于 CSRRP 加载的天线两个频率分别对应于 $f_0 = 2.72\text{GHz}$ 和 $f_{+1} = 3.62\text{GHz}$,因此分形内环使 CSRRP 的谐振频率降低了 38.2%,而传统天线在 4.84GHz 处只有一个半波长谐振。从图4.26(b)可以看出,当 c 在 $0.3 \sim 2.3\text{mm}$ 范围内不断增加时,f_{01} 逐渐向高频发生偏移而 f_{02} 几乎保持不变。这是由于 c 的增加减小了两个 CSRR 之间的耦合从而减小了 C_{k1},根据式(4.21)可知 f_{01} 将向高频移动,而 c 的变化对内环的电路参数没有影响,因而 f_{02} 几乎不变,进一步验证了等效电路的正确性。因此通过调节 c 可以独立调控 f_{01} 进而调控 f_{01} 和 f_{02} 的频比。

　　为验证双并联支路的双频零阶谐振特性,对一单元 CRLH 天线进行加工和测试,实物如图4.27(a)所示,天线在 $f_{01} = 1.7\text{GHz}$ 时的尺寸仅为 $0.1\lambda_0 \times 0.134\lambda_0$,是文献[169]中零阶谐振天线的 51%。为系统研究,这里还对多单元级联的 CRLH 天线以及没有缝隙的 ENG 天线进行了设计、仿真和测试。如图4.27(b)所示,除测试的 f_{01} 和 f_{02} 发生了 1.19% 的高频偏移外,仿真与测试结果吻合得相当好,测试结果表明 $f_{01} = 1.7\text{GHz}$ 和 $f_{02} = $

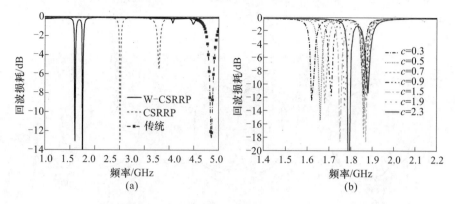

图 4.26　零阶谐振天线的仿真回波损耗
（a）基于 W – CSRRP、CSRRP 加载的零阶谐振天线；（b）基于 W – CSRRP 加载的零阶谐振天线随 c 的变化。

1.87GHz 处天线的回波损耗分别为 10.2dB 和 14.6dB，同时还可以看出 f_{01}、f_{02} 均不随单元数目的变化而变化，几乎维持在 1.65GHz 和 1.84GHz 附近，这与以往零阶谐振天线[166,167] 得出的结论一致，而且在 ENG 天线中 f_{01} 和 f_{02} 依然存在，验证了双频零阶谐振特性以及谐振频率仅由并联支路决定的结论。尽管如此，单元数目和缝隙会影响天线的输入阻抗从而影响匹配，解释了 S_{11} 变化的幅度曲线。

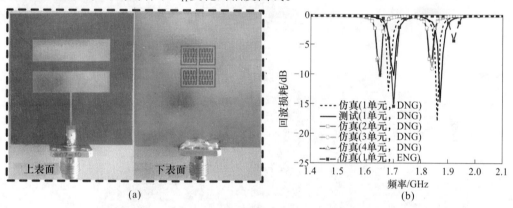

图 4.27　基于 W – CSRRP 加载的双频零阶谐振天线实物与仿真与测试回波损耗
（a）实物图；（b）仿真与测试回波损耗。

图 4.28 给出了微波暗室测得的远场辐射方向图，可以看出天线在 xoz 面（$\varphi = 0°$）、yoz 面（$\varphi = 90°$）以及 xoy 面（$\theta = 0°$）的仿真与测试结果吻合良好。f_{01} 和 f_{02} 处天线在 yoz 面均具有全向辐射，与以往零阶谐振天线在 xoy 面和 xoz 面内具有全向辐射不同[166-169]，同时 f_{01} 处天线的交叉极化电平较大且 xoz 面内的峰值辐射方向发生了 30° 的倾斜。上述零阶谐振频率处的全向辐射特性可以由表面电流分布解释，如图 4.29 所示，f_{01} 和 f_{02} 处 W – CSRRP 在贴片上同时激发了沿 x 方向和 y 方向极化的电流。f_{02} 处沿 y 方向极化的电流相反且完全抵消，因此对辐射方向图没有贡献，而 x 方向极化的电流类似于沿 x 轴放置的单极子，解释了 yoz 面的全向辐射和很好的极化纯度。f_{01} 处 x 方向极化的电流在两块贴片上相反减弱了电流的一致性，其电流幅度与 y 方向极化的电流幅度相当，解释了 xoz 面内倾斜的方向图与恶化的交叉极化纯度。这里天线地板侧较大的背向辐射由 W – CSRRP

槽的辐射引起。

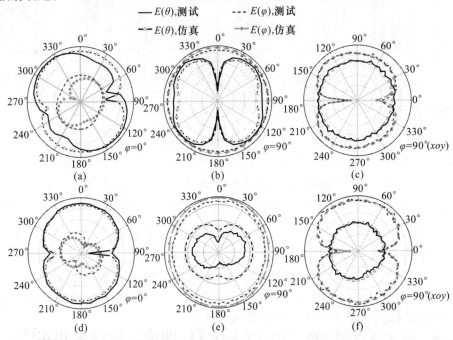

图 4.28 双频零阶谐振天线在 f_{01} 和 f_{02} 处的仿真与测试方向图

(a) ~ (c) f_{01}；(b) ~ (f) f_{02}。

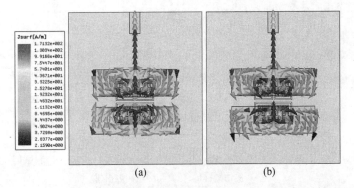

图 4.29 基于 W - CSRRP 加载的双频零阶谐振天线在 f_{01} 和 f_{02} 处的表面电流分布

(a) f_{01}；(b) f_{02}。

第 5 章　新型二维 CRLH TL 理论、实验与多频谐振天线设计

本章将介绍新型二维 CRLH TL 理论、验证及其在天线方面的应用研究,主要包括基于 CSRR 的新型二维 CRLH TL 理论、分析方法、成像聚焦实验以及具有奇异电磁辐射特性的小型化高增益多频谐振天线[59,164,208],基于 CSR 的蘑菇二维 CRLH TL 等效电路、工作机制以及紧凑型双频双模谐振天线[163],分形蘑菇二维 CRLH TL、寄生模式抑制机理以及多频高极化纯度天线等[165]。本章内容拓展了二维 CRLH TL 在天线中的应用范畴,尤其是天线设计思想在工程应用中可以被广泛借鉴,同时为三维异向介质设计提供方法基础。

5.1　基于 CSRR 的二维 CRLH TL 理论与成像聚焦实验

基于 CSRR 的一维 CRLH TL 由于其平面亚波长谐振结构已被广泛应用于微波器件和电路设计,如滤波器、双工器、耦合器和功分器等[57,72-76],详细进展见 1.2.1 节。但至今还未有任何关于 CSRR 的二维 CRLH TL 研究和报道,且很少有关于 CSRR 结构在辐射问题中的研究和报道。本节在一维 CRLH TL 设计方法的基础上,首次对基于 CSRR 的二维 CRLH TL 展开理论研究和负折射率聚焦实验[59,208]。

5.1.1　二维 CRLH TL 结构、等效电路与理论分析

基于一维 CRLH TL 的分析和设计方法,可以很自然地将其延伸拓展到二维 CRLH TL。如图 5.1 所示,二维 CRLH 单元由 CSRR 和容性缝隙沿 x 和 y 方向同时按 $p_x/2$ 周期排列形成。由于二维 CRLH 单元在每个方向上均由两个一维 CRLH 单元组成,因此等效电路模型中串联支路阻抗 Z_{se} 和并联支路导纳 Y_{sh} 均为一维 CRLH 单元的两倍,这里等效电路参数的物理意义见 3.1.1 节。与支持横磁波(TM)的二维 CRLH TL[203]不同,这里二维 CRLH 结构支持横电波(TE)传输。

为系统分析二维 CRLH 单元的电磁特性,这里考虑平衡和非平衡两种情形,其中非平衡 CRLH 单元采用单层结构,而平衡 CRLH 单元为 3.1.2 节双层一维单元的二维拓展。为形成良好的阻抗匹配,两种情形下导带均采用高低阻抗线布局,其中低阻抗贴片与 CS-RR 的尺寸一致,而两端长度均为 $p_x/8$ 的高阻抗导带用于连接相邻单元。由于二维 CRLH 单元沿 x 轴和 y 轴具有镜像对称和旋转对称特性,因此单元在二维平面内具有各向同性,需要说明的是,实际中为设计各向异性 CRLH TL,两个正交方向上单元的周期可以不同。平衡 CRLH 单元中,上层基板采用 $\varepsilon_r = 2.2$ 和 $h = 0.5\text{mm}$ 的 F4B 介质板,下层基

板与非平衡 CRLH 单元基板均采用 $\varepsilon_r = 2.65$ 和 $h = 1\,\text{mm}$ 的 F4B 介质板。

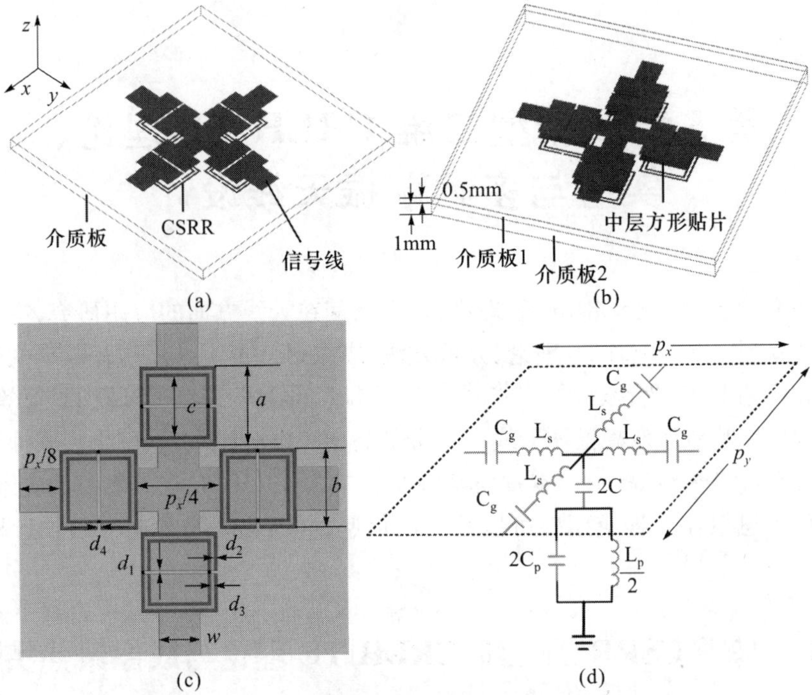

图 5.1 基于 CSRR 的二维 CRLH 单元与 T 形等效电路

（a）单层非平衡结构；（b）双层平衡结构；（c）正视图；（d）电路模型。

容性缝隙位于导带低阻抗线上（蓝色），CSRR 结构（黑色）位于地板上且在缝隙正下方。单元的物理参数：

$d_1 = d_2 = d_3 = d_4 = 0.2\,\text{mm}, a = b = 4.8\,\text{mm}, c = 3.6\,\text{mm}$，平衡和非平衡结构中 $w = 2.2\,\text{mm}$ 和 $w = 2.6\,\text{mm}$。

对二维 CRLH 单元采用 Bloch – Floquet 周期边界条件，并经过一系列推导、化简可得色散曲线 β 的解析表达式为[56]

$$\frac{(\text{e}^{-\text{j}k_x p_x} - 1)^2}{\text{e}^{--\text{j}k_x p_x}} + \frac{(\text{e}^{-\text{j}k_y p_y} - 1)^2}{\text{e}^{-\text{j}k_y p_y}} - 2Z_{\text{se}}(\text{j}\omega)Y_{\text{sh}}(\text{j}\omega) = 0 \qquad (5.1)$$

$$\beta = \sqrt{k_x^2 + k_y^2} \qquad (5.2)$$

式中：复数 k_x, k_y 分别为 x、y 方向的波数；$Z_{\text{se}}(\text{j}\omega), Y_{\text{sh}}(\text{j}\omega)$ 分别为串联支路阻抗和并联支路导纳，其表达式分别为

$$Z_{\text{se}}(\text{j}\omega) = \text{j}\omega L_s + 1/\text{j}\omega C_g \qquad (5.3a)$$

$$Y_{\text{sh}}(\text{j}\omega) = \frac{\text{j}2\omega C[1 - \omega^2 L_p C_p]}{1 - \omega^2 L_p(C + C_p)} \qquad (5.3b)$$

将式（5.3）代入式（5.1）并经求解可得整个布里渊区域（$\varGamma - X$、$X - M$、$M - \varGamma$）的色散曲线：

$$k_x = \frac{\text{j}}{p}\ln\left\{\frac{(2 + L) - \sqrt{(2 + L)^2 - 4}}{2}\right\} \qquad (5.4a)$$

$$\varGamma - X: 0 < k_x p < \pi, k_y p = 0$$

$$k_y = \pi + \frac{\mathrm{j}}{p}\ln\left\{\frac{(6+L) - \sqrt{(6+L)^2 - 4}}{2}\right\} \tag{5.4b}$$

$$X - M: k_x p = \pi, 0 < k_y p < \pi$$

$$k_u = 3\pi - \frac{\mathrm{j}}{p}\ln\left\{\frac{(4+L) - \sqrt{(4+L)^2 - 16}}{4}\right\} \tag{5.4c}$$

$$M - \Gamma: 0 < k_n p_u < \pi, u = x \text{ 和 } y$$

其中：Γ, X, M 为布里渊区域的 3 个对称点，分别对应于 $k_x p = k_y p = 0$、$k_x p = \pi$ 且 $k_y p = 0$、$k_x p = k_y p = \pi$，L 可通过下式计算：

$$L = \frac{4C}{C_\mathrm{g}}\left[1 - \left(\frac{\omega}{\omega_{\mathrm{se}}}\right)^2\right]\left[1 - \left(\frac{\omega}{\omega_\mathrm{p}}\right)^2\right]\Big/\left[\left(1 - \frac{\omega}{\omega_{\mathrm{sh}}}\right)^2\right] \tag{5.5}$$

式中：$\omega_{\mathrm{se}}, \omega_{\mathrm{sh}}, \omega_\mathrm{p}$ 分别为串联支路、并联支路和并联谐振腔的角谐振频率，可由式（3.11）计算，二维 CRLH 单元的平衡条件与一维 CRLH 单元完全相同。

采用 HFSS 和 Designer 分别对平衡和非平衡一维 CRLH 单元进行电磁仿真，并采用电路仿真软件 ADS 进行电路仿真，电路参数提取方法和平衡 CRLH 单元的电路参数见 3.1.2 节。如图 5.2 所示，CRLH 单元的电路参数在很宽的频率范围内几乎保持恒定，显示了任意频率处参数提取的有效性和鲁棒性，同时电路仿真与电磁仿真 S 参数完全吻合，进一步验证了提取方法的正确性和电路参数的合理性。将上述提取的电路参数代入式（5.4）可以得到整个布里渊区域的理论色散曲线，为了与电磁全波二维色散曲线进行比较和相互印证，采用 HFSS 对二维 CRLH 单元进行本征模仿真。在图 5.3 所示的仿真设置中，通过对单元 xoy 面内的 4 个边界分配周期边界（主从边界条件）和 z 方向的两个边界设置完美匹配层边界（Perfectly Matched Layer，PML），可以模拟 x 和 y 方向上无限周期延拓而 z 方向有限单元排列的二维超表面，显著减小了二维 CRLH TL 的计算区域，上下两个厚度为 2.5mm 的 PML 层用以消除 CSRR 和贴片辐射对色散曲线产生的影响。

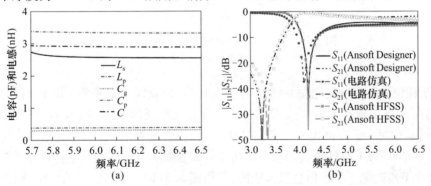

图 5.2　基于 CSRR 的一维非平衡 CRLH 单元电路参数与电路、电磁仿真 S 参数

（a）电路参数；（b）S 参数。

6GHz 时提取的电路参数为 $L_\mathrm{s} = 2.57\mathrm{nH}, C_\mathrm{g} = 0.32\mathrm{pF}, C = 2.9\mathrm{pF}, C_\mathrm{p} = 3.34\mathrm{pF}, L_\mathrm{p} = 0.39\mathrm{nH}$。

图 5.4 给出了平衡与非平衡 CRLH 单元的色散曲线，由于平衡 CRLH 单元中间方形贴片层极大地增加了本征模计算的复杂度，这里只给出其理论计算结果，但下面将通过二维 CRLH 阵列的电压相位分布间接进行验证。从图 5.4（a）可以看出理论和全波色散曲

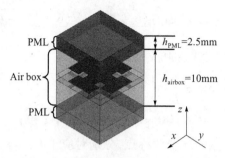

图 5.3　二维 CRLH 单元的本征模仿真设置

线吻合得很好,验证了二维 CRLH 理论分析的正确性,两种情形下色散曲线的微小差异由全波仿真中网格剖分产生的计算误差以及紧密排列 CSRR 之间的相互耦合和边缘效应引起,而这些效应并未在等效电路模型中进行等效,同时 CRLH 单元在 3.94 ~ 4.46GHz 范围内的负斜率色散表明了单元的左手后向波传输特性,在 5.5 ~ 6.9GHz 范围内的正色散表明了单元的右手前向传输特性,而中间频段 4.46 ~ 5.5GHz 为阻带间隙。从图 5.4(b)可以看出 CRLH 单元明显工作于平衡态,在 4.5GHz 处实现了左手通带与右手通带的无缝过渡。

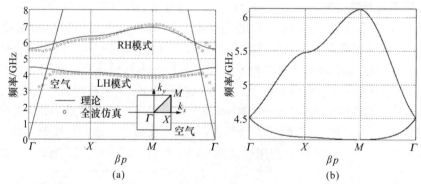

图 5.4　二维 CRLH 单元的理论和全波色散曲线

(a)非平衡单元;(b)平衡单元。

　　由于相位随频率的变化关系与色散关系对等,为验证二维平衡 CRLH TL 的色散特性,我们在 ADS 中模拟了由 4×3 个二维 CRLH 单元组成的平面 CRLH TL 阵列,如图 5.5(a)所示,其中每个小方格代表一维 CRLH 单元,仿真过程中,采用电压源在阵列边缘进行馈电且每个一维 CRLH 单元调用电磁仿真 S 参数对节点电压相位进行计算。对不同频率处 12 个节点的电压相位信息进行绘图,可得图 5.5(b) ~ (d)所示的相位分布,可以看出 4.4GHz 处由激励源至阵列末端相位由 0° 逐步递增至 180°,显示了二维 CRLH 电路的左手相位超前特性;相反,4.7GHz 处由激励源至阵列末端相位由 0° 递减至 −180°,显示了 CRLH 电路的右手相位滞后特性;而 4.5GHz 处阵列所有节点的相位始终保持在 0° 附近,显示了 CRLH 电路的平衡零相移特性。左手区域的相位超前特性表明 β 值为负,右手区域的相位滞后特性表明 β 值为正,而过渡区域的恒定零相位表明 $\beta = 0$,图 5.5 反映的色散关系与图 5.4(b)的理论色散曲线吻合良好,间接了验证了二维平衡 CRLH TL 的色散关系。

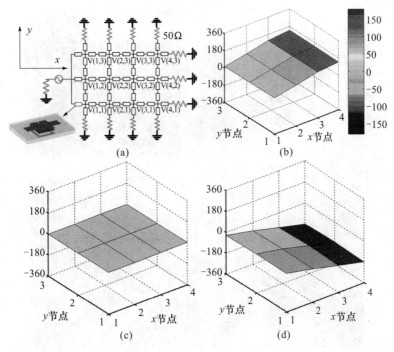

图 5.5　(a)4×3 二维 CRLH 阵列与(b)4.4GHz、(c)4.5GHz 和(d)4.7GHz 处的电压相位分布

5.1.2　负折射率成像聚焦实验

受 Pendry"完美透镜"理论的启发[94],本节基于 CSRR 的二维 CRLH 单元设计了能突破衍射极限的高分辨率透镜,从实验的角度验证二维 CRLH TL 理论与左手负折射率特性。倏逝波携带了源的部分信息且在普通媒质中呈指数衰减,由于源的部分信息丢失,传统透镜存在衍射极限即其分辨率局限于半个波长,而具有负折射率特性的左手异向介质不仅能聚焦从源发出的传输波而且能有效纠正倏逝波的相位并放大倏逝波的幅度,因此能突破衍射极限使物体的信息在像点处得到完美恢复。除上述负折射率成像外,高分辨率成像技术根据工作机制可以分为多类,其他技术将在第 8 章详细介绍。与以往块状左手异向介质透镜[203,204]相比本书方案的优势在于所采用的 CRLH 单元为分布式平面结构,且折射率容易调控,同时由于单元的亚波长谐振其尺寸比蘑菇单元[56]更加紧凑。

如图 5.6 所示,左手负折射率透镜由两块平板波导(PPW)以及夹在其中间的二维 CRLH TL 组成,形成了右手媒质—左手媒质—右手媒质的两个交界面,这里左手媒质为 5.1.1 节基于 CSRR 和缝隙电容周期排列的非平衡二维 CRLH TL,而右手媒质对应于两面覆铜的 PPW 结构,也称背景媒质。为实现透镜的高分辨率成像,首先 CRLH TL 的等效磁导率和介电常数必须满足 $\mu_{\text{eff}} = -\mu_0$ 和 $\varepsilon_{\text{eff}} = -\varepsilon_0$,这里 μ_0 和 ε_0 为背景媒质的磁导率和介电常数,该条件下透镜与背景媒质能很好地实现阻抗匹配,且具有与背景媒质相反的折射率 $n_{\text{eff}} = -n_0$;其次 CRLH 单元的损耗和电尺寸应尽可能的小,该条件下透镜基模与空间谐波模的耦合会减弱,使得平滑的高分辨率成像成为可能,紧凑型异向介质单元的其他优点见 1.1.4 节。

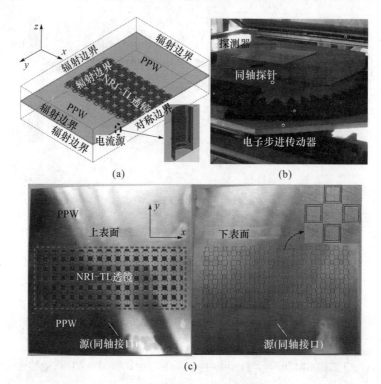

图 5.6　左手负折射率"完美透镜"的拓扑结构与 HFSS 仿真设置、近场测试装置和加工实物
（a）拓扑结构与 HFSS 仿真设置；（b）近场测试装置；（c）加工实物。

基于前面的理论分析和提取的电路参数对 CRLH 单元的色散曲线和布洛赫阻抗进行计算，如图 5.7 所示，CRLH 单元的色散曲线与背景媒质的色散曲线交于左手频段 4.01GHz 处，决定了仿真和实验中高分辨率成像的目标频率。该频率处相位为 $\beta p_x = 1.364\text{rad}$，$Z_\beta = 37.7\Omega$，根据 $n_{\text{eff}} = c \times \beta / \omega$ 可知 $n_{\text{eff}} = -n_0 = -1.566$，这里 c 为真空中光速，ω 为工作角频率。为实现背景媒质与 CRLH TL 的阻抗匹配，背景媒质每个端口的特性阻抗 Z_0 必须满足 $Z_0 = Z_\beta$。基于上述结果，我们通过 ADS 设计了由 $N_x \times N_y = 19 \times 5$ 个二维 CRLH 单元组成的"完美透镜"并建立了其等效电路模型，如图 5.8（a）所示，两端背景媒质均由 $N_x \times N_y = 19 \times 12$ 个右手 PPW 单元组成，其中 PPW 单元由电感 L_{PPW} 和电容 C_{PPW} 等效且电路参数为[56]

$$L_{\text{PPW}} = n_{\text{eff}} p_x Z_\beta / c, L_{\text{PPW}} = n_{\text{eff}} p_x / c Z_\beta \qquad (5.6)$$

透镜由位于背景媒质节点 $[x,y] = [10,10]$ 处的 1V 电压源进行馈电，且所有边缘背景媒质单元和 CRLH 单元均通过 $Z_0 = Z_\beta = 37.7\Omega$ 的终端负载接地。

对右手单元和 CRLH 单元节点处的电压幅度和相位进行电路仿真，然后将数据导入 Matlab 进行绘图，如图 5.8（b）所示，4.16GHz 时在 CRLH 媒质中央节点 $[x,y] = [10,15]$ 处以及背景媒质节点 $[x,y] = [10,20]$ 处均可以明显观察到局部增强的电压幅度，而且在两个节点的两侧均可以看到凸凹相反的相位波前，电压幅度和相位结果均表明透镜实现了两次成像，即内部成像和外部再成像。同时在 CRLH 媒质与背景媒质的两个交界面上均可以观察到明显的局域场增强效果（沿交界面的漏波现象），这是因为交界面上激发了很强的等离子表面波。进一步的仿真研究还表明即使 CRLH 媒质和右手媒质存在较小的

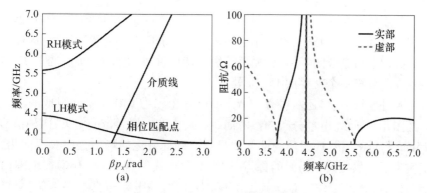

图 5.7　理论计算的 CRLH TL 色散曲线和布洛赫阻抗
（a）色散曲线；（b）布洛赫阻抗。

阻抗失配,如 $Z_0 = 58\Omega$ 或 $Z_0 = 23.16\Omega$,仍可以清晰地观察到透镜成像/再成像的聚焦效果。

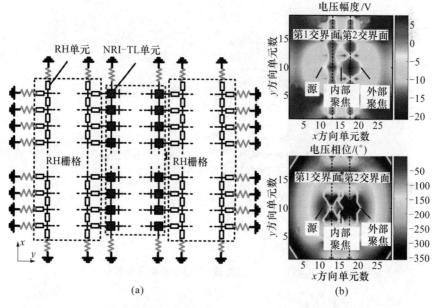

图 5.8　"完美透镜"的电路原理图以及 4.16GHz 处的电压幅度和相位分布
（a）电路原理图；（b）电压幅度和相位分布。

为对透镜的成像聚焦效果进行实验验证,基于 $\varepsilon_r = 2.65$ 和 $h = 1\text{mm}$ 的 F4B 介质板设计并加工了由 $N_x \times N_y = 16 \times 6$ 个 CRLH 单元构成的透镜样品,其尺寸为 180mm × 180mm,如图 5.6(c)所示。为实现终端 $2C_g$,对交界面处 CRLH TL 的缝隙宽度进行减半处理。根据下式可以计算背景媒质 PPW 结构的特性阻抗为 1.447Ω,即

$$Z_{\text{PPW}} = \sqrt{\mu_r / \varepsilon_r}\, h / N_x p_x \tag{5.7}$$

因此可得每个 PPW 单元的特性阻抗 $Z_0 = N_x \times Z_{\text{PPW}} = 23.16\Omega$,这与 $Z_\beta = 37.7\Omega$ 相当接近,根据前面电路仿真结果可知较小的阻抗失配并不影响透镜的最终成像聚焦效果,这里理想的阻抗匹配可以通过选择不同的 ε_r 和 h 实现,也可以通过调节 CRLH 单元的物理

参数实现。采用如图5.6(a)所示的设置对设计的透镜进行电磁仿真,其中透镜中央与 yoz 面平行的对称面设置为完美磁导体边界且剩余5个面设置为辐射边界,即可通过计算半空间场分布而获得全空间场结果,显著缩短了计算时间,为激发PPW的工作模式,垂直电压源放置在距离第一个交界面15mm处。

为进行互补验证,这里还对由 $N_x \times N_y = 26 \times 6$ 个二维CRLH单元组成的透镜进行电磁仿真。如图5.9所示,电场分布的参考面位于地板和上层导带的中央,两种情形下在距交界面15mm附近的CRLH媒质内部均明显观察到局域化的场增强以及反向相位波前,表明透镜实现了聚焦且该点为源的像点,仿真结果还表明在 $4 \sim 4.16$GHz 范围内均可观察到类似现象,透镜的工作带宽达到了160MHz,同时与电路仿真结果类似,交界面上依然可以观察到场增强现象。电磁、电路仿真结果的差异尤其是前者未形成有效的外部成像和内部像点处较弱的场幅度是由单元的吸收损耗以及CSRR的辐射损耗引起,测试 S 参数表明4.01GHz处每个CRLH单元的插损为0.48dB,同时实际CRLH单元基模与谐波模的耦合以及空间色散造成了两种情形下分辨率的微小差异。

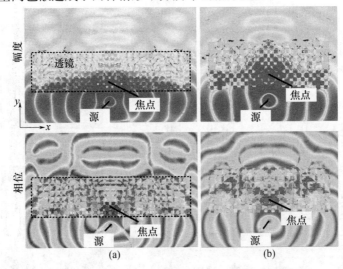

图5.9 4.01GHz处"完美透镜"的电场幅度和相位分布

(a) 26×6 个单元;(b) 16×6 个单元。

为揭示损耗对透镜成像的影响规律,基于等效电磁参数对具有不同材料损耗的透镜进行电磁仿真,这里材料的电损耗正切 $\tan\delta$ 为 ε_{eff} 的虚部与实部的比值。透镜由 26×10 个CRLH单元组成,其材料参数为 $\mu_{\text{eff}} = -1.034 + 0.012 \times i$,$\varepsilon_{\text{eff}} = -2.56 + 0.15 \times i$ 以及 $n = 1.62 - 0.057 \times i$,因此 $\tan\delta = 0.06$,其中 μ_{eff} 和 ε_{eff} 从CRLH单元的二端口 S 参数中提取得到。为进行对比这里还考虑了 $\tan\delta = 0$ 和 $\tan\delta = 0.1$ 两种情形,同时为减小交界面处的局域化场强度,源位于距第一个交界面45mm处对透镜进行激励。如图5.10所示,$\tan\delta = 0$ 时在CRLH媒质中央和第二块背景媒质中均可以明显观察到清晰的聚焦像点,且4.01GHz处以半功率波瓣宽度衡量的像点尺寸为15.5mm($0.207\lambda_0$ 或 $0.336\lambda_g$),明显小于衍射极限的 $0.5\lambda_g$,这里 λ_g 为背景媒质的波导波长。然而随着 $\tan\delta$ 不断增加时,像点的尺寸逐渐增大并趋于模糊尤其是透镜外部的像点恶化更加严重,同时非成像区域的局域化场强度迅速增大使得像点更加难以分辨,以上所有现象有力验证了图5.9得出的结论。尽管像点对损耗比较敏感,但以上结果表明 3 种损耗量级下透镜内部均可以观察到负折射成像。

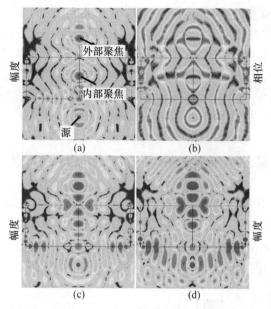

图 5.10　4.01GHz 处透镜的电场幅度和相位分布

(a)、(b) tanδ = 0；(c) tanδ = 0.06；(d) tanδ = 0.1。

采用近场测量系统对透镜的聚焦特性进行测试,测试装置如图 5.6(b)所示,PPW 由距第一个交界面 15mm 处的同轴探针激励,直径为 1.19mm 的半硬质同轴电缆固定在透镜上方 1mm 处进行探测,接收到的场由矢网 PNA - LN5230C 记录,透镜随步进电动机以 1mm 的步进在二维水平面内移动。由于 PPW 的趋肤效应其外部场非常微弱,这里只给出了不同频率处透镜样品红色虚线区域的归一化电场分布。如图 5.11 所示,4.01GHz、

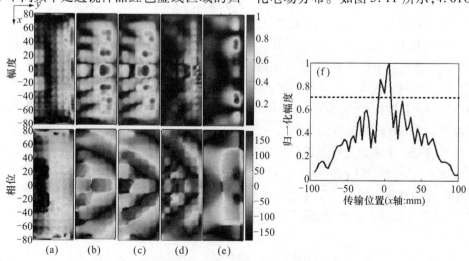

图 5.11　不同频率处测试的归一化电场幅度和相位分布

(a) 4.5GHz；(b) 4.16GHz；(c) 4.12GHz；(d) 4.01GHz；(e) 3.8GHz；(f) 4.01GHz 处像点所在面上的归一化电场幅度。

4.12GHz、4.16GHz 处均可以明显观察到局域化的场增强像点,其中4.16GHz 处像点的尺寸为17mm($0.38\lambda_g$),4.01GHz 处像点的尺寸为16mm($0.348\lambda_g$),验证了透镜在 4.01 ~ 4.16GHz 范围内能恢复倏逝波、突破衍射极限并实现亚波长成像,而 4.01GHz 处透镜的亚波长分辨率还可以从图5.11(f)像点所在线面的场幅度分布得到直观验证,其"完美像点"是由于该频点处具有精确的负折射率 $n_{eff} = -n_0$。当频率在 4.01 ~ 4.5GHz 范围不断增加时,像点的尺寸不断增大并最终超过了衍射极限,因此 3.8GHz 和 4.5GHz 处并未观察到聚焦现象,同时实验结果还验证了透镜沿交界面方向存在漏波现象且在 4.01GHz 处最弱。

5.2 基于 CSRR 的二维 CRLH 多频谐振天线

本节基于色散理论全面探讨基于 CSRR 的二维 CRLH TL 在频比可调多频谐振天线中的系列应用[59,164],由于非传输方向上 CRLH 单元增加的天线口径以及 CSRR 的亚波长谐振,本节天线具有较高的增益、口径效率以及电小尺寸,同时由于传输方向 CRLH 单元的作用,天线具有方向图多样性和极化多样性等奇异辐射特性。

5.2.1 多频原理与分析

多频微带天线由于其稳定性、可靠性和集成性广泛应用于多功能系统中。传统贴片天线存在基模 $n = +1$ 和高阶谐波模式,其应用受到两个方面限制:一是半波长谐振尺寸较大;二是线性色散关系导致其工作频率比固定。CRLH TL 较大的左手电感、电容可以用来实现天线的小型化,同时通过调节其单元数目和电路参数可以控制其本征模式数量和色散曲线(β),进而实现天线的多频工作和可调频比。以往绝大多数 CRLH 天线都通过金属化过孔来实现左手电感[161-167],但如 3.1.2 节所讨论,过孔的引入会增加额外的损耗,从而恶化天线的性能,同时蘑菇 CRLH 单元的尺寸仍然较大。为克服以上缺点,本节采用一种新方案实现 CRLH 天线的多频工作和方向图多样性。如图 5.12 所示,天线由中心 2×2 个 CRLH 单元和四周右手贴片组成,并由位于 $(-P,0)$ 且直径为 $D = 1.4$mm 的同轴探针进行馈电。不难发现,开路或短路的 RH + CRLH + RH 结构仍为谐振结构,为便于分析且同时区别于传统 CRLH 谐振器,将其称为复合谐振器。为使 CRLH 部分与贴片部分形成良好的阻抗匹配,天线的 CRLH 部分仍采用 T 形电路实现且终端电容为 $2C_g$,因此右手贴片与 CRLH 阵列的间距为 $d_1/2$。

为形成 CRLH 多频天线的设计原理,下面基于色散理论对多模谐振进行定性分析。对于天线设计,布里渊区域的一维 $\Gamma - X$ 段色散即可满足设计。为便于分析,定义四周方环右手贴片的宽度分别为 $d/2$,中心 CRLH 部分由 N 个一维单元组成且每个单元长度为 ρ。与传统 CRLH 谐振器类似,阻抗匹配情形下复合谐振器的所有本征模式频率满足以下谐振条件[161]:

$$\beta_n L = \beta_n^{RH} d/2 + \beta_n^{CRLH} \rho N + \beta_n^{RH} d/2 = n\pi \qquad (5.8)$$

式中: β_n^{RH}, β_n^{CRLH} 分别为 n 阶谐振模式下右手贴片和 CRLH 部分的的相移常数,谐振模式数 n 满足

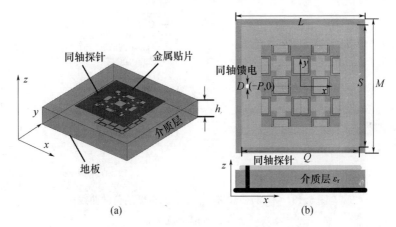

图 5.12　多频 CRLH 多频天线的拓扑结构

(a) 全视图；(b) 俯视图和侧视图。

$$n = -N + 1, -N + 2, \cdots, 0, 1, 2, \cdots, N - 2, N - 1 \tag{5.9}$$

而 β_n^{RH} 为右手贴片电感 L_{R} 和电容 C_{R} 的函数。

$$\beta_n^{\mathrm{RH}} = \omega \sqrt{L_{\mathrm{R}} C_{\mathrm{R}}} \tag{5.10}$$

式(5.8)和式(5.9)表明 CRLH 单元数目越大，天线的本征模式数越多且相邻模式之间的频率间隔越小，CRLH 电路参数对复合谐振器色散的影响与以往相同。

下面研究右手贴片的电长度和阻抗对复合谐振器色散曲线的影响，通过联立式(5.4a)和式(5.8)～式(5.10)可以得到不同右手贴片电长度 βd 下复合谐振器的理论色散曲线，而基于 ADS 仿真得到的 S 参数并经式(3.28)可以计算不同右手贴片阻抗 Z_{RH} 下复合谐振器的色散曲线，本次分析中选择 $N = 4$ 且右手贴片电长度均为 1.39GHz 时的值。如图 5.13 所示，从色散曲线中可以清晰观察到所有可能的本征谐振模式。随着右手贴片电长度的不断增加非线性色散曲线的斜率不断减小，因此左手区域、右手区域所有模式的频率间隔也在不断减小，同时还可以看出随着谐振模式的不断增大色散曲线的差异显著增大，表明复合谐振器的色散在低频时主要由 CRLH 部分决定而高频时主要由右手贴片决定，且本征频率间的频比主要由右手贴片和 CRLH 部分的电长度比例决定。当 Z_{RH} 在 30～90Ω 范围变化时色散关系仅有微小变化，表明复合谐振器的工作模式与 Z_{RH} 没有关系。以上结果表明，复合谐振器显著增加了多频天线设计的自由度，其频率具有可调性且可以通过调控右手贴片和 CRLH 部分的比例实现。由于电路参数 C 对色散特性和 ω_{p} 没有影响，因此由谐振 CRLH TL 模式分析得出的结论与非谐振 CRLH TL[161] 完全相同。

为验证上述色散分析并形成具有任意频比多频天线的设计方法和准则，采用 HFSS 对 CRLH 天线进行全面系统的参数扫描分析，包括介质板厚度 h、右手贴片尺寸 Q 和 S 以及图 5.1 所示的非平衡 CRLH 单元物理参数。如图 5.14(a) 所示，随 h 的不断增加天线的阻抗匹配逐渐得到改善，尤其以 $n = 0$ 阶模式匹配改善最为显著，同时零阶谐振频率 f_0 几乎保持不变而 $n = +1$ 阶模式 f_{+1} 和高阶谐波模式均发生明显频率偏移，这是由于 h 的变化显著影响了右手贴片的电长度而对 CRLH 部分的影响较小，这里没有给出 $n = -1$ 阶

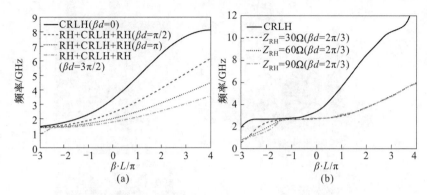

图 5.13 不同 βd 和 Z_{RH} 下复合谐振器的色散曲线

（a）不同 βd；（b）不同 Z_{RH}。

为不失一般性,任意选取 CRLH 单元的电路参数为 $L_s = 1.5$nH, $C_g = 1.5$pF, $C = 1$pF, $C_p = 1.5$pF, $L_p = 1.5$nH。

模式是因为该模式谐振强度较弱,未被有效激发且其随厚度变化的趋势与 $n = 0$ 阶模式相似。如图 5.14（b）和（c）所示,所有模式的谐振频率均随 Q 和 S 的增大而不断降低,同时由于右手贴片与 CRLH 部分比例的增大,模式频率间隔呈减小趋势。由于 CRLH 单元的物理参数较多这里并未提供其参数扫描结果,只给出主要结论,即当 a、c 减小或 d_1、d_3 增大时, f_{-1} 和 f_0 均明显向高频发生偏移,而 f_{+1} 仅有非常微小的偏移,这里 a 和 c 的减小有效降低了 L_p 而 d_1 和 d_3 的增大主要降低了 C_g 和 L_p,验证了低频谐振模式主要由左手特性决定的结论。图 5.14 得出的结论与图 5.13 完全吻合,验证了色散分析的正确性。

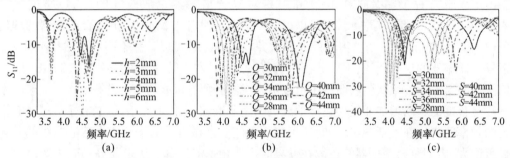

图 5.14 多频 CRLH 天线回波损耗随 h、Q 和 S 的变化曲线

（a）天线的物理参数：$L = M = 55$, $P = 18$, $Q = 45$, $S = 43$, $w = 2$；（b）、（c）$L = M = 60$, $h = 5$, $w = 2$ 且（b）中 $S = 35$,

馈电位置 $P = Q/2 - 2$ 为动态变量而（c）中 $P = 15.5$ 和 $Q = 35$（单位:mm）。

5.2.2 多频线极化天线

基于上述原理、色散和参数分析形成了二维 CRLH 多频天线的设计方法:第一步,根据预定工作频率数目选择合适的 CRLH 单元数量;第二步,依据天线特定的工作频率以及天线的小型化要求并通过 ADS 优化得到 CRLH 单元的电路参数和右手贴片的 L_R 和 C_R,然后通过对比色散曲线中的谐振模式与预定工作频率是否吻合对电路参数进行验证;第三步,初步综合天线结构与物理参数,其中 CRLH 单元的初步合成见 3.1.1 节,而右手贴片的物理参数可根据 L_R、C_R 确定;第四步,精确合成天线的物理参数,其中 CRLH 单元的精确设计与 3.1.1 节相同,最后在 HFSS 中对 CRLH TL 与右手贴片进行综合优化以获得最佳天线性能。

　　基于上述方法我们精确设计了工作于 $f_{-1} = 1.75\mathrm{GHz}$（GSM 频段）、$f_0 = 3.5\mathrm{GHz}$（WiMAX 频段）以及 $f_{+1} = 4.05\mathrm{GHz}$（IMT – Advanced 系统频段）的多频天线，最终天线的物理参数为 $L \times M = 55 \times 55\mathrm{mm}^2$，$Q \times S = 49 \times 49\mathrm{mm}^2$，$P = 21\mathrm{mm}$ 和 $w = 1.3\mathrm{mm}$。为获得天线较宽的阻抗带宽，这里采用较厚的 F4B 介质板，其介质板参数为 $\varepsilon_\mathrm{r} = 2.65$、$h = 6\mathrm{mm}$、$\tan\delta = 0.001$，加工过程中采用两块 $\varepsilon_\mathrm{r} = 2.65$、$h = 3\mathrm{mm}$ 的介质板粘合实现。为评估所设计多频天线的性能，采用 HFSS 对其进行仿真，如图 5.15 所示，$f_0 = 3.5\mathrm{GHz}$ 处天线沿 x、y 方向均具有一致的电场分布，验证了零阶谐振时天线的无限大波长特性，而 $f_{-1} = 1.75\mathrm{GHz}$ 和 $f_{+1} = 4.05\mathrm{GHz}$ 处，x 方向电场呈 $180°$ 反相分布，对应于天线的半波长谐振。以上电场分布决定了天线如图 5.16 所示的辐射特性和方向图多样性，即 f_0 处的单极子式辐射（法向辐射近似为零）和 f_{-1}、f_{+1} 处的微带贴片式辐射。

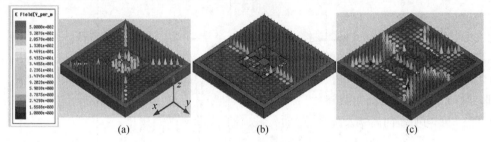

图 5.15　多频 CRLH 天线的电场分布
(a) $f_0 = 3.5\mathrm{GHz}$；(b) $f_{-1} = 1.75\mathrm{GHz}$；(c) $f_{+1} = 4.05\mathrm{GHz}$。

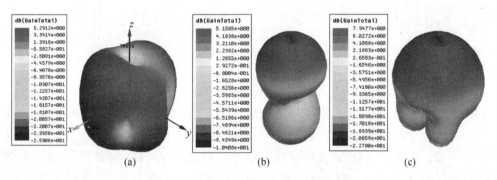

图 5.16　多频 CRLH 天线的辐射方向图
(a) $f_0 = 3.5\mathrm{GHz}$；(b) $f_{-1} = 1.75\mathrm{GHz}$；(c) $f_{+1} = 4.05\mathrm{GHz}$。

　　为验证上述辐射特性，对设计的天线进行加工，样品如图 5.17 所示，并采用矢网 N5230C 对其回波损耗进行测试。如图 5.18 所示，除了测试回波损耗显示的工作模式存在微小高频偏移外仿真与测试结果吻合良好，微小的频偏由介质板间的胶黏剂和加工误差引起。测试结果表明在 $3.51\mathrm{GHz}$、$4.06\mathrm{GHz}$、$4.6\mathrm{GHz}$ 和 $4.8\mathrm{GHz}$ 处天线明显存在 4 个反射零点且 S_{11} 分别达到了 $-19.7\mathrm{dB}$、$-16\mathrm{dB}$、$-10.7\mathrm{dB}$ 和 $-16.9\mathrm{dB}$，这里最后两个反射零点均为 CRLH 天线的高阶寄生模式，并不代表任何本征工作模式，同时天线 $1.76\mathrm{GHz}$ 处幅度较小的反射零点（$S_{11} = -1.8\mathrm{dB}$）表明 $n = -1$ 阶模式由于阻抗失配未被完全有效激发。测试结果显示 f_0 和 f_{-1} 之间的频比为 1.98，而 f_{+1} 和 f_0 之间的频比为 1.15，比以往文献[161-170]明显要小,且天线尺寸非常紧凑,仅为 $\lambda_0/3.5 \times \lambda_0/3.5 \times \lambda_0/28.4$,其中 λ_0 为 f_{-1} 处的自由空间波长。

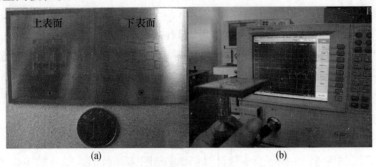

图 5.17　多频 CRLH 天线的加工实物

(a) 俯视图;(b) 全视图。

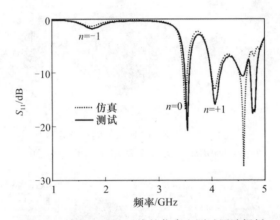

图 5.18　多频 CRLH 天线的仿真和测试回波损耗

在微波暗室中对天线的远场辐射方向图进行测试,如图 5.19 所示,可以看出 f_0 处 CRLH 天线在 E 面(xoz)和 H 面(yoz)均呈现单极子式辐射方向图,而 f_{+1} 和 f_{-1} 处天线在两个主平面内均呈现传统贴片式辐射方向图。f_{-1} 处 CRLH 天线 E 面、H 面交叉极化电平分别在 $\theta \approx 21°$ 和 $\theta \approx 5°$ 达到最大值 -16.9dB 和 -15.2dB,f_0 处天线 E 面、H 面交叉极化电平分别在 $\theta \approx 178°$ 和 $\theta \approx 179°$ 达到最大值 -17.2dB 和 -15.2dB,而 f_{+1} 处天线 E 面、H 面交叉极化电平分别在 $\theta \approx 41°$ 和 $\theta \approx 135°$ 达到最大值 -15.2dB 和 -9.1dB,相对较大的交叉极化电平由有限大地板尺寸引起。3 个频率处天线的测试增益分别为 1.2dB、3.9dB 和 6.86dB,与以往 CRLH 天线[161-170]相比相当可观。f_{-1} 处较小的增益主要由阻抗不匹配引起,而 CRLH 天线较大的后向辐射与 4.3.3 节讨论类似,主要由 CSRR 槽辐射引起。

5.2.3　多频极化多样性天线

前面研究了基于 CSRR 的二维 CRLH 多频天线,但 f_{-1} 阶模式并未得到有效激发且均为线极化。本节设计并实现了一种具有辐射方向图多样性和极化多样性的多频天线[164],同时采用容性匹配技术解决了 -1 阶模式的激发与匹配问题。如图 5.20 所示,天线仍为四周右手贴片和中心 2×2 二维 CRLH 单元阵列的混合谐振器拓扑结构。为获得

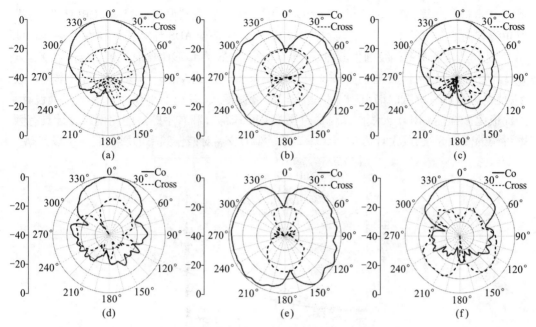

图 5.19　多频 CRLH 天线在(a)、(b)$f_{-1}=1.76\mathrm{GHz}$(c)、

(d)$f_0=3.51\mathrm{GHz}$ 和(e)、(f)$f_{+1}=4.06\mathrm{GHz}$ 处的测试方向图

(a)、(c)、(e)E 面;(b)、(d)、(f)H 面。

特定频率处天线的圆极化辐射特性,需要激励起两个幅度相等、相位相差 90° 的正交凋落模式,因此这里选择在天线对角 45°方向($-P_x$,$-P_y$)处采用直径为 $D=1.2\mathrm{mm}$ 的同轴探针进行馈电。天线基板为 $\varepsilon_r=2.65$、$h=6\mathrm{mm}$、$\tan\delta=0.001$ 的 F4B 介质板,加工过程中仍采用两块 $\varepsilon_r=2.65$、$h=3\mathrm{mm}$ 的介质板粘合实现。为了实现良好的阻抗匹配,采用容性单环槽抵消长激励探针引起的感性效应。

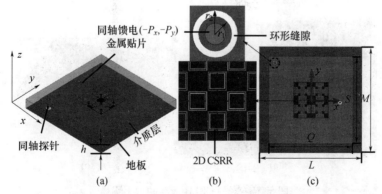

图 5.20　多频 CRLH 天线的全视图(a)、俯视图(b)和底视图(c)

天线的物理参数:$L=M=60\mathrm{mm}$,$P_x=P_y=21\mathrm{mm}$,$Q=S=49\mathrm{mm}$,$w=2.6\mathrm{mm}$,$h=6\mathrm{mm}$,$r_1=0.9\mathrm{mm}$,$r_2=1.2\mathrm{mm}$。

　　由于多频 CRLH 天线沿对角馈电,这里传播常数包含 x 和 y 方向两个传输分量,并遵循式(5.4c)的 $M-\Gamma$ 段色散关系,因此不同于沿 x 或 y 轴激励的线极化天线,只包含一个方向的传输分量。这里多频 CRLH 天线的所有本征模式频率同样通过式(5.8)~

式(5.10)进行计算,只不过这里 L、d 和 ρ 分别为整个复合谐振器、贴片和 CRLH TL 均沿对角线方向的等效长度。为快速设计多频天线,下面基于 ADS 计算了不同右手贴片长度 βd 下复合谐振器 $M-\varGamma$ 段的色散曲线,所有情形下 βd 为 1.39GHz 时的值、$N=4$ 且 $Z_{RH}=45\Omega$。如图 5.21 所示,随着右手贴片电长度由 $\pi/6$ 增加到 $4\pi/3$,色散曲线的斜率逐步减小,使得天线具有更低的谐振频率和更密集的谐振模式,有利于小频比紧凑型天线设计,因此极化多样性 CRLH 天线同样可通过操控 CRLH 部分和右手贴片的比例来设计具有频率可调的多频天线,其设计方法与 5.2.2 节类似且 Z_{RH} 对谐振频率的影响同样可以忽略。

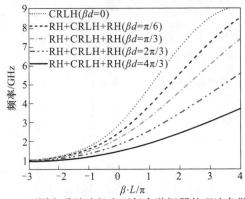

图 5.21　不同右手贴片长度下复合谐振器的理论色散关系

为不失一般性,任意选取 CRLH 单元的电路参数为 $L_s=1.75\text{nH}$、$C_g=1.75\text{pF}$、$C=1\text{pF}$、$C_p=1.75\text{pF}$、$L_p=1.75\text{nH}$。

　　根据复合谐振器 $M-\varGamma$ 段的色散分析,通过对右手贴片进行精心设计可以使天线色散曲线上的 3 个本征谐振模式分别调谐于 3 个预定工作频段,分别为 GPS 频段(1575MHz)、蓝牙频段(2.4GHz)和 WiMAX 频段(3.5GHz),而通过对整个天线进行综合优化可以获得良好的阻抗匹配,最终多频 CRLH 天线的物理参数如图 5.20 所示。为验证天线性能,对所设计的天线进行加工,实物如图 5.22 所示,并基于矢网 N5230C 以及微波暗室对天线的回波损耗和辐射方向图进行测试。

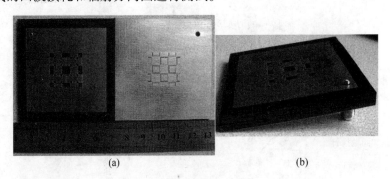

图 5.22　多频 CRLH 天线的加工实物

(a)俯视和底视图;(b)全视图。

　　如图 5.23 所示,除测试回波损耗显示的工作模式存在微小的高频偏移以及稍宽的工作带宽外仿真和测试结果吻合得很好,仿真与测试结果的差异主要由两层介质板之间的空气间隙以及组装过程中 CSRR 与缝隙的未严格对准引起,其中空气间隙降低了介质板的介电常数和天线品质因数。天线明显存在 3 个反射零点,对应 CRLH 天线的 3 个谐振模式,测试结果表明 $f_{-1} = 1.52\,\mathrm{GHz}$ 、$f_0 = 2.44\,\mathrm{GHz}$ 和 $f_{+2} = 3.57\,\mathrm{GHz}$ 处天线的回波损耗分别为 24.6dB、22.4dB 和 16.58dB,说明天线具有很好的阻抗匹配,且 10dB 阻抗带宽(相对带宽)分别达到了 40(2.63%)、80(3.28%)和 230MHz(6.44%)。上述谐振模式将通过下面的电场分布和远场辐射方向图进行验证,这里 $n = +1$ 阶模式未被有效激发。

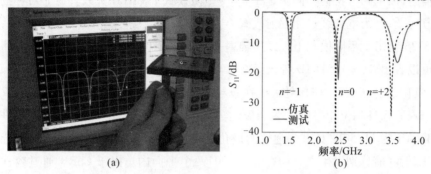

图 5.23　多频 CRLH 天线的仿真和测试回波损耗
(a)测试示意图;(b)仿真和测试结果。

图 5.24 和图 5.25 分别给出了 CRLH 天线 3 个工作模式下 HFSS 仿真得到的电场分布与辐射方向图。可以看出,$f_{-1} = 1.51\,\mathrm{GHz}$ 处天线对角线的电场具有 180° 相位差,对应于半波长谐振,而 $f_0 = 2.4\,\mathrm{GHz}$ 处天线沿 45° 对角线上具有一致的电场分布,表明 f_0 处具有无限大波长,为零阶谐振模式,因此在 1.51GHz 和 2.4GHz 处天线分别呈现贴片式和单极子式辐射方向图。3.52GHz 处天线电场方向沿对角线改变了两次且在对角线末端保持

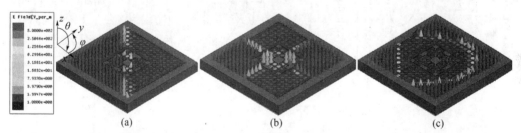

图 5.24　多频 CRLH 天线的电场分布
(a)$f_{-1} = 1.51\,\mathrm{GHz}$;(b)$f_0 = 2.4\,\mathrm{GHz}$;(c)$f_{+2} = 3.52\,\mathrm{GHz}$。

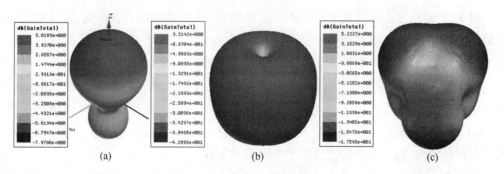

图 5.25　多频 CRLH 天线的辐射方向图
(a)$f_{-1} = 1.51\,\mathrm{GHz}$;(b)$f_0 = 2.4\,\mathrm{GHz}$;(c)$f_{+2} = 3.52\,\mathrm{GHz}$。

一致,表明该模式为 $n = +2$ 阶谐振模式,同时 x 方向两个边缘的电场强度、y 方向两个边缘的电场强度均不同,构成了两个相互正交的非对称线极化辐射模式,决定了天线在 xoz 面和 yoz 面内的非对称辐射,而贴片四周基本一致的电场强度分布决定了天线法线方向的近零辐射,以上两个特性共同决定了 $n = +2$ 阶模式下 CRLH 天线具有非对称的准单极子辐射方向图,且为混合线极化辐射模式。

图 5.26 给出了不同模式下天线主辐射平面内随俯仰角 θ 变化的仿真轴比和辐射方向图。可以看出 $f_{-1} = 1.51\mathrm{GHz}$ 处天线在 $\varphi = 45°$ 和 $\varphi = 135°$ 两个面内轴比保持在 55dB 水平,为线极化辐射,$f_0 = 2.4\mathrm{GHz}$ 处天线在 $\varphi = 60°$ 和 $\varphi = 150°$ 两个面内轴比接近 1.28dB,两个正交模式等幅且相位相差 90°,为圆极化辐射,而 $f_{+2} = 3.52\mathrm{GHz}$ 处 CRLH 天线在峰值辐射方向的轴比为 11.5dB,具有非理想的极化纯度,为两个线极化模式组成的混合线极化辐射,其辐射峰值分别发生在 $\varphi = 0°$ 和 $\varphi = 90°$ 两个平面内。由于 CSRR 通过容性缝隙激励产生了沿缝隙流动的电流,其产生的辐射效应类似于沿缝隙放置的单极子天线,因此 CRLH 天线可以等效为沿 $\varphi = 0°$ 和 $\varphi = 90°$ 放置的两个正交单极子天线,3 个频率处两个正交单极子天线之间不同的相位和幅度关系决定了 CRLH 天线 f_{-1} 处的线极化辐射、f_0 处的圆极化辐射和 f_{+2} 处的混合线极化模式,因此这里 CRLH 天线的奇异辐射特性与工作机制区别于以往蘑菇 CRLH 天线[161-167]。

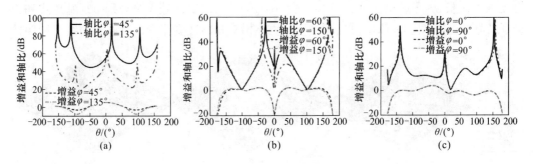

图 5.26　CRLH 天线的轴比和辐射方向图
(a) $f_{-1} = 1.51\mathrm{GHz}$;(b) $f_0 = 2.4\mathrm{GHz}$;(c) $f_{+2} = 3.52\mathrm{GHz}$。

图 5.27 给出了不同模式下 CRLH 天线在两个主平面内的测试方向图,可以看出测试结果与图 5.25 所示的仿真结果吻合良好,进一步验证了 CRLH 天线在 3 个频率处分别实现了贴片式、单极子和非对称准单极子式辐射方向图。f_{-1} 处 CRLH 天线的交叉极化电平比主极化低 30dB,表明天线具有很好的线极化纯度,f_0 处天线的左旋圆极化电平比右旋圆极化低将近 30dB,表明天线具有很好的圆极化纯度,而 f_{+2} 处天线的交叉极化电平接近 13.5dB,验证了天线的混合线极化或椭圆极化辐射。同时,天线在 f_0 处实现了 xoy 平面内的全向辐射特性,测试功率密度的波动范围小于 3dB。

图 5.28 给出了 f_0 处 CRLH 天线在 $\varphi = 60°$ 和 $\varphi = 150°$ 两个主平面内的仿真、测试轴比与 xoy 面的极化状态。可以看出仿真和测试轴比一致性很好,进一步验证了天线的圆极化辐射特性,测试结果表明天线的 3dB 轴比带宽达到了 9.84%(2.32 ~ 2.56GHz)。

表 5.1 给出了天线的详细性能参数,不难发现天线具有很好的性能,如天线增益和辐射效率等,同时天线结构非常紧凑,仅为传统半波谐振天线工作于 1.52GHz 时的 24.6%。

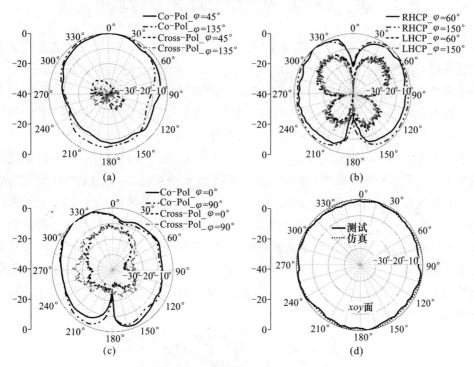

图 5.27　CRLH 天线的测试方向图

（a） $f_{-1}=1.51\text{GHz}$;（b） $f_{+2}=3.52\text{GHz}$;（c）、（d） $f_0=2.4\text{GHz}$ 。

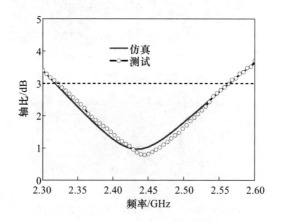

图 5.28　 f_0 处 CRLH 天线的仿真、测试轴比

表 5.1　不同模式下 CRLH 天线的详细性能参数

频率/GHz	极化状态	S_{11}/dB	增益/dB	辐射效率/%	贴片尺寸/λ_0	主辐射面	阻抗和轴比带宽/%
1.52	线极化	−24.6	4.93	89.9	0.248×0.248	$\varphi=45°/\varphi=135°$	2.63/—
2.44	圆极化	−22.4	2.85	91.8	0.398×0.398	$\varphi=60°/\varphi=150°$	3.28/9.84
3.57	混合线极化	−16.58	5.12	97.6	0.583×0.583	$\varphi=0°/\varphi=90°$	6.44/—

5.3 基于 CSRR 的二维 CRLH 全向辐射天线

全向辐射天线由于其较大的服务范围,在辐射一致性要求较高的无线通信系统中具有广泛应用。虽然基于一维 CRLH TL 的零阶谐振特性设计全向天线已有报道[166,167],然而由于某个主平面内的全向辐射,这类天线的一个典型特征是增益较低,而且至今尚未有关于二维 CRLH TL 设计全向天线的报道。本节基于 CSRR 的二维 CRLH TL 首次探讨了一类具有奇异电磁辐射特性的全向天线[175],克服了天线增益低等缺点。

如图 5.29 所示,全向天线由若干二维 CRLH 单元沿 x 方向周期排列组成,单元和介质板与图 5.1 所示的非平衡单元相同。由于天线沿 x 轴激励,该方向 CRLH 单元类似于一维 CRLH 漏波天线可以实现空间波束扫描,而沿 y 方向(非传输方向)的单元由于传输很弱几乎不影响传输方向 CRLH 单元的谐振频率和基本左手特性,但当其谐振时会产生全向辐射,同时该方向 CRLH 单元显著增加了天线口径因而可以有效提高天线增益和口径效率。下面基于 1×1、3×1 和 5×1 二维 CRLH 单元阵列探索二维 CRLH 天线的全向漏波特性。由于这类天线工作于主模,不需要复杂的馈电网络而只需采用 50Ω 的微带馈线即可实现天线的阻抗匹配。

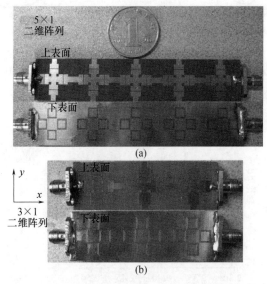

图 5.29　3×1、5×1 CRLH 天线的加工实物

(a) 5×1;(b) 3×1。

其天线尺寸分别为 $60\text{mm}\times20\text{mm}\times1\text{mm}$、$100\text{mm}\times20\text{mm}\times1\text{mm}$。

由于 x 方向 CRLH 单元对 y 方向 CRLH 单元的零阶谐振影响很小,因此二维 CRLH 单元的零阶谐振分析可以简化为一维情况。为了对二维 CRLH 零阶谐振天线的基本原理有个直观的认识并形成一般设计方法,采用 ADS 对 1×1、3×1 和 5×1CRLH 天线进行电路仿真,电路参数见图 5.2,为模拟天线的开放边界,其端口阻抗必须足够大。如图 5.30

(a)所示,本征模式数和单元数目之间的关系严格满足式(5.8),同时无论单元数目怎样改变,零阶谐振频率 $f_0 \approx 4.4\text{GHz}$ 始终保持不变,而其他模式却变化显著且随单元数目的增加相邻模式间的频率间隔逐渐减小,因此零阶谐振天线的设计实际上是 CRLH 单元的设计,通过对单元物理参数的设计将单元的零阶谐振频率调控于预定频率上,设计方法与5.2.2 节多频谐振天线类似。

根据 3.1.2 节的知识,CRLH 漏波天线的设计最终归结为单元色散特性的精确调控。由于二维 CRLH 单元在非传输方向上开路,非传输方向上的边缘效应不能忽略。为了说明该效应产生的影响,采用 HFSS 对终端开放的单端口二维 CRLH 单元进行电磁仿真,然后将其全波反射系数导入 ADS 计算多单元二维 CRLH 天线的频率响应。如图 5.30(b)所示,与一维 CRLH 电路仿真结果相比,考虑边缘效应后的谐振频率由 4.4GHz 上升至4.5GHz,这可从图 5.33(a)所示的色散曲线进一步得到验证,同时传输方向多单元级联导致了更宽的耦合带宽和回波损耗波纹(多个反射零点),因此二维 CRLH 漏波天线的设计方法与 3.1.2 节一维 CRLH 漏波天线类似,不同之处在于为了精确设计,这里基于二维CRLH 单元的 S 参数进行色散曲线计算。

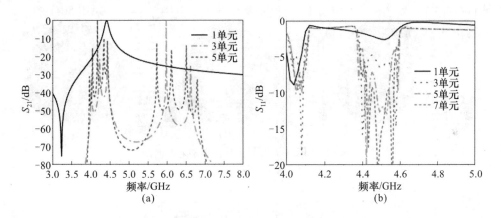

图 5.30　CRLH 天线的传输系数与反射系数随单元数目的变化曲线
(a) 传输系数;(b) 反射系数。

为验证天线的奇异辐射特性,对设计的 1×1、3×1 和 5×1 三种 CRLH 天线进行加工和测试,天线实物如图 5.29 所示。从图 5.31 可以看出 3 种情形下天线仿真和测试 S 参数均吻合良好,且在 $f_0 = 4.5\text{GHz}$ 处均有一个反射零点,其回波损耗均优于 10dB,阻抗匹配良好,验证了天线设计的有效性。同时仿真与测试结果中较大的插损主要由辐射损耗引起,表明信号由激励源到达天线终端前大部分能量已经通过漏波的形式向自由空间进行了辐射,正因为如此,天线终端开路与加载 50Ω 负载时具有几乎完全相同的 S 参数。

为了对天线的辐射特性有个直观的认识,图 5.32 给出了 4.5GHz 处 3 种情形下天线的仿真辐射方向图。所有情形下均可以观察到圈饼状的辐射方向图,其中 1×1 CRLH 天线的方向图在 yoz 面(H 面)内近似为全向辐射且峰值功率发生在天线法线方向,而 $3 \times$ 1、5×1 CRLH 天线波束均发生了明显的后向扫描,这是由于天线工作于左手漏波区,如

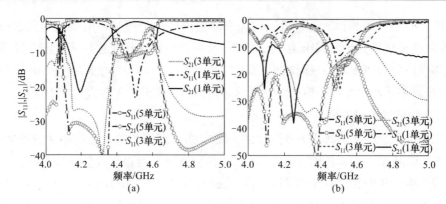

图 5.31　1×1、3×1、5×1 CRLH 天线的传输系数与反射系数

（a）仿真结果；（b）测试结果。

图 5.33（a）所示，CRLH 单元的左手负色散特性使天线波束在后向自由空间实现了连续频率扫描。H 面或者平行于 H 面出现的圈饼状全向辐射是由于非传输方向上 CSRR 的零阶谐振激发了沿上方缝隙流动的局部电流，如图 5.33（b）所示，两个缝隙电流产生的辐射效应类似于沿 x 轴放置的单极子天线。

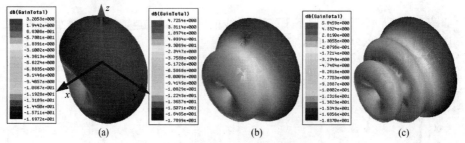

图 5.32　CRLH 天线的三维仿真辐射方向图

（a）1×1；（b）3×1；（c）5×1。

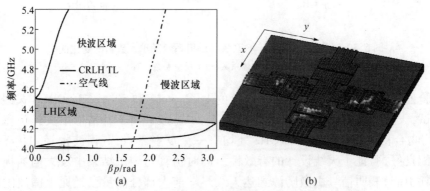

图 5.33　二维 CRLH 单元的色散曲线和导带表面电流分布图

（a）色散曲线；（b）电流分布图。

图 5.34 给出了 3×1、5×1 CRLH 天线在 E 面（xoz 面）的辐射方向图，两种情形下天线均实现了由后向至准法向的连续频率扫描。3×1 天线的扫描角由 4.42GHz 处的 $\theta = -30°$ 连续变化至 4.66GHz 时的 $\theta \approx 0°$，而 5×1 天线的扫描角由 4.44GHz 处的 $\theta = -45°$ 变化至 4.64GHz 时的 $\theta \approx 0°$，这里并未观察到法向辐射和前向辐射是由于二维 CRLH 单

元工作于非平衡态。由于单元数目越多,天线的工作模式更趋于布里渊区域边界,因此五单元 CRLH 天线具有更宽的扫描角范围。综上所述,本书天线获得了以往 CRLH 天线无法实现的频扫准全向辐射特性,其中天线 x 方向的 CRLH 单元决定了天线的频扫漏波特性而 y 方向的单元决定了天线的全向辐射特性。

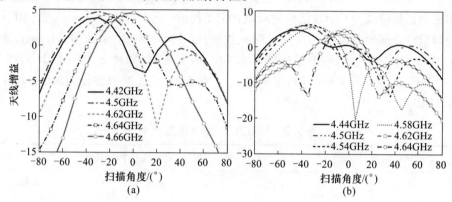

图 5.34　3×1 和 5×1 CRLH 天线扫描角度随频率的变化的曲线

(a) 3×1CRLH 天线;(b) 5×1CRLH 天线。

如图 5.35 所示,3 种情形下 CRLH 天线的测试辐射方向图均对最大值进行了归一化。从 E 面方向图可以看出 3×1 和 5×1 CRLH 天线具有明显的后向波辐射特性,且 4.5GHz 处的扫描角分别为 −30° 和 −41°,最大增益分别达到了 4.67dB 和 5.5dB,而 4.6GHz 处 5×1 CRLH 天线的扫描角为 −10° 且最大增益为 4.7dB,测试的后向波扫描角与仿真结果吻合良好,再次验证了天线的频扫特性,这里 CRLH 天线较大的背向辐射由 CSRR 槽辐射引起。从 H 面方向图可以看出,3 种情形下 CRLH 天线均存在明显的全向

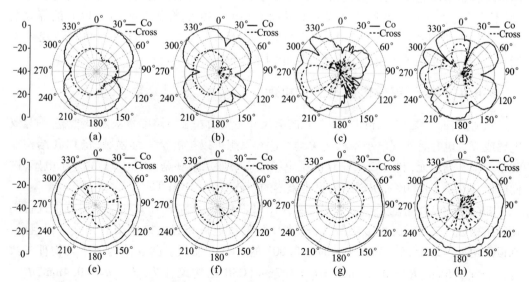

图 5.35　CRLH 天线的测试归一化辐射方向图,其中上、下排分别为 E 面、H 面方向图

(a) ～ (f) 4.5GHz;(g)、(h) 4.6GHz。

(a)、(b)1×1;(c)、(d) 3×1;(e) ～ (h) 5×1。

辐射特性,其中 4.6GHz 处 5×1 CRLH 天线恶化的全向辐射特性是由于偏离了单元零阶谐振频率,且除该情形外,天线的测试交叉极化电平均低于 −18dB。

表 5.2 给出了天线的详细性能参数,其中阻抗带宽以 $S_{11} < -6$dB 计算。CRLH 天线较低的辐射效率尤其是一单元天线,主要由于 CRLH 单元的数目有限,天线部分能量没有辐射出去而是被缝隙和 CSRR 结构的局域化电流耗散。进一步观察表明这里 CRLH 天线的增益与以往全向辐射天线相比具有明显优势,如 5×1 CRLH 天线的最大增益达到了 6.3dB,3×3 CRLH 天线增益更是达到了 8.4dB,而文献[166]中 3×2 CRLH 天线、文献[147]中 1×3 天线以及文献[170]中一维 1×4 和 1×6 天线的增益分别为 2.6dB、4.2dB 以及 4.17dB 和 5.0dB。

表 5.2　CRLH 天线的详细性能

天线	频率/GHz	扫描角/(°)	S_{11}/dB	增益/dB	效率/%	长度	阻抗带宽/GHz/%
1×1	4.50	4.8	−13.4	2.54	16.8	$0.3\lambda_0$	0.16/3.55
3×1	4.5	−30	−25.7	4.67	63.2	$0.9\lambda_0$	0.27/5.92
5×1	4.48	−41	−25.6	5.52	69	$1.5\lambda_0$	0.23/5.09

5.4　基于 CSR 的蘑菇二维 CRLH 双频双模天线

蘑菇结构是一种比较经典的左手异向介质单元,起初人们对它的研究仅限于高阻特性,随后发现它可以作为 CRLH TL 的基本单元实现负折射率透镜和多频谐振天线等[56]。但传统蘑菇结构电尺寸较大,且在多频天线设计中,左手蘑菇部分与右手贴片部分相互影响,不能进行独立的频率调节,本节将系统研究基于 CSR 的蘑菇二维 CRLH TL 的等效电路及工作机理,并将该二维 CRLH TL 与右手贴片结合,设计性能优良的双频双模天线[163],很好的实现了天线的小型化和便捷的工作频率调节功能。

5.4.1　单元、等效电路与工作机理

众所周知,一维左手异向介质单元的电尺寸主要由左手电路参数决定,增大左手等效电感或等效电容是实现电小结构的关键。这种思想可以扩展至二维领域,将 CSR 结构加载于二维蘑菇单元,利用 CSR 结构的强电感效应增加二维蘑菇 CRLH TL 的左手电感,进而降低其左手工作频率,实现结构更为紧凑的蘑菇二维 CRLH TL。

如图 5.36 所示,基于 CSR 蘑菇二维 CRLH TL 由一维结构在 x 和 y 方向分别进行周期延拓构成。二维单元由上层贴片,刻蚀 CSR 的接地板和起支撑作用的介质基板组成,基板采用 $\varepsilon_r = 2.65$,$h = 3$mm 和 $\tan\delta = 0.001$ 的 F4B 介质板。蘑菇结构的单元物理参数为:$p_x = p_y = 5$mm,$R_1 = 0.2$mm,$a = b = 4.7$mm,CSR 结构尺寸为:$d_1 = d_3 = 0.4$mm,$d_2 = 0.3$mm。图 5.36(c)给出了新型二维结构的等效电路,其中,C_L 为上层贴片间的缝隙电容,C_R 为上下金属层间的面电容,L_R 为上层贴片的寄生电感,L_L 为金属化过孔的等效电感,L_{L1} 表示 CSR 结构产生的蜿蜒电感效应。

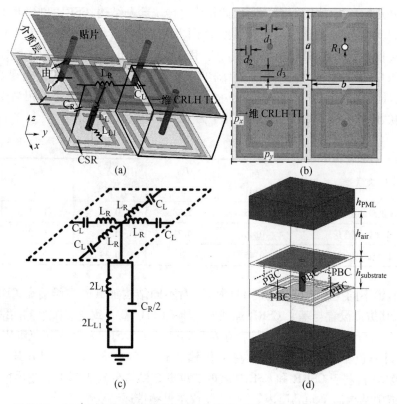

图 5.36　基于 CSR 的二维蘑菇 TL 拓扑结构、等效电路和本征模仿真设置

(a) 二维 CSR 蘑菇 TL 结构图;(b) 主视图;(c) T 形等效电路模型;(d) 本征模仿真设置,$h_{PML} = 1.5mm$,$h_{air} = 5mm$。

对一维蘑菇单元分别进行电磁和电路仿真,由图 5.37 可知,电磁仿真和电路仿真吻合较好,验证了等效电路的正确性与合理性,单元在 2.10GHz 发生谐振,此时单元电尺寸为 $0.035\lambda_0 \times 0.035\lambda_0$,实现了亚波长谐振。

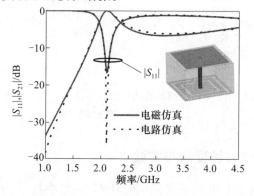

图 5.37　基于 CSR 的一维蘑菇结构电路和电磁仿真 S 参数

为了分析 CSR 加载对二维蘑菇结构电磁特性的影响,分别对传统蘑菇 CRLH 单元、基于 CSRR 和 CSR 加载的蘑菇 CRLH 单元进行电磁仿真,S 参数曲线如图 5.38(a) 所示。传统蘑菇结构在 6.65GHz 发生谐振,而基于 CSRR 和 CSR 加载的蘑菇结构的谐振频点明显向低频偏移,分别工作于 3.75GHz 和 2.10GHz,下降比例达到了 43.61% 和 68.42%。

由于 3 种单元具有相同的结构尺寸,因此相比于传统蘑菇结构,CSRR 和 CSR 的加载实现了 CHLH TL 单元的小型化。表 5.3 给出了不同单元的电路参数,深入分析可以得出不同结构加载实现小型化物理机制:参数 L_R、C_R 和 L_L 在 CSRR 和 CSR 结构加载前后变化不大,而 L_{Ll} 和 C_L 显著增加,因此,在二维结构中,左手电路参数的增大可以实现 CRLH 单元的小型化。同时,由于 CSR 结构相当于将两个环形电感串联,而 CSRR 相当于将两个环形电感并联,因此 CSR 加载时 L_{Ll} 的值几乎为 CSRR 加载时的 4 倍。

表 5.3　不同二维蘑菇结构提取的电路参数

TL 类型	L_L /nH	L_{Ll} /nH	C_L /pF	L_R /nH	C_R /pF
CSR 加载的蘑菇	0.45	2.78	0.44	1.51	0.88
CSRR 加载的蘑菇	0.46	0.71	0.45	1.52	0.87
传统蘑菇	0.45	0	0.39	1.52	0.88

为了验证不同类型蘑菇结构的 LH 特性,对不同结构加载时二维蘑菇 CRLH 进行本征模仿真,其仿真设置与基于 CSRR 加载的二维 CRLH TL 一致。二维色散曲线如图 5.38(b)所示,可以看出 3 种蘑菇结构均存在左手频段。在 5.51 ~ 7.25GHz 范围内,传统蘑菇结构的负斜率色散表明了单元的左手传输特性。而在 3.92 ~ 5.14GHz 和 2.15 ~ 3.30GHz 范围内,基于 CSRR 和 CSR 加载的二维蘑菇结构分别表现出了左手特性。同时,加载谐振缝隙结构后单元品质因数增大,导致左手频带逐渐变窄。

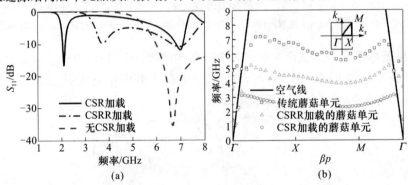

图 5.38　不同二维蘑菇结构的 S 参数和二维色散曲线
(a) S 参数;(b) 二维色散曲线。

5.4.2　双频双模天线设计与实验

前面已经验证了基于 CSR 二维蘑菇 CRLH TL 的电小特性,下面将其应用于双频双模天线设计,探讨其双模谐振和便捷的频率调制特性。

如图 5.39 所示,天线由中心基于 CSR 的二维蘑菇 CRLH 结构以及四周的右手贴片构成,为了实现更加电小的结构尺寸,蘑菇结构仅取一个二维单元。不难发现,本节天线采用 RH + 蘑菇 + RH 的复合谐振结构,类似于 5.4 节的多频原理,这里仍采用色散理论对复合谐振器的多模谐振进行定性分析。

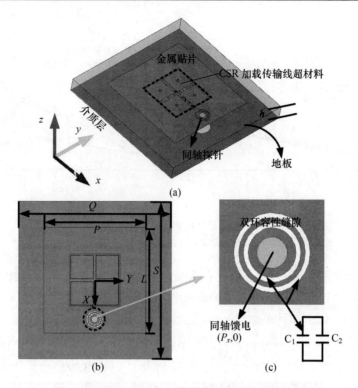

图 5.39　基于 CSR 的二维蘑菇双频天线拓扑结构

（a）全局图；（b）俯视图；（c）双环容性缝隙及其等效电路。

混合谐振器的色散关系可以表示为

$$\beta_n L = \beta_n^{\mathrm{RH}} d + \beta_n^{\mathrm{mushroom}} pN + \beta_n^{\mathrm{RH}} \tag{5.11}$$

式中：d 为右手贴片的电尺寸；β_n^{RH} 为其相移常数，可由等效电感 L_{R1} 和电容 C_{R1} 依据式 $\beta_n^{\mathrm{RH}} = w \sqrt{L_{\mathrm{R1}} C_{\mathrm{R1}}}$ 进行计算。

二维 CSR 蘑菇 CRLH 的色散关系可表示为

$$\beta_n^{\mathrm{mushroom}} p = \arccos\left(1 - 0.5\left(\frac{w_{\mathrm{L}}^2}{w^2} + \frac{w^2}{w_{\mathrm{R}}^2} - \frac{w_{\mathrm{L}}^2}{w_{\mathrm{se}}^2} - \frac{w_{\mathrm{L}}^2}{w_{\mathrm{sh}}^2} \right) \right) \tag{5.12}$$

式中：$w_{\mathrm{L}} = 1/\sqrt{C_{\mathrm{L}}(L_{\mathrm{L}} + L_{\mathrm{L1}})}$，$w_{\mathrm{R}} = 1/\sqrt{C_{\mathrm{R}} L_{\mathrm{R}}}$，$w_{\mathrm{se}} = 1/\sqrt{C_{\mathrm{L}} L_{\mathrm{R}}}$ 和 $w_{\mathrm{sh}} = 1/\sqrt{C_{\mathrm{R}}(L_{\mathrm{L}} + L_{\mathrm{L1}})}$。

复合谐振器的工作频率满足

$$\beta_n L = n\pi (n = -N+1, -N+2, \cdots, 0, 1, 2, \cdots, N-2, N-1) \tag{5.13}$$

将表 5.3 提取的电路参数代入式（5.11）～式（5.13），分别研究右手贴片部分和左手部分对复合谐振器工作模式的影响。由图 5.40（a）可知，随着右手贴片电长度的增加，各个工作模式频率逐渐降低，该特性对于正阶工作模式尤为明显，说明右手贴片部分主要影响混合谐振器的高频正阶工作模式；图 5.40（b）给出了传统蘑菇，基于 CSR 和 CSRR 加载的蘑菇结构的色散曲线。由于 3 种单元具有不同的左手电路参数，因此由图可知左手部分对复合谐振器的工作模式同样可以起到调节效果，且对负阶模式效果更为显著。同时，由于 CSR 结构的加载，对电路参数的调节可通过右手部分和左手部分独立进行，实现了便捷的频率调节。

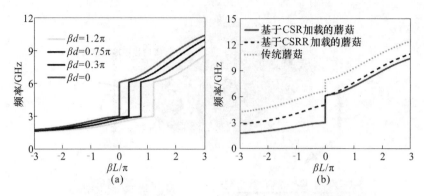

图 5.40　不同 βd 和蘑菇结构类型下复合谐振器的色散曲线

（a）不同 βd；（b）不同蘑菇结构类型。

依据以上色散分析，通过精心优化右手贴片尺寸和二维蘑菇结构设计了工作于 $f_0 = 2.4\text{GHz}$（蓝牙频段）和 $f_1 = 3.5\text{GHz}$（Wimax 频段）的双频双模天线如图 5.39 所示，天线辐射贴片的尺寸（$P \times L$）为 $20\text{mm} \times 20\text{mm}$，相当于 $0.16\lambda_0 \times 0.16\lambda_0$，地板尺寸（$Q \times S$）为 $30\text{mm} \times 30\text{mm}$。为验证天线性能，加工的天线样品如图 5.41（a）所示，对天线样品进行焊接、组装，并采用 ME7808A 型矢网和微波暗室分别测试了天线的回波损耗和辐射方向图。

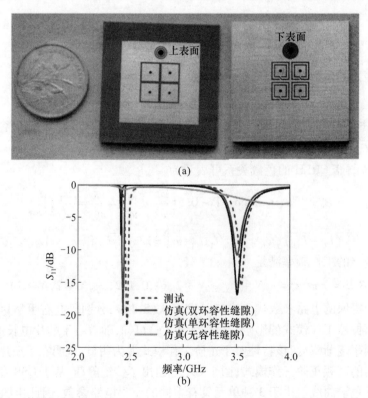

图 5.41　加工样品天线的实物图和回波损耗仿真与测试曲线

（a）加工样品天线俯视图；（b）不同馈电模式天线回波损耗曲线。

为了在两个频段同时实现良好匹配,采用 3 种不同馈电方式时天线的回波损耗曲线如图 5.41(b)所示。可以看出,采用容性双环槽补偿技术的天线在两个频段回波损耗均优于 18dB,而采用单环槽进行补偿的天线低频匹配较差,不采用匹配技术的天线在两个频率均未实现有效谐振。这里,容性双环可以等效为并联电容,有效的抵消了贴片天线的感性效应,实现了两个频段的良好匹配。同时可以看出,样品天线的仿真和测试 S 参数吻合良好,频率 f_0 和 f_1 处天线 10dB 阻抗带宽分别为 35MHz(1.46%)和 60MHz(1.71%)。

图 5.42 给出了基于 CSR 的蘑菇二维 CRLH 双频天线在不同工作模式两个主辐射方向图,仿真和测试结果的一致性验证了设计的合理性。$n = 0$ 时,天线呈现单极子式方向图,在 xoy 面实现了全向辐射。当 $\theta = -50°$ 和 140° 时,天线 E 面交叉极化电平达到最大为 -19.3dB,而 $\varphi = 90°$ 和 270° 时,H 面交叉极化达到最大值 -11dB。$n = +1$ 时,天线呈现贴片式方向图,E 面和 H 面交叉极化电平分别在 $\theta = -140°$ 和 $\theta = 50°$ 达到最大值 -24.5dB 和 -19.5dB。两种模式下天线辐射增益均比较可观,分别达到了 2.45dB 和 7.65dB,且辐射效率分别为 64.3% 和 93.1%。

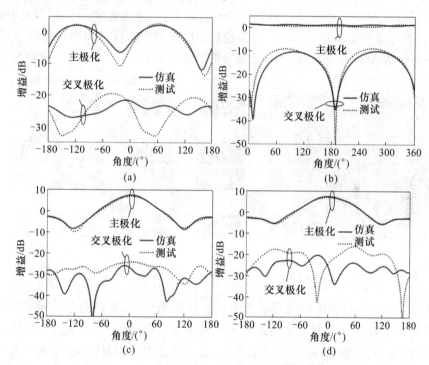

图 5.42　基于 CSR 的二维蘑菇双频天线不同模式仿真和测试方向图
$f_0 = 2.4$GHz 时(a)E 面和(b)H 面仿真和测试方向图;$f_1 = 3.5$ GHz 时(c)E 面和(d)H 面仿真和测试方向图。

5.5　分形蘑菇二维 CRLH TL 的高阶模式抑制机理与高极化纯度天线

前面探讨了基于 CSR 的蘑菇二维 CRLH TL 理论与双频双模天线应用,但 CSR 刻蚀在地板上,会引起天线的背向辐射。同时,局域化的电流通过金属化过孔时会产生额外的损耗,降低了天线的增益,而且一些不期望的寄生模式极大地增加了天线的交叉极化电平,严重恶化了天线的辐射特性。虽然研究人员已提出多种技术来抑制天线交叉极化,但以往部分天线剖面高、尺寸大、馈电网络复杂、制作成本高,同时部分方法会影响天线的主模输入阻抗和主极化辐射方向图,最重要的是以往天线都集中于单频交叉极化抑制且尚未有采用异向介质降低天线交叉极化的报道,因此探索和开发能在多个频段内抑制天线交叉极化的新方法具有重要的现实意义。本节基于二维 CRLH TL 理论提出了基于分形几何设计二维 CRLH TL 的思想,首次探讨了分形蘑菇结构在抑制寄生模式和多个频段抑制天线交叉极化辐射的工作机制和应用[165]。

5.5.1　CRLH 单元与模式分析

图 5.43 给出了设计二维蘑菇 CRLH 天线时上层贴片所采用的基本结构,一个 2×2 的方形贴片阵列被设计成不同迭代次数(IO)的 Koch 岛阵列,其中 IO = 0 表示传统方形贴片阵列。第一次迭代过程中(IO = 1),每个方形贴片四条边的中心分别挖去大小为 $a_0 \times b_0$ 的方形贴片,而第二次迭代过程中(IO = 2),每个新边的中心再分别挖去大小为 $a_1 \times b_1$ 的方形贴片,这样就形成了蜿蜒的分形边界。由于两次迭代过程中迭代因子不同,因此这里分形蘑菇结构的生成过程是一个准分形过程。

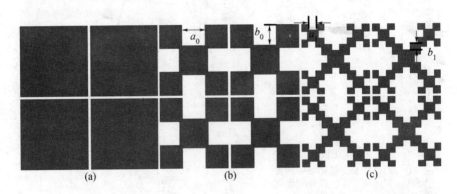

图 5.43　不同 IO 情形下的 2×2 Koch 岛阵列:IO = 0(a),IO = 1(b)和 IO = 2(c)

如图 5.44 所示,CRLH 单元为基于不同迭代次数的 Koch 岛分形蘑菇结构。为揭示分形蘑菇 CRLH 单元抑制寄生模式和天线交叉极化辐射的规律与工作机理,这里系统研究了两种具有不同 IO 的 CRLH 单元:一是单层蘑菇 CRLH 单元,包括上层方形贴片、带金属背板的 Roger/Duroid 6010 介质板和打穿介质板的金属化过孔,其中介质板参数为 $\varepsilon_r = 10.2$、$h = 1.27mm$、$\tan\delta = 0.0023$;二是双层蘑菇 CRLH 单元,金属化过孔打穿双层介质且在两介质板之间还有一层刻蚀对角槽的方形贴片,上层介质板采用微波复合介质,其 $\varepsilon_{r1} = 9.6$、$h_1 = 4mm$、$\tan\delta_1 = 0.001$,下层介质板采用 F4B 介质板,其 $\varepsilon_{r2} = 2.65$、$h_2 = 6mm$、$\tan\delta_2 = 0.001$。所有情形下单元物理参数完全相同,中层贴片大小与单元周期相同,而上层贴片则比单元周期略小,这样就形成了相邻单元之间的容性缝隙。由于分形蘑菇单元具有四重旋转对称性,由这些单元周期排列构成的 CRLH TL 在水平面内具有各向同性。

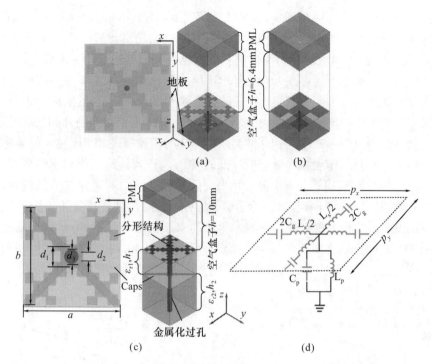

图 5.44　不同 IO 情形的分形蘑菇 CRLH 单元、仿真设置和等效电路

（a）IO = 2、（b）IO = 1 时单层蘑菇单元；（c）IO = 2 时双层蘑菇单元；（d）等效电路。

单元物理参数为（单位：mm）$a = 5, b = 4.8, d_1 = 1.6, d_2 = 1.03,$

$a_0 \times b_0 = 1.6 \times 1.4, a_1 \times b_1 = 0.53 \times 0.41$。单层、双层情形下 $d_3 = 0.24$ 和 0.6。

等效电路中，C_g 包含相邻蘑菇单元之间形成的缝隙电容和双层蘑菇单元通过中层贴片与上层贴片形成的平板电容，L_p 等效为电流经过金属化过孔产生的感性效应，C_p 代表贴片和地板之间形成的右手电容，L_s 代表电流经过贴片产生的右手寄生电感。与单层蘑菇单元相比，双层蘑菇单元中平板电容的作用使 C_g 显著增加，因此通过合理设计，左手频段与右手频段之间的阻带间隙可以减小甚至最终消除，而且 ε_{r1}、ε_{r2}、h_1 和 h_2 可任意选择，具有很好的设计自由度，但为获得较大的 C_g，一般选择 $h_1 < h_2$。

当蘑菇单元受轴向电场激励时会产生流经金属化过孔的感应电流，这时磁场会环绕过孔，产生的复合左右手效应在频率低端、高端分别提供 LH 主模和 RH 主模，对应于等效电路中的左手和右手传输特性。但是当没有磁场环绕金属化过孔也即没有流经金属化过孔的电流时，非传输方向的磁场将会激励相邻单元产生互耦，支持 TE 寄生模式传播，不对应色散曲线中的任何本征模式。当贴片尺寸固定时，3 种模式的传输均随蘑菇结构周期减小而加强，因此蘑菇结构用于天线设计时会带来两个相互矛盾的问题：一是单元周期越大，减小的缝隙电容导致左手特性不强和左手带宽不宽；二是单元周期越小，相邻单元间的磁耦合越强，导致 TE 寄生模式加强，而寄生模式产生的辐射与主模辐射正交，因此天线的交叉极化电平会明显增强。双层分形蘑菇单元可以同时解决以上两个问题：一是中层贴片与上层贴片形成的平板电容极大地增加了左手电容，克服了缝隙电容过小的缺点；二是 Koch 岛的弯曲分形边界缩短相邻单元交界面的长度，显著减小了单元的耦合，从而有效抑制了 TE 寄生模式。

为验证分形蘑菇单元抑制 TE 模式的工作机理,采用 HFSS 对上述单层和双层 CRLH 单元进行本征模仿真,计算其全布里渊区域的色散曲线,仿真设置同 5.1.1 节基于 CSRR 加载的 CRLH 单元,为缩短设计周期这里双层蘑菇单元只给出了 $\Gamma - X$ 段色散曲线。如图 5.45 所示,所有情形下均存在 LH 模式、RH 模式和位于两者之间的 TE 寄生模式。单层情形下,当 IO 从 0 增加到 1 时,TE 模式的工作频率显著降低,色散响应近于平坦,工作频段仅局限于一个极窄的频谱范围内,表明 TE 寄生模式几乎被抑制,同时 RH 模式的工作频率和频谱范围也明显减小,当 IO 继续增加至 2 时,TE 模式和 RH 模式的频率和频谱范围变化趋于饱和且工作频率略微有所降低,而相反 LH 模式的工作频率略微有所升高。双层情形下,高频处 TE 模式与 RH 模式几乎交叠的色散证明两者存在强烈耦合,而当分形结构引入时,TE 模式与 RH 模式完全分开,表明两者耦合显著减弱,同时 TE 模式也被有效抑制而 RH 模式几乎没有受到影响。单层和双层情形均证实 Koch 岛蘑菇结构能极大地抑制 TE 寄生模式,尤其以单层分形蘑菇单元更为显著,同时 LH 模式均略微向高频移动。不同之处在于,单层情形下分形虽然能够抑制 TE 寄生模式,但 RH 模式也被抑制,这对于多频天线设计非常不利。

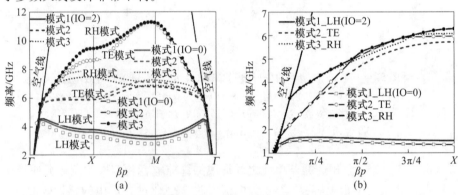

图 5.45 不同 IO 情形下 CRLH 单元的本征模色散曲线

(a) 单层;(b) 双层。

为进一步验证上述结论,这里给出了 TE 模式下单层和双层蘑菇 CRLH 单元贴片上的电场幅度分布。如图 5.46 所示,所有情形下贴片边缘电场均存在明显的局域化,但分形蘑菇单元的边缘电场幅度显著减弱,说明相邻单元之间的互耦得到明显抑制,而且单层蘑菇单元贴片的电场强度比双层情形更强,解释了其随分形扰动更加敏感的色散曲线。RH 模式随 IO 增加逐步向低频移动是由于蜿蜒边界显著增加了电流路径,然而减小的缝隙电容、平板电容和单元互耦抵消了电流路径的延长效应,解释了 LH 模式随 IO 增加的高频偏移。

5.5.2 天线设计与实验

基于前面的分析,下面选择 IO = 1 和 IO = 2 的双层分形蘑菇单元设计多频高极化纯度 CRLH 天线。由于 LH、RH 模式为主模贡献主极化辐射,而 TE 寄生模式与 LH、RH 模式正交贡献交叉辐射,因此分形蘑菇 CRLH TL 由于很强的 TE 模抑制功能可以在多个频段抑制天线的交叉极化。如图 5.47 所示,天线仍采用 5.2 节的复合谐振器拓扑结构,由

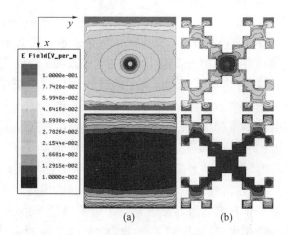

图 5.46　TE 模式下单层(上排)和双层(下排)蘑菇单元的电场分布

(a) IO = 0;(b) IO = 2。

中心 2×2 双层分形蘑菇 CRLH 阵列和四周方形贴片组成,因此分形蘑菇 CRLH 天线具有类似的多频设计方法。为便于比较,对相同条件下的传统双层蘑菇 CRLH 天线(IO = 0)也进行了仿真和测试。

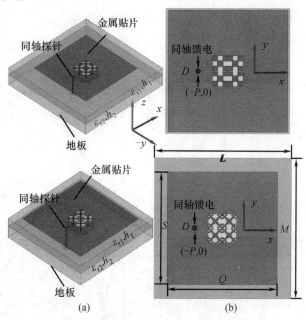

图 5.47　双层蘑菇 CRLH 天线的拓扑结构

(a) 全视图;(b) 俯视图。

第一行:IO = 1,第二行:IO = 2。

天线的物理参数:$P = 10\text{mm}$,$L = M = 60\text{mm}$,$Q = S = 40\text{mm}$ 和 $D = 1\text{mm}$。

根据式(4.8)和式(4.9)可知天线具有 $n = -1$、$n = 0$ 和 $n = +1$ 第 3 个本征辐射模式,分别对应于 f_{-1}、f_0 和 f_{+1} 3 个工作频率,其中 $n = -1$ 和 $n = 0$ 阶谐振分别落在 LH 色散曲线上,而 $n = +1$ 阶谐振落在 RH 色散曲线上。由于右手贴片的影响,天线的 LH、RH 色散频谱范围不同于蘑菇 CRLH 单元的本征色散频谱范围,但仍对应于本征分析的工作模式,且抑制 TE 寄生模式的特性对 CRLH 天线同样有效。通过合理设计和调节 CRLH 部分与右手贴片的比例可以任意调控天线的工作频率 f_{-1}、f_0 和 f_{+1}。

如图 5.48(a)所示,3 种情形下双层蘑菇 CRLH 天线均可以至少观察到 3 个反射零点,分别对应于 3 个本征频率 $f_{-1} = 1.5 \mathrm{GHz}$、$f_0 = 2.96 \mathrm{GHz}$ 和 $f_{+1} = 3.7 \mathrm{GHz}$,且所有模式下的回波损耗 $|S_{11}|$ 均优于 10dB,验证了设计的有效性,这些模式将从图 5.49 的场分布得到验证。当 IO 从 0 增加到 2 时,反射零点频率和幅度除了 f_{+1} 向低频发生微小偏移外几乎保持不变,表明分形扰动对天线主模的输入阻抗影响很小。f_{-1} 和 f_0 随 IO 几乎不变是由于右手贴片的存在减弱了 CRLH 部分和分形结构对左手模式的影响,而 f_{+1} 随 IO 的低频移动是由于分形蜿蜒边界显著延长了电流路径。由于 f_0 和 f_{+1} 之间的过渡模式以及 f_{+1} 之后的高阶模式不是我们关注的焦点,这里不对其进行讨论。图 5.48(b) ~ (d)的结果表明分形扰动使 CRLH 天线在 3 个工作频率处的交叉极化电平得到显著抑制,极大地提高了天线的主极化纯度,与 IO = 0 时的传统蘑菇 CRLH 天线相比,IO = 2 时的 CRLH 天线在 f_{-1} 处峰值辐射方向上的交叉极化减小了 22.7dB,而 f_0 和 f_{+1} 处交叉极化电平分别减小了 7.7dB 和 17.2dB,同时 f_{-1} 和 f_{+1} 处分形蘑菇 CRLH 天线的主极化方向图副瓣还得到了不同程度的抑制,除此之外天线在所有频率下的主极化方向图几乎不随 IO 变化。

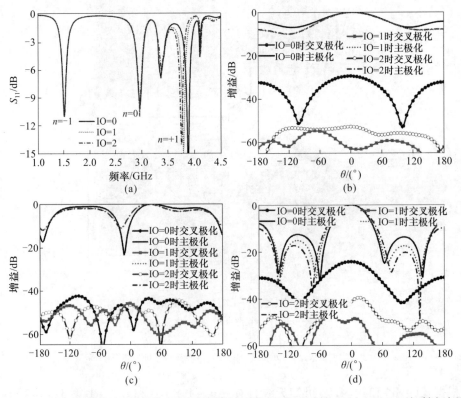

图 5.48　不同 IO 情形下双层蘑菇 CRLH 天线的(a)仿真回波损耗与(b) ~ (d)E 面辐射方向图
(b) $f_{-1} = 1.5 \mathrm{GHz}$;(c) $f_0 = 2.96 \mathrm{GHz}$;(d) $f_{+1} = 3.7 \mathrm{GHz}$。

如图 5.49 所示, $f_0 = 2.96\text{GHz}$ 处可以明显观察到天线一致的电场分布, 表明该模式下波长无限大, 对应于零阶谐振, 而在 $f_{-1} = 1.5\text{GHz}$ 和 $f_{+1} = 3.7\text{GHz}$ 处电场分布存在 $180°$ 相位差, 对应于半波谐振, 因此天线在 2.96GHz 呈现单极子式辐射方向图而在 1.5GHz 和 3.7GHz 呈现贴片式方向图, 同时还可以看出 CRLH 天线在 f_{-1}、f_0 和 f_{+1} 处的增益分别达到了 6.06dB、4.01dB 和 7.5dB。

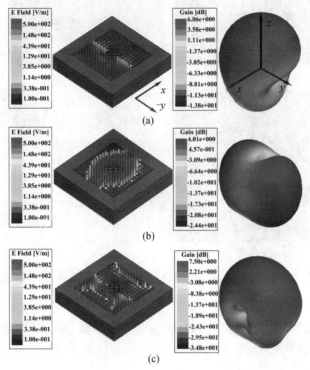

图 5.49　IO = 2 时双层蘑菇 CRLH 天线在 $f_{-1} = 1.5\text{GHz}$、$f_0 = 2.96\text{GHz}$ 和
$f_{+1} = 3.7\text{GHz}$ 处的电场分布(左列)和三维辐射方向图(右列)
(a) $f_{-1} = 1.5\text{GHz}$; (b) $f_0 = 2.96\text{GHz}$; (c) $f_{+1} = 3.7\text{GHz}$。

为验证分形蘑菇结构对 CRLH 天线交叉极化的抑制特性, 对 IO = 2 和 IO = 0 时的双层蘑菇 CRLH 天线进行加工和测试。为避免中层方形贴片与上层贴片在组装过程中发生易位, 将它们刻蚀于同一介质板的两侧, 如图 5.50 所示, 天线尺寸为 $60 \times 60 \times 10 \text{ mm}^3$, f_0 处的电尺寸 $0.59\lambda_0 \times 0.59\lambda_0 \times 0.1\lambda_0$。还可以看出, 两种情形下 CRLH 天线的仿真与测试回波损耗均吻合得非常好, 三个工作频率处天线的回波损耗均优于 10dB, 仿真与测试结果中的微小差异主要由介质板中间的空气间隙引起, 测试结果进一步验证了分形扰动不会影响 CRLH 天线主模的输入阻抗和匹配。

图 5.51 给出了 IO = 0 和 IO = 2 时蘑菇 CRLH 天线的 E 面测试方向图, 可以看出双层蘑菇 CRLH 天线在 f_0、f_{-1} 和 f_{+1} 处分别呈现了单极子式和贴片式辐射方向图, 这与仿真结果完全一致。测试结果表明, 与传统蘑菇 CRLH 天线相比, IO = 2 时分形蘑菇 CRLH 天线在 3 个工作频率处的交叉极化均得到了显著抑制, 峰值辐射方向上的抑制电平分别达到了 12.5dB、10.6dB 和 12.3dB, 且交叉极化电平均小于 -29.8dB, 表明天线的极化纯度得到了显著提高, 而主极化辐射特性如方向性和增益几乎保持不变, 维持在 5.7dB、3.9dB

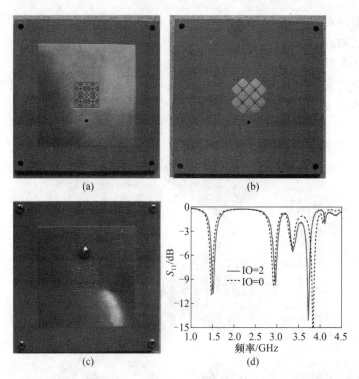

图 5.50　IO = 2 时双层分形蘑菇 CRLH 天线的实物和测试回波损耗
（a）～（c）实物；（d）回波损耗。

和 7.4dB。与以往交叉极化抑制方法相比,本书方法简单、天线结构紧凑、无需复杂馈电
网络、交叉极化抑制明显且首次同时实现了多个频段内的天线交叉极化抑制。

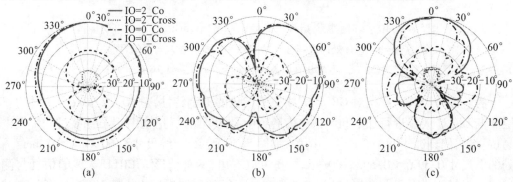

图 5.51　双层蘑菇天线的 E 面测试归一化方向图
（a）f_{-1} = 1.52GHz；（b）f_0 = 3GHz；（c）f_{+1} = 3.75GHz。

第 6 章 空间电磁超表面设计及多频电磁波操控应用研究

本章将介绍关于空间电磁超表面[306]设计及其在多频电磁波操控方面的应用,主要包括紧凑型异向介质单元的多频工作机制与设计方法[49]、多频空间电磁超表面设计、基于电磁波传输和反射操控的三频吸波器[217]、基于极化转换操控的双频圆极化器[255]与二极管式非对称传输频谱滤波器[254]等。与第 5 章介绍的具有左手特性的二维 CRLH TL 不同,本章空间电磁超表面以电磁波与物质结构之间的相互作用或碰撞产生的复杂电磁响应为工作基础,其中二维紧凑型异向介质单元设计为三维异向介质设计提供方法基础。

6.1 紧凑型异向介质单元的多频机制与设计方法

受分形几何的空间填充特性和自相似性启发,本节讨论一类具有结构紧凑的异向介质单元设计和多模工作机制[49]。根据其实现原理,异向介质单元的多频技术可以分为 3 类:第一类是将工作于不同频率的一种或多种子单元进行简单组合形成复合单元,这类多频单元实现方式简单、直观,但单元尺寸往往较大;第二类通过异向介质单元的多个局部自谐振回路形成的多个自相似工作模式实现,其中局部谐振回路与整体回路具有自相似性;第三类为异向介质单元的多模谐振技术,这类单元设计一般较复杂,但往往具有最紧凑的单元尺寸。

对于第一类多频单元:首先,根据工作频率单独对各子单元进行初步设计;其次,由于不同单元之间的相互作用需要对复合单元进行精确设计和综合优化。对于第二类多频单元:首先深入挖掘其多频工作机制,根据场分布分析准确定位各个工作频率对应的谐振回路,必要时对每个谐振回路提取等效电路并根据传输线理论进行定量分析,确定其谐振频率;然后根据频比关系设计局部回路与整体单元的尺寸比例关系,反之可以通过控制局部与整体单元的比例关系实现对多模频比的任意操控。对于第三类多频单元:首先基于本征模分析得到紧凑型单元的色散曲线,通过色散分析确定其可能存在的工作模式;然后对单元进行参数扫描分析,综合不同物理参数对工作模式的影响规律最终实现对各个模式的独立调控。

下面以第二类多频单元为例,设计了一种具有 3 个磁谐振频率的左手异向介质单元。如图 6.1 所示,单元由介质板以及两侧的 SRR 对组成,其中 SRR 由 3 个开口相同但尺寸逐渐减小的同心方环组成。介质板为 RT/duroid,其 $\varepsilon_r = 10.2$, $h = 0.635\text{mm}$, $\tan\delta = 0.001$,铜箔厚度 $t = 0.018\text{mm}$,电导率 $\sigma = 5.8 \times 10^7\text{S/m}$。HFSS 仿真中,左手单元受 y 轴极化 z 轴入射的横电磁波(TEM 波)垂直照射,横向 xoy 面的 4 个边界分配周期边界条件,而纵向上的两个边界设置为 Floquet 端口。介质板两侧的 SRR 对结构受磁场激发产生的反向电流与介质板中间的位移电流将形成 yoz 面内的磁谐振闭合回路。如图 6.2 所示，在 $f_1 = 5.33\text{GHz}$、$f_2 = 7.52\text{GHz}$ 和 $f_3 = 9.99\text{GHz}$ 三个频率附近可以明显看到 3 个通带，且 3 个频率处的回波损耗均优于 10dB，表明左手单元与自由空间形成了良好的阻抗匹配，同时还可以看出左手单元在上述 3 个频率附近出现了 3 个磁谐振，分别对应于 3 个环的谐振响应。由于单元的多频左手特性不是本书重点，因此这里未给出等效介电常数和折射率的提取结果。

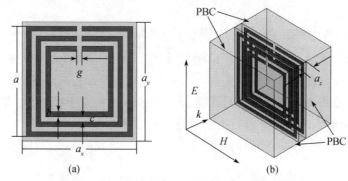

图 6.1 基于三环 SRR 对的多频左手异向介质单元

（a）正视图；（b）全视图。

单元的物理参数：$a = 5.28\text{mm}, b = 0.24\text{mm}, c = 0.24\text{mm},$

$g = 0.24\text{mm}, a_x \times a_y \times a_z = 5.68\text{mm} \times 5.68\text{mm} \times 0.635\text{mm}$。

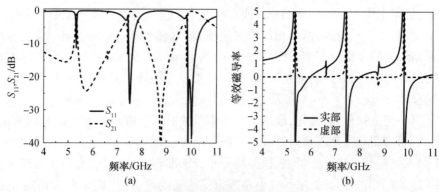

图 6.2 多频左手单元的真 S 参数

（a）和提取等效磁导率（b）

如图 6.3 所示，可以明显看出 f_1 附近磁场强度在 SRR 的外环上最强，f_2 附近中环上最强而 f_3 附近内环上最强，验证了 3 个大小不同的环分别产生 3 个不同频率磁谐振的结论。下面基于等效电路来定量计算各个磁谐振频率，采用 L_{mn} 和 C_{mn} 分别代表第 n 个谐振环路的互感以及等效电容，其中 L_{mn} 为[307]

$$L_{mn} = C_n \frac{\mu_0}{2} \left(\frac{2a_z a_n}{b} + \frac{2a_z a_n}{b} \right) = 2C_n \frac{a_z a_n \mu_0}{b} \tag{6.1}$$

式中：a_n 分别为 $a_1 = a, a_2 = a - 2b - 2c$ 和 $a_3 = a - 4b - 4c$。

C_{mn} 可以通过平板电容公式计算，即

$$C_{mn} = D_n \varepsilon b (4a_n - g)/a_z \tag{6.2}$$

式中：C_n，D_n 分别为考虑相邻单元间耦合后第 n 个谐振环路的电感和电容修正因子，则磁谐振频率可以计算为

$$f_n = \frac{1}{2\pi} \sqrt{2L_{mn} \cdot C_{mn}/2} \tag{6.3}$$

当 $C_1 D_1 = 0.035$ 时，可计算 $f_1 \approx 3 \times 10^8/2\pi \sqrt{2 \times 0.035 \times 10.2 \times 5.28 \times 20.88 \times 10^{-6}} \approx 5.38\text{GHz}$，当 $C_2 D_2 = 0.027$ 时，可计算 $f_2 \approx 7.5\text{GHz}$ 和 $f_3 \approx 9.85\text{GHz}$，电路理论计算与全波仿真得到的谐振频率完全吻合，验证了等效电路分析的正确性和设计方法的可行性。

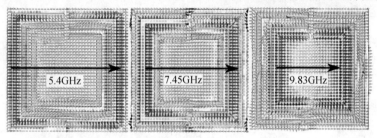

图 6.3　不同频率处多频左手单元在 xoy 面内的仿真磁场分布

6.2　宽角度极化不敏感三频吸波器设计与验证

电磁隐身是当前的研究热点，根据隐身途径和机制，异向介质隐身可以分为三类。一类是基于散射对消或光学变换理论的隐身衣[110-118]，将在 9.1 节重点介绍；另一类是基于电、磁谐振吸收的吸波器[214-220]，见 1.2.2 节；还有一类是基于人工电磁材料参数随机分布实现的电磁波非定向散射二维随机表面[307-309]，本节将对吸波隐身展开研究[217]。虽然异向介质吸波器已经取得了很大进展，但绝大多数吸波器仅限于单频或双频工作，且仍未有关于传输线理论的多频吸波物理机制和分析的报道，而且现有的双频和多频方案均基于不同类型单元或不同尺寸单元的简单组合，如 6.1 节所讨论，这类多频方案单元尺寸一般较大，有的甚至达不到等效媒质理论的最低要求。本节在多频紧凑型异向介质单元设计方法的基础上提出了一种多频吸波方案并基于传输线理论率先建立了多频吸波分析方法。

6.2.1　基于传输线理论的多频吸波分析方法

本书基于分形、蜿蜒以及加载分布电抗元件等复合方法并通过优化布局提出了一种设计紧凑型异向介质单元的新方案。如图 6.4 所示，异向介质单元由中间介质板层、上层复合金属结构以及金属背板组成，其中复合结构包括二阶 Sierpinski 分形环（自感 $4L_s$）、交指结构（电容 C_i）以及用于连接相邻单元的蜿蜒线臂（电感 L_m）组成。交指结构的加载在有限区域极大地增加了谐振回路的电容，而分形金属环和蜿蜒臂有效增加了电感，因此整个单元的谐振频率将得到有效降低，同时分形环被嵌入的交指电容阻断，形成了 4 个子环，每个子环的自感为 L_s。

工作时，异向介质单元受 x 轴极化的横电磁波垂直照射，通过在 xoy 面内对单元进行无

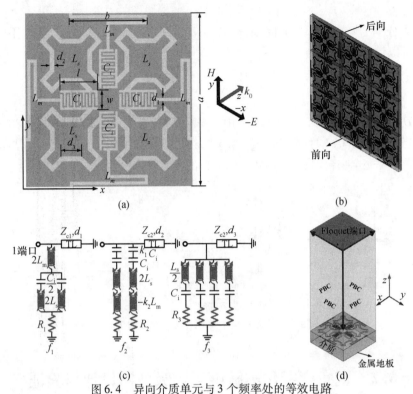

图 6.4　异向介质单元与 3 个频率处的等效电路

（a）正视图；（b）电磁波激励示意图；（c）等效电路；

（d）HFSS 仿真设置。

单元的物理参数：$a = 10.6\,\text{mm}$，$b = 5\,\text{mm}$，$l = 2.4\,\text{mm}$，$w = 1.2\,\text{mm}$，$d_1 = 0.2\,\text{mm}$，

$d_2 = 0.3\,\text{mm}$，$d_3 = 1.32\,\text{mm}$ 以及蜿蜒臂的长度为 $L = 9.2\,\text{mm}$。

限周期延拓,可以获得无限大吸波超表面。电场将驱动沿 x 方向的交指结构、Sierpinski 分形环以及蜿蜒线臂产生电谐振,并形成多个 LC 局部谐振回路,而 y 方向的磁场将激励该单元产生感应电流,形成金属背板与上层复合结构的多个局部磁谐振闭合回路。上述电谐振和磁谐振消耗吸收了大部分电磁波能量,对吸波器的吸收率起主要贡献。由于分形环和交指结构在 xoy 面内具有四重旋转对称性,而蜿蜒臂具有镜像对称性,因此新型异向介质单元支持双极化。这里蜿蜒臂的四重旋转对称性和镜像对称性不能同时实现,且四重旋转对称性会使相邻单元不能物理连接,降低了谐振回路电感,从而升高了谐振频率。

　　吸收率 $A(\omega)$ 可以通过反射系数 $R(\omega) = |S_{11}|^2$ 和传输系数 $T(\omega) = |S_{21}|^2$ 计算,即

$$A(\omega) = 1 - T(\omega) - R(\omega) \tag{6.4}$$

　　式(6.4)表明设计"完美"吸波器的关键是让 $R(\omega)$ 和 $T(\omega)$ 在工作频率处满足 $T(\omega) \to 0$ 且 $R(\omega) \to 0$。通过对单元进行精心设计可以实现对电、磁谐振和等效电磁参数的任意操控,使得复阻抗 $z_{\text{eff}} = z'_{\text{eff}} + \mathrm{j} z''_{\text{eff}} = \sqrt{\mu_{\text{eff}}/\varepsilon_{\text{eff}}}$ 和折射率 $n_{\text{eff}} = n'_{\text{eff}} + \mathrm{j} n''_{\text{eff}} = \sqrt{\mu_{\text{eff}}\varepsilon_{\text{eff}}}$ 满足 $z'_{\text{eff}} = 1$ 和 $n''_{\text{eff}} \to \infty$,这样一方面实现了单元与自由空间的完美匹配,另一方面入射电磁波的电场分量和磁场分量完全被电谐振和磁谐振消耗吸收,因此对于异向介质吸波器,电谐振和磁谐振直接决定了吸收率。

　　如图 6.4(c)所示,吸波器在 3 个谐振频率处的谐振效应分别由 3 个电路模型等效。

由于金属背板的作用，$T(\omega) \to 0$，因此吸波器可以等效为一个单端口网络且吸收率完全取决于反射系数。第 i 个谐振频率 f_i 处介质板的传输效应和局部磁谐振效应由阻抗为 Z_{ci}，电长度为 d_i 的传输线（TL）等效，电阻 R_i 等效为谐振损耗，而金属背板则通过接地等效。由于电谐振频率 f_1 和 f_2 处复合结构上下区域可以等效为两个完全相同的并联支路，为便于分析下面只对上半区域进行讨论。

在 f_1 处，x 方向上蜿蜒臂、两端和中间交指以及两个子环参与电谐振，因此 f_1 可计算为

$$f_1 = 1/2\pi \sqrt{(2L_m + L_s) \times C_i} \tag{6.5}$$

在 f_2 处，中间交指以及两个子环参与电谐振，由于 x 方向左蜿蜒臂与分形环通过交指耦合连接，因此存在边缘容性效应 $k_1 C_i$，同时右边蜿蜒臂与分形环通过交指边缘线物理连接，且蜿蜒臂与分形环上的电流方向相反，见图 6.11，因此存在边缘电感效应 $-k_2 L_m$，这里 k_1 和 k_2 分别为电容和电感耦合系数且有 $0 < k_1, k_2 < 1$。因此，考虑边缘电感和电容效应后 f_2 可以计算为

$$f_2 = 1/2\pi \sqrt{k_1 C_i/(k_1 + 1) \times (2L_s - k_2 L_m)} \tag{6.6}$$

在 f_3 处，半个子环和中间交指形成了局部谐振，因此其谐振频率可以计算为

$$f_3 = 1/2\pi \sqrt{L_s/2 \times C_i} = 1/2\pi \sqrt{L_s C_i/2} \tag{6.7}$$

为了实现对单元阻抗和谐振频率的调控，下面基于传输线理论推导了不同谐振频率处吸波器传输矩阵的计算公式。从传输线理论出发，异向介质单元的电谐振效应和等效 TL 的传输效应可通过 $ABCD$ 矩阵分别表示为

$$\begin{bmatrix} A_{\text{front}} & B_{\text{front}} \\ C_{\text{front}} & d_{\text{front}} \end{bmatrix} = \begin{bmatrix} 1 & 0 \\ 1/Z_{yi} & 1 \end{bmatrix} \tag{6.8}$$

$$\begin{bmatrix} A_{\text{EqTL}} & B_{\text{EqTL}} \\ C_{\text{EqTL}} & D_{\text{EqTL}} \end{bmatrix} = \begin{bmatrix} \cos(kd_i) & jZ_{ci}\sin(kd_i) \\ j\sin(kd_i)/Z_{ci} & \cos(kd_i) \end{bmatrix} \tag{6.9}$$

式中：k 为 TEM 波的等效波矢；Z_{yi} 为谐振频率 f_i 处的并联支路阻抗，可以计算为

$$Z_{y1} = 2j\omega L_m + 1/j\omega C_i + j\omega L_s + R_1 \tag{6.10}$$

$$Z_{y2} = \frac{k_1 + 1}{2j\omega k_1 C_i} + j\omega(2L_s - k_2 L_m)/2 + R_2/2 \tag{6.11}$$

$$Z_{y3} = j\omega L_s/8 + 1/4j\omega C_i + R_3/4 \tag{6.12}$$

联立式（6.8）和式（6.9）可得整个单元的 $ABCD$ 矩阵为

$$\begin{bmatrix} A & B \\ C & D \end{bmatrix} = \begin{bmatrix} A_{\text{front}} & B_{\text{front}} \\ C_{\text{front}} & D_{\text{front}} \end{bmatrix} \begin{bmatrix} A_{\text{EqTL}} & B_{\text{EqTL}} \\ C_{\text{EqTL}} & D_{\text{EqTL}} \end{bmatrix} =$$
$$\begin{bmatrix} \cos(kd_i) & jZ_{ci}\sin(kd_i) \\ \cos(kd_i)Z_{yj} + j\sin(kd_i)/Z_{ci} & jZ_{cj}\sin(kd_i)/Z_{yi} + \cos(kd_i) \end{bmatrix} \tag{6.13}$$

将式（6.10）～式（6.12）代入式（6.13）可得各谐振频率处的 $ABCD$ 矩阵，而通过 $ABCD$ 矩阵与散射矩阵的转换最终可得单元的 S 参数，后面将通过电路仿真对传输线理论进行验证。这里单端口的等效波阻抗可以通过回波损耗 S_{11} 进行计算。

$$Z_{\text{eff}} = Z'_{\text{eff}} + jZ''_{\text{eff}} = \sqrt{(1 + S_{11})^2/(1 - S_{11})^2} \tag{6.14}$$

6.2.2 多频吸波器设计与实验

前面基于传输线理论的多频吸波分析为谐振频率的调控提供了方法和准则,首先通过对 k_1 和 k_2 的调控可以实现对 f_2 的单独操控,而通过对蜿蜒臂与分形环长度比例的调控可以实现具有任意频比的多频吸波器,其次对等效电路中 R、L 和 C 的调控还可以实现对等效电磁参数的操控从而获得吸波器与自由空间的阻抗匹配和"完美"吸收,而对 R、L 和 C 的调控最终可通过相应复合结构的物理参数、介质板厚度和介电常数的调谐来实现。这里单元的设计流程与 3.1.1 节谐振 CRLH 单元类似。为了对上述理论分析进行验证,采用 HFSS 对设计的吸波单元进行全波仿真,仿真设置如图 6.4(d) 所示,其中 xoy 面的 4 个边界被设置成周期边界,而 z 方向的一个边界被设置成 Floquet 端口。介质板采用 F4B 板,其参数为 $\varepsilon_r = 2.65, h = 3\text{mm}, \tan\delta = 0.002, t = 0.036\text{mm}, \sigma = 5.8 \times 10^7 \text{S/m}$。

如图 6.5 和图 6.6 所示,吸波器在 $f_1 = 2.09\text{GHz}$、$f_2 = 6.53\text{GHz}$ 和 $f_3 = 10.3\text{GHz}$ 处明显存在 3 个吸收峰,吸收率分别达到 0.94、0.92 和 0.923,当采用高损耗的介质板时,吸波器具有更高的吸收率。还可以看出吸波器的相位在吸收峰处发生了 180° 突变,表明在 f_1、f_2 和 f_3 附近发生了明显的谐振,同时 3 个频率附近吸波器的反射相位为零且 $Z''_{\text{eff}} \to 0$,表明吸波器类似于"完美"磁导体发生了同相全反射,即明显存在多频磁谐振响应。而在 f_1、f_2 和 f_3 处等效波阻抗的实部 $Z'_{\text{eff}} \to 1$,表明吸波器与自由空间获得了很好的阻抗匹配。第三个吸收峰附近出现的小吸收峰是由于异向介质单元的寄生谐振引起,将在后面详细讨论。进一步观察表明当单元没有蜿蜒臂时,吸波器在 f_2 和 f_3 处明显存在两个吸收峰,且 f_2 向低频发生了偏移,证明单元两端的蜿蜒臂只参与 f_1 处的谐振而对 f_3 没有影响,因此调节蜿蜒臂的长度可以对 f_1 进行单独调控。这里 f_2 的低频偏移是由于蜿蜒臂的边缘电感效应得到了消除,使得谐振电路的总电感增大,同时还可以看出蜿蜒臂对吸波器 3 个频率处的输入阻抗影响非常大,尤其是 f_3 处的阻抗。

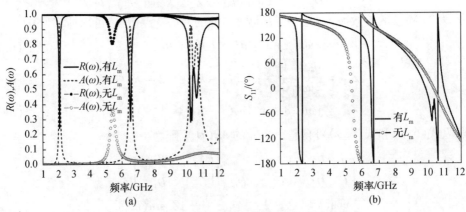

图 6.5 有无蜿蜒臂时多频吸波器的仿真频谱响应

(a) 幅度曲线;(b) 相位曲线。

如图 6.7 所示,可以看出 TE 波和 TM 波两种情形下 f_1 处的反射率系数均小于 0.25,而且当入射角 θ 从 0° 变化到 60° 时反射率系数几乎保持不变,而 f_2 和 f_3 处反射系数随 θ 的增大在谐振频率附近出现了额外的反射零点(波纹起伏),这里 θ 定义为入射波矢与 z 方向的夹角。由于整个复合结构参与了基模谐振,见图 6.11,因此在 f_1 附近没有观察到任

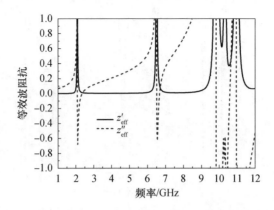

图 6.6 多频吸波器的等效波阻抗

何寄生谐振,而 f_2 和 f_3 处由于只有某些局部区域参与谐振,因此其他区域子环和交指的组合均可能会产生相当频率的寄生谐振,同时单元的寄生谐振和交指的高阶谐振随 θ 的增大而急剧增强,解释了 f_2 和 f_3 处观察到的波纹起伏。尽管如此,两种情形下无论 θ 怎样变化吸波器在 f_2 和 f_3 处均存在谐振,且反射系数均小于 0.4,即吸波率优于 84%。

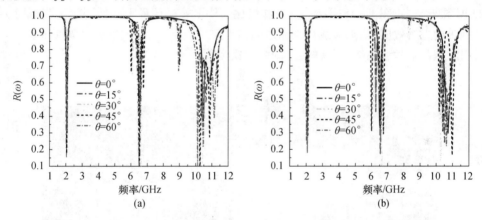

图 6.7 TE 波和 TM 波情形下多频吸波器的反射系数随入射角度的变化关系
(a) TE 波;(b) TM 波。

TE 波和 TM 波情形下反射系数的微小差异尤其是 f_3 处反射零点的分裂是由蜿蜒臂的四重旋转非对称性引起。为了验证这个结论,对具有四重旋转对称性的吸波单元进行电磁仿真,结果表明 TE 波和 TM 波两种情形下吸波器几乎具有完全相同的频率响应,且 3 个谐振频率明显向高频发生偏移,分别为 $f_1 = 3.7\,\text{GHz}$、$f_2 = 7.6\,\text{GHz}$ 和 $f_3 = 12.9\,\text{GHz}$。如前所述,高频偏移是由于蜿蜒臂的四重旋转对称性打破了镜像对称性,使得单元之间没有物理连接。为进一步研究吸波器的特性,图 6.8 给出了 TE 波垂直入射情形下极化角对吸波器频率响应的影响,这里极化角 φ 定义为电场与 x 轴的夹角。可以看出所有情形下均明显存在 3 个反射零点,进一步验证了吸波器的多频工作特性,同时吸波器谐振频率与吸收率几乎不随 φ 变化而变化。综上所述,图 6.7 和图 6.8 的结果表明所设计的多频吸波器对极化角和入射角不敏感,具有很宽的入射角和极化角范围。

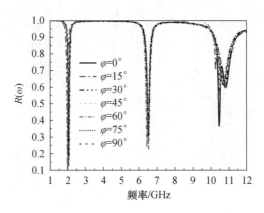

图 6.8 TE 波情形下多频吸波器的反射系数随极化角变化的关系

为了对新型吸波器的多频吸波特性进行验证,这里基于标准 PCB 工艺对设计的三频吸波器进行加工并在微波暗室中对其反射频谱进行测试,如图 6.9 所示,样品包含 20 × 20 个单元,总尺寸为 216mm × 216mm × 3mm,单元在 f_1 处的电尺寸仅为 $\lambda_0/13.5 \times \lambda_0/13.5 \times \lambda_0/47.8$。测试过程中,一对宽带双脊喇叭分别作为接收天线和发射天线与矢网 N5230C 相连,喇叭在 1 ~ 18GHz 范围内驻波比 VSWR < 2,且置于样品同侧。测试时为了消除喇叭的近场效应,喇叭天线与样品之间的距离大于 D^2/λ_0,这里 D 为喇叭的口径,同时采用时域门技术滤除喇叭与样品之间的多次反射。

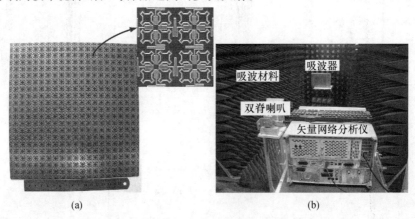

图 6.9 多频吸波器的加工样品与测试装置
(a) 加工样品;(b) 测试装置。

如图 6.10 所示,测试结果表明 TE 波垂直入射情形下吸波器在 f_1 = 2.25GHz、f_2 = 6.6GHz 和 f_3 = 10.32GHz 分别出现了 3 个吸收峰,且吸收率分别达到了 93.4%、90.7% 和 91.56%,而在 TM 波垂直入射情形下 3 个吸收峰发生在 f_1 = 2.18GHz、f_2 = 6.6GHz 和 f_3 = 10.48GHz 处且吸收率分别达到了 90.6%、93.8% 和 91.6%。与仿真结果相比,测试吸收率曲线在非谐振区域存在较大的起伏和波纹,且谐振频率稍向高频发生偏移,谐振带宽得到展宽,尤其是 f_1 和 f_2 处的半功率带宽在 TE 模式下达到了 0.48GHz 和 0.54GHz 而在 TM 模式下达到了 0.42GHz 和 0.45GHz。除此之外,仿真与测试趋势一致,验证了新型吸波器的多频吸波特性。仿真与测试结果中的差异主要由非理想测试环境的随机误差以及加工误差引起,尤其是对比较精细的单元结构更是如此,测试结果中 f_3 附近未观察到额外的吸收峰是由于单元的寄生模式发生了频率偏移并与主谐振模式合并成混合谐振模式。测试结果表明,TE 波和 TM 波两种情形下当入射角 θ 逐渐增大时吸收率均遭到不同程度的恶化,这是由于 θ 的增大,使得上、下层金属结构上的反向电流密度减弱,减弱的磁谐振使电谐振占支配地位从而最终恶化了阻抗匹配,即部分电磁波能量在交界面上发生了反射。尽管如此,所有情形下测试吸收峰均大于 0.82,验证了吸波器的宽角度入射特性和极化不敏感特性。

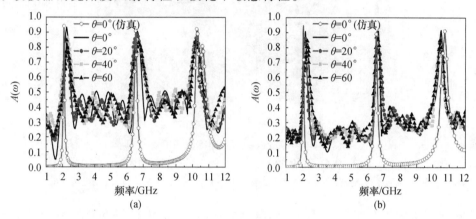

图 6.10　不同入射角情形下多频吸波器的测试吸收率曲线
(a) TE 波;(b) TM 波。

为了进一步研究多频谐振吸收的物理工作机制,图 6.11 给出了不同频率下吸波器的仿真表面电场与电流分布,其中箭头表示电流方向而颜色表示电流密度(磁场能量密度)。从电流分布可以明显看出 3 个不同的谐振模式。在 f_1 处,电场激励产生的振荡电流均匀分布在整个吸波单元上,通过两端蜷蜒臂,4 个交指以及分形环产生了很强的电谐振,形成了对电场的强烈耦合。上层复合结构左右一致的电流分布决定了图 6.4(c) 中 L_m、L_s 和 C_i 的串联连接方式,而分形环上下区域相反的电流分布决定了其由两个相同子支路并联组成。同时受磁场激励,金属背板产生了沿 y 方向一致分布的电流,而上层表面上产生了反向分布电流,它们与介质板内部的位移电流一起形成了闭合磁谐振回路,类似于短截线对结构的磁谐振。从电场分布可以看出电场能量几乎全部局限于 4 个交指上,电场的高度局域化导致大部分功率被损耗掉。

在 f_2 处,蜷蜒臂与分形环上的反向电流分布表明其不参与电谐振。同样分形环上下区域相反的电流分布决定了其由两个相同子支路并联组成,因此电场大部分集中于上下两个交指上,贡献了电谐振吸收,而上层复合结构与金属背板上对应区域的反向电流贡献了局部磁谐振吸收。在 f_3 处,每个子环上的电流在中间中断且每两个相邻子环的电流反向,因此形成了 4 个完全相同的子支路且每个子支路均由 $L_s/2$ 和 C_i 串联组成,由于 4 个电谐振器与入射电磁波的电场分量发生强耦合,电场能量主要集中于 4 个交指上,同时上、下两层金属板上的局部反向电流贡

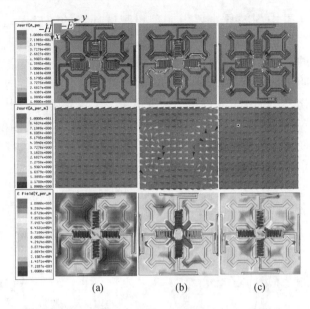

图 6.11　多频吸波器的表面电流与电场分布

(a) $f_1 = 2\text{GHz}$；(b) $f_2 = 6.5\text{GHz}$；(c) $f_3 = 10.3\text{GHz}$。

第一、第二和第三排分别为上层复合结构、金属背板上的表面电流分布和上层电场分布。

献了磁谐振吸收。因此，多频吸波机制是：首先电磁波的电场和磁场分量被束缚在吸波器某特定区域且能量密度显著增强，然后局域化的电磁能量转变成热能量，并最终被完全耗散和吸收。3 个频率处非谐振区域不可忽略的电流和电场密度表明吸波单元存在寄生谐振。

为了验证等效电路的正确性，采用 ADS 软件对吸波器的等效电路模型进行电路仿真，同时为了研究 Ω 损耗的影响，对 $0.5R$、R 和 $4R$（R 代表图 6.4 中的 R_1、R_2 和 R_3）3 种情形下吸波器的反射系数进行电路仿真和对比。如图 6.12(a) 所示，吸波器的电路仿真与电磁仿真反射系数吻合得非常好，进一步验证了电路模型的正确性，同时随着 Ω 损耗的增大谐振带宽显著增加，这是由于损耗降低了吸波器的品质因数。为了更好地理解吸波机制，下面对比研究了 4 种情形下的吸收率曲线，分别是：①金属铜箔和高损耗电介质（$\tan\delta = 0.02$）；②金属铜箔和无耗电介质（$\tan\delta = 0$）；③"完美"电导体（PEC）与高损耗电介质；④PEC 与无耗电介质。如图 6.12(b) 所示，可以看出第一种情形下吸波器具有最大的峰值吸收率，而第二种和第三种情形下吸收率稍微下降，表明没有金属损耗或电介质损耗，吸波器仍然可以正常工作。相反第四种情形下几乎没有吸收峰，表明吸波器的吸收率与金属损耗和电介质损耗密切相关。同时还可以看出 f_2 处的电介质损耗对吸收率的贡献比金属损耗大，而在 f_1 和 f_3 处金属损耗对吸收率的贡献更大，而且当 $\tan\delta$ 从 0.002 增加到 0.02 时，吸收峰增加到了 0.988,0.994 和 0.925，表明高电介质损耗对提高吸波器的吸收率非常有利。这里吸波器由于吸收率随频率的变化非常敏感，因此在测辐射热敏元件和频谱滤波器中具有潜在应用，同时本节传输线吸波理论和技术为某型飞机隐身需求分析及指标需求论证提供了理论依据。

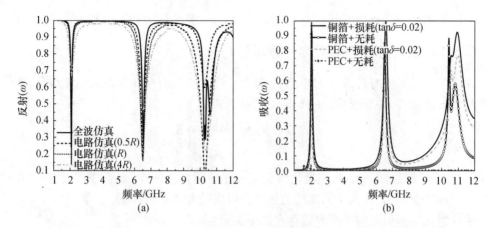

图 6.12　吸波器的电磁、电路仿真反射系数（a）与介质损耗和 Ω 损耗对吸收率的影响（b）

6.3　多频圆极化器与非对称传输频谱滤波器设计与验证

手征性是指无论经过平移和旋转都不能完全重合,类似于左右手之间互为镜像的一种性质。从这个意义上讲,手征性描述的是一种几何概念。自然界很多分子均具有手征性,如 DNA、葡萄糖和氨基酸等,但这些媒质只在光学频段才能表现出手征特性,且旋光强度很低,旋光频率范围固定。而手征异向介质是指由亚波长异向介质单元周期排列或按某种规律排列而成的具有手征特性的等效媒质,能很好地克服自然界手征材料存在的一些缺点,且具有厚度薄、重量轻等优点,同时人们还可以通过合理设计和布局手征单元实现任意频段和带宽下的电磁波极化操控。近年来,手征异向介质由于奇异的电磁特性和功能受到了人们的广泛关注,如巨旋光性、圆极化二向色性、强回旋磁性、负折射率特性以及非对称传输等[84,85],对其研究的频谱范围从微波频段一直拓展到了光波频段。手征异向介质由于双各向异性和非镜像对称性产生了强电磁交叉耦合,能实现传统媒质难以实现的奇异极化转换和手征特性。随着理论、数值仿真以及实验研究的不断深入,一些研究机构开始探讨手征异向介质的潜在应用,如操控电磁波的极化状态,制作圆极化器和线极化器,设计频谱滤波器,提高圆极化天线的增益和轴比,实现亚波长聚焦和成像以及设计吸波器等[249-256]。

至今,人们已经设计了多种异向介质单元来实现对磁电交叉耦合的操控,如 U 形结构单元、共轭金属对单元、基于共轭十字形与金属线对的复合单元、扭转花饰单元、十字线及其互补衍生单元、扭转薄片单元、L 形手征单元、渔网结构、扭转 SRR 及 CSRR 单元、金属螺旋单元、堆叠纳米棒单元、扭转弧形和 I 形结构单元等。但以上绝大多数手征单元尺寸非常大,部分手征单元尺寸介于光子晶体和等效媒质之间,使得研究人员很难基于等效媒质理论实现对电磁参数和极化特性的准确操控,同时这些单元的布拉格散射、寄生衍射效应和伍德反常效应会急剧增强。因此,深度亚波长谐振的紧凑型手征单元更适合于手征异向介质的设计。

本节率先提出了基于分形几何与螺旋结构增强紧凑型异向介质单元手征特性的新方案,并设计了两种具有强手征特性的多频紧凑型异向介质单元,然后基于手征单元的二向色性和巨旋光性分别探讨了其在圆极化器[255]和非对称传输频谱滤波器中[254]的应用。

6.3.1　极化转换与非对称传输理论与分析

由于手征单元没有镜像对称性，手征异向介质在谐振时存在强电磁交叉耦合，即手征特性和双各向异性，手征媒质中的本构关系可以表示为

$$\begin{pmatrix} D \\ B \end{pmatrix} = \begin{pmatrix} \varepsilon_0\varepsilon & i\kappa/c \\ -i\kappa/c & \mu_0\mu \end{pmatrix} \begin{pmatrix} E \\ H \end{pmatrix} \tag{6.15}$$

式中：κ 为手征参数，用于表征主极化与交叉极化的耦合强度；ε_0，μ_0 为真空中的介电常数和磁导率；c 为光速；ε，μ 为手征媒质的相对介电常数和相对磁导率。

手征媒质的折射率与手征参数存在如下关系：

$$n_{\pm} = \sqrt{\mu\varepsilon} \pm \kappa \tag{6.16}$$

式中：符号 + 和 − 分别表示右旋圆极化（RCP）和左旋圆极化波（LCP）。

式(6.16)表明足够大的手征参数可以使手征媒质在某种极化波情形下折射率为负，而不需要磁导率和介电常数同时为负。

为不失一般性，下面将从手征异向介质的一般方程分析实现极化转换与非对称传输的基本原理，为圆极化器和非对称传输频谱滤波器设计提供设计方法和准则。在笛卡儿坐标系中，通过手征媒质后透射电磁波的两个正交线极化分量 E_x^{f} 和 E_y^{f} 与入射电磁波两个正交线极化分量 E_x^{i} 和 E_y^{i} 存在如下关系：

$$\begin{pmatrix} E_x^{\mathrm{tf}} \\ E_y^{\mathrm{tf}} \end{pmatrix} = \begin{bmatrix} t_{xx}^{\mathrm{f}} & t_{xy}^{\mathrm{f}} \\ t_{yx}^{\mathrm{f}} & t_{yy}^{\mathrm{f}} \end{bmatrix} \begin{pmatrix} E_x^{\mathrm{if}} \\ E_y^{\mathrm{if}} \end{pmatrix} \tag{6.17}$$

$$\begin{pmatrix} E_x^{\mathrm{tb}} \\ E_y^{\mathrm{tb}} \end{pmatrix} = \begin{bmatrix} t_{xx}^{\mathrm{b}} & t_{xy}^{\mathrm{b}} \\ t_{yx}^{\mathrm{b}} & t_{yy}^{\mathrm{b}} \end{bmatrix} \begin{pmatrix} E_x^{\mathrm{if}} \\ E_y^{\mathrm{if}} \end{pmatrix} \tag{6.18}$$

式中：下标 x 和 y 表示透射波和入射波的极化形式；上标 f 和 b 分别表示前向和后向传输；4 个传输系数 t_{xx}，t_{xy}，t_{yx}，t_{yy} 构成的矩阵称为琼斯矩阵，表示主极化与主极化、主极化与交叉极化间的转换系数。对于互易手征系统有 $t_{xx}^{\mathrm{f}} = t_{xx}^{\mathrm{b}} = t_{yy}^{\mathrm{f}} = t_{yy}^{\mathrm{b}}$、$t_{xy}^{\mathrm{f}} = -t_{yx}^{\mathrm{b}}$ 和 $t_{yx}^{\mathrm{f}} = -t_{xy}^{\mathrm{b}}$。透射波 RCP 波分量 E_+^{t} 和 LCP 波分量 E_-^{t} 作为两个正交的极化本征态，可以通过入射波的线极化分量进行转换，即

$$\begin{pmatrix} E_+^{\mathrm{t}} \\ E_-^{\mathrm{t}} \end{pmatrix} = \frac{1}{\sqrt{2}} \begin{pmatrix} T_{+x} & T_{+y} \\ T_{-x} & T_{-y} \end{pmatrix} \begin{pmatrix} E_x^{\mathrm{i}} \\ E_y^{\mathrm{i}} \end{pmatrix} = \frac{1}{\sqrt{2}} \begin{bmatrix} t_{xx} + it_{yx} & t_{xy} + it_{yy} \\ t_{xx} - it_{yx} & t_{xy} - it_{yy} \end{bmatrix} \begin{pmatrix} E_x^{\mathrm{i}} \\ E_y^{\mathrm{i}} \end{pmatrix} \tag{6.19}$$

式中：T_{+x}、T_{-x}、T_{+y} 和 T_{-y} 为线极化波到圆极化波的 4 个转换系数。

式(6.19)对于前向和后向入射的电磁波传输均适用，且表明手征异向介质能实现线极化波与圆极化波之间的转换。

对于圆极化器，当受到 x 或 y 轴极化的入射波激励时工作频段内传输系数幅度应满足 $|t_{yx(xy)}|/|t_{xx(yy)}| \approx 1$，而传输系数相位应满足 $\varphi(t_{yx(xy)}) - \varphi(t_{xx(yy)}) \approx \pm 90°$，这样衡量 RCP 波和 LCP 波之间差异性的极化消光比 $\sigma = 20\lg(|T_{+x(y)}|/T_{-x(y)})$ 就会很大，保证了圆极化器的极化纯度和强二向色性，同时传输系数应足够大以保证传输和转化效率。对于

线极化器,手征异向介质可以实现线极化波与交叉极化波的完全或几乎完全转化,获得巨旋光性。发射波的极化方位旋转角 θ 和椭圆率 η 为

$$\theta = [\arg(E_+) - \arg(E_-)]/2 \tag{6.20}$$

$$\eta = \arctan \frac{|E_+| - |E_-|}{|E_+| + |E_-|} \tag{6.21}$$

式中:θ 为椭圆主轴与 x 轴的夹角;η 为电磁波的极化状态。

在圆极化基下,前向圆极化透射波的 T 矩阵与前向入射波的 4 个线极化传输系数存在如下关系:

$$\boldsymbol{T}_{\mathrm{circ}}^{\mathrm{f}} = \begin{pmatrix} T_{++} & T_{+-} \\ T_{-+} & T_{--} \end{pmatrix} = \frac{1}{2} \begin{pmatrix} t_{xx} + t_{yy} + \mathrm{j}(t_{xy} - t_{yx}) & t_{xx} - t_{yy} - \mathrm{j}(t_{xy} + t_{yx}) \\ t_{xx} - t_{yy} + \mathrm{j}(t_{xy} + t_{yx}) & t_{xx} + t_{yy} - \mathrm{j}(t_{xy} - t_{yx}) \end{pmatrix} \tag{6.22}$$

互易系统中,后向圆极化透射波的 T 矩阵可以表示为

$$\boldsymbol{T}_{\mathrm{circ}}^{\mathrm{b}} = \begin{pmatrix} T_{++} & T_{-+} \\ T_{+-} & T_{--} \end{pmatrix} \tag{6.23}$$

电磁波的非对称效应由入射波向其正交极化分量的部分转换引起,由 Δ 参数来表征,定义为两个反向透射波($+z$ 和 $-z$)的传输差异。在圆极化基下,对于相反旋向或相反传输方向的电磁波,通过手征异向介质的总传输 $T_+ = T_{++} + T_{+-}$ 和 $T_- = T_{--} + T_{-+}$ 均不同,因此圆极化非对称传输的方程应满足:

$$\Delta T = T_{++} - T_{--} \neq 0, \Delta_{\mathrm{circ}}^+ = |T_{+-}|^2 - |T_{-+}|^2 = -\Delta^- \mathrm{circ} \neq 0 \tag{6.24}$$

式中:ΔT 为 RCP 波和 LCP 波的主极化传输系数差异;Δ_{circ}^+,Δ_{circ}^- 分别为沿前向和后向传输时交叉极化波传输系数的绝对差。

在线极化基下,Δ 参数可以表示为

$$\Delta_{\mathrm{lin}}^x = |t_{yx}|^2 - |t_{xy}|^2 = -\Delta_{\mathrm{lin}}^Y \tag{6.25}$$

式(6.22)~式(6.25)表明,互易手征系统的线极化和圆极化非对称传输均要求 $|t_{xy}| \neq |t_{yx}|$,而对于线极化波非对称传输[252]来说还需满足 $t_{xx} = t_{yy}$。为进一步实现线极化波的完美或近似二极管式非对称传输,需要 $t_{xy} \approx 1, t_{yx} \approx 0$ 或 $t_{xy} \approx 0, t_{yx} \approx 1$,这里定义 x 轴极化或 y 轴极化电磁波的总传输为

$$T_x = t_{xx} + t_{yx}, T_y = t_{yy} + t_{xy} \tag{6.26}$$

式(6.26)表明线极化波非对称传输使 T_x 和 T_y 在两个相反方向传输时存在明显差异,需要说明的是,反射系数的极化与传输方向的非对称关系与传输系数类似。

因此,为实现非对称传输、强手征特性以及对电磁波传输和极化转换的操控,唯一有效途径是破坏单元传输方向上的镜像对称性,而 SRR 和 CSRR 结构非传输方向上某个平面内存在镜像对称性且单元不够电小,因此亟待新方案加以克服。

6.3.2　基于 H - SRR 手征单元的多频圆极化器

圆极化器是一种能将任意线极化的入射波转换成圆极化出射波的电磁器件。由于圆极化信号能同时被水平极化和垂直极化的天线接收,具有很强的稳定性、可靠性以及抗干扰能力,因此圆极化器在无线通信系统中具有重要的用途。近年来,基于异向介质的圆极

化器被不断报道出来,但绝大多数圆极化器均局限于单频工作。为了实现双频圆极化器,研究人员将 4 个不同大小的 U 形谐振器旋转排列合成新单元[249]、采用多层圆弧结构单元[250]等,但以上两种方法均存在明显缺陷:①部分频段的极化消光比和极化转换效率不高;②多层结构给加工制作增加了复杂性和误差;③U 形谐振器和圆弧单元的尺寸很大,分别达到了 $\lambda_0/3.92$ 和 $\lambda_0/1.83$,超出了等效媒质所要求 $\lambda_0/4$ 极限。

基于 6.3.1 节的理论分析我们设计了如图 6.13 所示的分形手征异向介质单元,由中间介质板以及介质板两侧互为 90°旋转的金属结构层组成。其中金属结构为 3.1.4 节 H – CSRR 的互补结构,由 Hilbert 二次分形曲线实现,将其命名为 H – SRR,介质板采用 F4B 板,其参数为 $\varepsilon_r = 2.65, h = 1\text{mm}, \tan\delta = 0.001, t = 0.036\text{mm}, \sigma = 5.8 \times 10^7 \text{S/m}$。实际工作时,$x$ 方向或 y 方向极化的 TEM 波沿 z 方向垂直入射到样品上,由于分形几何的空间填充效应,蜿蜒边界显著延长了电流路径因此在很大程度上降低了谐振频率,实现了单元的小型化。更为重要的是,分形几何的非对称边界增加了单元的非对称性和手征特性,从而增强了二向色性和旋光性。由于单元缺乏四重旋转对称性,电磁波沿 x 方向极化和 y 方向极化时的电磁响应不同。依据 6.1 节的多频方法对 H – SRR 的物理参数进行精心设计,可以获得工作于预定频率的多频手征异向介质单元,而通过在 xoy 面内对单元进行周期延拓,可以获得无限大空间超表面,从而在预定频率实现具有优异圆极化特性的圆极化器。采用图 6.13(a) 所示的仿真设置对手征单元进行电磁仿真,其中 xoy 面内 4 个边界均分配周期边界,而 z 方向两个边界设置为 floquet 端口。

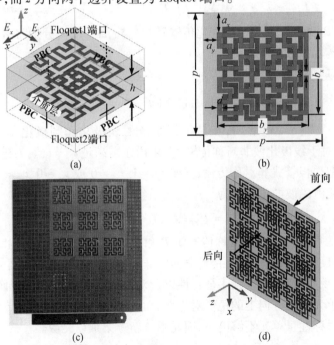

图 6.13　多频手征异向介质单元与双频圆极化器
(a) 单元结构与 HFSS 仿真设置;(b) 正视图;(c) 双频圆极化器加工实物;
(d) 电磁波垂直照射示意图。
单元的物理参数:$p = 6.6\text{mm}, a_x = 1.08\text{mm}, a_y = 0.78\text{mm},$
$b_x = 4.44\text{mm}, b_y = 5.04\text{mm}, h = 1\text{mm}, d = g = 0.24\text{mm}$。

为验证所设计双频圆极化器的性能,基于 PCB 工艺对设计的圆极化器进行加工,样品如图 6.13(c)所示,并在微波暗室中采用矢网 N5230C 对线极化传输系数进行测试,测试装置如图 6.20(e)所示。样品包含 35×35 个单元且尺寸为 $231\text{mm} \times 231\text{mm}$。测试时圆极化器样品置于两个宽带($1 \sim 18\text{GHz}$,VSWR <2)双脊喇叭天线中间,为消除喇叭的近场效应,两个喇叭天线的间距为 1.2m,同时基于时域门技术消除喇叭与样品之间多次反射的干扰。通过变换两个喇叭的极化方向可以测出 4 个线极化传输系数,并依据式(6.19)计算线极化—圆极化转换系数。

如图 6.14 所示,由于手征超表面不同的极化转换系数,前向和后向传输时交叉极化传输系数 t_{yx} 和 t_{xy} 均明显不同,两种情形下 t_{yx} 和 t_{xy} 不仅交换了幅度而且还存在 $180°$ 的相位差,满足了手征系统的互易性。如图 6.15 所示,双频圆极化器的仿真和测试传输系数在 $7 \sim 13\text{GHz}$ 范围内吻合良好,微小的频率偏移是由加工和测试误差引起的。当电磁波沿 x 方向极化时,主极化波和交叉极化波在 $f_2 = 9.77\text{GHz}$ 和 $f_3 = 11.84\text{GHz}$ 处幅度相等,相位相差 $-90°$ 和 $+90°$,为纯圆极化波。而在 $f_1 = 8.72\text{GHz}$ 处为椭圆极化波。虽然主极化波和交叉极化波存在 $+90°$ 的相位差,但 t_{xx} 的幅度达到了极小值且远小于 t_{yx}。当电磁波沿 y 方向极化时,主极化波和交叉极化波的相位差在 $f_1 = 8.84\text{GHz}$、$f_2 = 10.08\text{GHz}$ 和 $f_3 = 11.78\text{GHz}$ 处分别为 $+90°$、$-90°$ 和 $+90°$,但仅在 f_3 处形成了纯圆极化波,而 f_1 和 f_2 处由于 t_{yy} 和 t_{xy} 差异较大,圆极化转换效率较低,为椭圆极化波。由于圆极化器没有四重旋转对称性,两种极化状态下 3 个频率 f_1、f_2 和 f_3 均存在微小差异。

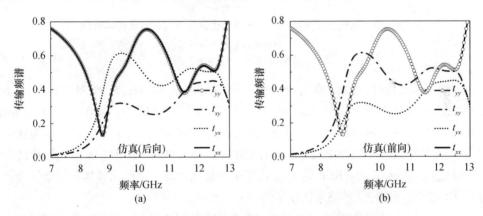

图 6.14　双频圆极化器在两种极化方式下的仿真传输频谱
(a) 后向传输;(b) 前向传输。

如图 6.16 所示,从线极化波—圆极化波转换系数可以看出在 f_1、f_2 和 f_3 处明显存在 3 个传输峰,对应于 3 个不同的谐振。当入射波沿 x 轴极化时,仿真(测试)结果表明 RCP 波转换系数在 $f_2 = 9.77\text{GHz}(9.89\text{GHz})$ 处达到了最小值 $-25.2\text{dB}(-21.6\text{dB})$,LCP 波转换系数在 $f_3 = 11.84\text{GHz}(11.99\text{GHz})$ 达到了最小值 $-30.6\text{dB}(-24.5\text{dB})$,而在 f_2 和 f_3 处,LCP 波和 RCP 波转换系数分别为 $-1.28\text{dB}(-1.42\text{dB})$ 和 $-2.98\text{dB}(-3.59\text{dB})$。因此两个频率处的极化消光比($20\lg|T_+|/|T_-|$)分别达到了 $-23.9(-20.2\text{dB})$ 和 $27.6\text{dB}(20.9\text{dB})$,说明 f_2 处为纯 LCP 波而 f_3 处为纯 RCP 波。测试结果很好的传输幅度表明圆极化器具有很高的转换效率。而在 $f_1 = 8.72\text{GHz}(8.87\text{GHz})$ 处,极化消光比为 6.24dB(4.8dB),为右旋椭圆极化波。

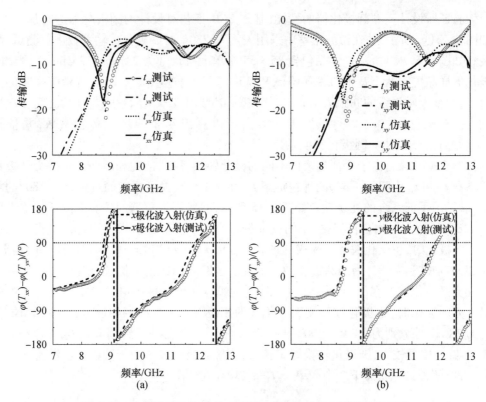

图 6.15　电磁波后向传输时双频圆极化器的仿真和测试传输系数

(a)沿 x 轴极化；(b)沿 y 轴极化。

其中上排为幅度曲线，下排为相位曲线。

当入射波沿 y 轴极化时，仿真(测试)极化消光比在 f_1 = 8.84GHz(8.98GHz)处为 15.5dB(8.3dB)，f_2 = 9.87GHz(9.89GHz)处为 –7.27dB(–7.84dB)，而在 f_3 = 11.78GHz(11.86GHz)处为 29.5dB(21.2dB)，因此圆极化器在 3 个频率处分别形成了右旋椭圆极化波，左旋椭圆极化波以及纯 RCP 波。值得注意的是在 f_3 = 11.8GHz 附近圆极化器在两种极化下线极化波均被转化为纯 RCP 波，这是由于两种极化状态下圆极化器具有相似的局部电流分布，以上结论与线极化传输系数得出的结论一致。

如图 6.17 所示，两种极化方式下圆极化器的仿真与测试极化方位旋转角 θ 和椭圆率 η 均吻合良好。当入射波沿 x 轴极化时，仿真(测试)表明 f_1、f_2 和 f_3 处的 η 分别为 19°(13.1°)、–41.4°(–39.4°)和 42.6°(39.85°)，验证了圆极化器在 f_2 和 f_3 处分别为纯 LCP 波和 RCP 波。由式(6.21)可知，η = 45°对应于纯圆极化波，η = 0°对应于纯线极化波，η > 0°表示右旋椭圆极化波，η < 0°表示左旋椭圆极化波。仿真(测试)结果表明在 9.06GHz(9.15GHz)和 11.29GHz(11.48GHz)处 η = 0°，此时透射波仍为线极化波且极化角为 θ = –55.9°(–59.4°)和 θ = 47.7°(50.5°)，较大的 θ 表明该手征超表面具有巨旋光性。当入射波沿 y 轴极化时，仿真(测试)结果表明 f_1、f_2 和 f_3 处的 η 分别为 35.4°(23.9°)、–21.6°(–22.94°)和 43.1°(40°)，且在 9.33GHz(9.4GHz)和 11.27GHz(11.32GHz)处 η = 0°，此时 θ = –33°(–32.5°)和 θ = 38.1°(30.9°)，进一步验证了图 6.16 的结论。

为研究圆极化器的三频谐振工作机制，图 6.18 给出了圆极化器上下表面的电流和轴

156

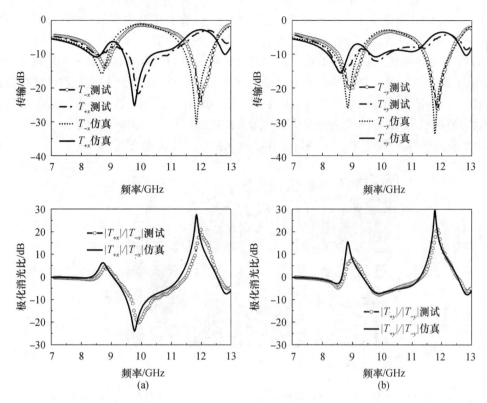

图 6.16　后向传输时圆极化器在两种极化方式下仿真和测试的线极化波—圆极化波转换系数
（a）x 轴极化；（b）y 轴极化。

其中上排为幅度值，下排为极化消光比。

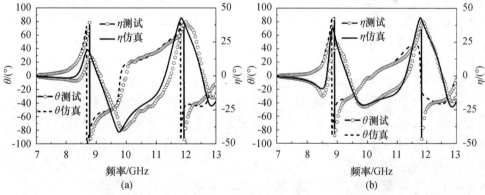

图 6.17　后向传输时圆极化器在两种极化方式下的仿真与测试极化方位旋转角和椭圆率
（a）x 轴极化；（b）y 轴极化。

向磁场相位分布。其中上下表面不同区域形成的磁偶极子间的相互耦合决定了谐振处的极化形式，而方向一致的电流路径长度决定了谐振频率。可以看出，H - SRR 形成了 4 个不同的小谐振区域。在 8.72GHz 处，上表面顶部黑色虚线框内两个 SRR 电流方向一致，而下表面包括顶部两个 SRR 在内形成了近 3/4 区域的电流路径，同时除了下表面底部两个 SRR 由于电流反向外其余 SRR 形成了 6 个不同磁矩强度的磁耦极子，下表面较弱的磁矩导致了磁偶极子间的弱耦合以及非理想的圆极化纯度。在 9.77GHz 处，7 个具有一致电流分布的 SRR 形成了 7 个磁偶极子,且位于上、下表面右侧两个 SRR 电流方向均一致,形成了上、下表面磁偶极子的强耦合,增强的磁矩导致了较好的极化转换效率,同时下表面近 1/2 区域的电流路径决定了其较高的谐振频率。在 11.84GHz 处,H - SRR 对角线区域形成了两个电偶极子而在其余区域形成了 6 个磁偶极子,其中上下表面黑色虚线框内磁偶极子之间的耦合占绝对优势并决定了极化转换效率,最强磁矩和下表面近 3/8 区域的电流路径决定了最好的极化转换效率和最高的谐振频率。这里圆极化器基于不同区域的 SRR 来实现 LCP 和 RCP 波的独特工作机制区别于以往文献[249,250]。

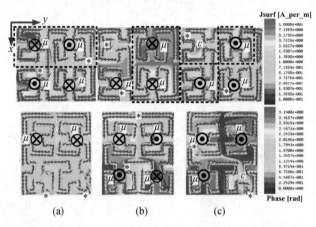

图 6.18 后向传输时圆极化器在 x 方向极化下的轴向磁场分量和表面电流分布
(a) 8.72GHz;(b) 9.77GHz;(c) 11.84GHz。
箭头表示电流方向,* 表示电流方向发生变化的位置,其中上、下排分别为上层和下层 H - SRR。

为了形成操控谐振频率和手征特性的方法,图 6.19 给出了极化消光比随开口位置和单元周期的变化曲线。两种情形下,除讨论参数变化外其余物理参数均与图 6.13 保持一致。可以看出当上表面 H - SRR 的开口位置以 0.3mm 的步进沿 x 轴边缘向中心移动时,频率 f_1 和 f_2 均向高频发生偏移,但 f_1 的偏移幅度较 f_2 要缓慢得多,而频率 f_3 几乎保持不变。因此调节 x 方向的开口位置可以实现对 f_2 的单独调控,而当开口位置移至 y 方向 H - SRR 边的中心时 f_1、f_2 和 f_3 均明显向低频偏移,单元更加电小,但 f_1 和 f_2 处的极化纯度急剧恶化且 f_3 处的 RCP 透射波退化为左旋椭圆极化波,同时由于 H - SRR 沿 y 轴的镜像对称性遭到破坏,极化超表面获得了圆极化的非对称传输特性($t_{xx} \neq t_{yy}$,$t_{xy} \neq t_{yx}$)。当周期 p 从 5.64mm 逐渐增加至 6.36mm 时 3 个谐振频率均向高频偏移,而当 p 继续增大时谐振频点几乎保持不变,这是由于相邻 H - SRR 的间距较小时耦合较强,而间距很大时耦合可忽略不计。进一步观察表明,随着 p 的增大极化消光比在 f_2 处不断恶化而在 f_3 处得到了改善。因此设计时需要权衡 f_2 处 LCP 波和 f_3 处 RCP 波的极化纯度。

总之,仿真和实验结果均验证了圆极化器具有三频手征特性,3 个频率处不同磁偶极子之间的耦合决定了不同的极化转换方式和效率,且在 9.89GHz 和 11.99GHz 两个频段内实现了线极化波向圆极化波的高效转化,极化消光比均大于 20dB,同时在 8.72GHz 处单元电尺寸仅为 $\lambda_0/5.2 \times \lambda_0/5.2 \times \lambda_0/34.4$,而复合结构尺寸仅为 $\lambda_0/7.75 \times \lambda_0/6.83$。

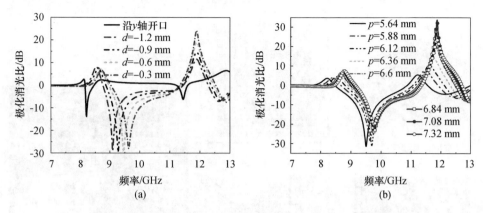

图 6.19　后向传输时圆极化器在 x 方向极化下的极化消光比曲线

(a) 随开口位置的变化;(b) 随单元周期的变化。

6.3.3　基于螺旋手征单元的双频圆极化器与频谱滤波器

本节提出了具有强手征特性的紧凑型异向介质单元设计新方案。由于单元更加电小,更适合于手征异向介质设计。如图 6.20 所示,螺旋手征单元由介质板以及介质板两侧一对双环螺旋谐振器组成。与以往扭转或镜像手征单元中双层金属结构互为 90°旋转或互为镜像不同,这里下层螺旋谐振器由上层螺旋谐振器经过镜像并旋转 90°而得到,这种镜像与扭转相结合的构造方式可以极大地增强手征特性。同时由于两个交叉连接的同心环破坏了沿 y 轴的镜像对称性,螺旋手征单元在横向平面内不存在任何镜像对称和四重旋转对称性,进一步增强了手征特性。最后,由于双环螺旋结构的周长是单环结构的两倍,极大地延伸了谐振回路的电流路径并在有限区域内显著提高了等效电感和电容,因此螺旋手征单元具有更低的谐振频率和更加电小的单元尺寸,同时双环螺旋结构可以扩展至三环甚至多环结构以获得更加紧凑的手征单元。

通过对手征单元按周期 p 在二维平面内进行拓展可以获得无限大的手征超表面。实际工作时,沿 x 轴或 y 轴极化的平面电磁波沿 z 轴垂直照射平板样品,仿真设置与 6.3.2 节一致。空间电磁波与手征单元的相互作用将产生二维手征响应,根据 6.3.1 节的理论分析并对手征单元的物理参数精心设计可以实现对手征超表面二向色性和巨旋光性的操控。下面通过双频圆极化器和非对称传输频谱滤波器的设计和实验对螺旋手征异向介质的上述两个特性进行验证。

1. 双频圆极化器

圆极化器作为二向色性的一个重要应用,其优异性能将是螺旋手征异向介质二向色性的直接验证。采用 HFSS 对设计的双频圆极化器进行仿真,基板为 F4B 介质板,其参数为 $\varepsilon_r = 2.65$, $h = 0.5\mathrm{mm}$, $\tan\delta = 0.001$, $t = 0.036\mathrm{mm}$。如 6.3.2 节所讨论,单元间距决定了单元间的互耦并影响不同频率处的极化消光比、传输系数以及尺寸,因此需要精心设计和权衡,这里双频圆极化器的最终物理参数为 $p = 5.52\mathrm{mm}$, $a = 4.4\mathrm{mm}$, $b = 0.74\mathrm{mm}$ 和 $d = g = 0.37\mathrm{mm}$。为验证所设计双频圆极化器的性能,对设计的极化器进行加工并在微波暗室中对样品的传输系数进行测试,样品包含 50×50 个单元且尺寸为 $276 \times 276\mathrm{mm}^2$,测试方法同 6.3.2 节。

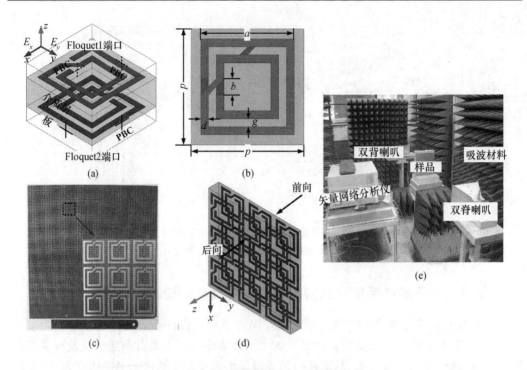

图 6.20　螺旋手征单元与双频圆极化器

(a) 单元结构与 HFSS 仿真设置;(b) 正视图;(c) 双频圆极化器加工实物;
(d) 电磁波垂直照射示意图;(e) 测试装置。

由于螺旋手征单元没有四重旋转对称性,x 方向极化和 y 方向极化时入射波产生的电磁响应不同。这里强二向色性和优异圆极化器性能是在电磁波沿 y 方向极化且后向传输的情形下设计的,因此下面只给出该情形下的结果。如图 6.21 所示,仿真与测试传输频谱在整个观察频率范围内吻合良好,测试结果中 f_2 向低频发生的微小频率偏移由加工和测试误差引起,同时从仿真(测试)主极化 t_{yy} 和交叉极化 t_{xy} 曲线可以明显看出在频率 $f_1 = 8.08(8.05)$ GHz 和 $f_2 = 9.9(9.83)$ GHz 附近出现了两个传输峰,仿真与测试结果表明 t_{xy} 在 f_1 和 f_2 处的传输峰值均优于 -4.62 dB,验证了极化器在这两个频段内的高传输效率和极化转换效率。在 8.09 GHz 和 9.93 GHz 处,$t_{xy}/t_{yy} = 1.12$ 和 1.18 且相位差为 $-90°$ 和 $+90°$,说明透射波在 f_1 和 f_2 处为纯圆极化波。

如图 6.22 所示,LCP 波和 RCP 波转换系数曲线中明显出现的两个传输零点表明在极化器 f_1 和 f_2 处发生了谐振。仿真(测试)结果表明,在 $f_1 = 8.09$ GHz(8.1 GHz)处 RCP 波达到最小值 -21.9 dB(-16.9 dB),在 $f_2 = 9.94$ GHz(9.9 GHz)处 LCP 波达到最小值 -24.9 dB(-23.9 dB),而两个频率处的 LCP 和 RCP 波传输系数分别为 -1.88 dB(-1.87 dB)和 -1.8 dB(-1.85 dB),因此极化消光比分别达到了 -20 dB(-15 dB)和 23 dB(21.8 dB)。综上所述,圆极化器在 f_1 和 f_2 处具有很强二向色性,且 f_1 处透射波为 LCP 波,f_2 处透射波为 RCP 波,较高的 RCP 波和 LCP 波转换系数进一步验证了圆极化器的高极化转换效率和优异性能。

如图 6.23(a)所示,仿真和测试极化方位旋转角和椭圆率吻合得很好。仿真(测试)结果表明在 $f_1 = 8.09$ GHz(8.1 GHz)和 $f_2 = 9.95$ GHz(9.89 GHz)处,椭圆率 η 分别达到了 $-39.9°$($-34.9°$)和 41°(40.4°),进一步验证了 f_1 处为 LCP 波而 f_2 处为 RCP 波。在

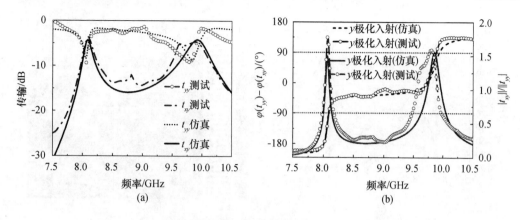

图 6.21 双频圆极化器的仿真和测试传输系数与幅度和相位差异
（a）传输系数；（b）幅度和相位差异。

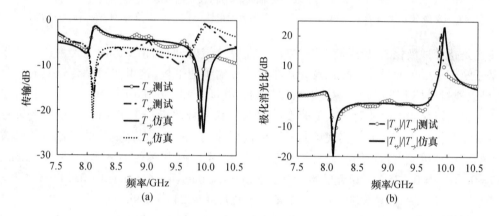

图 6.22 线极化波—圆极化波转换系数的仿真和测试结果
（a）幅度；（b）极化消光比。

8.01GHz(7.99GHz)和9.73GHz(9.71GHz)处 $\eta = 0°$，此时 $\theta = -38.9°(-35.3°)$ 和 $\theta = 45.3°(54.8°)$，与以往文献[249,250]相比这里 θ 更为可观，显示了更好的旋光特性。为了揭示圆极化器双频工作和极化转换的物理机制，图 6.23(b)和(c)分别给出了 f_1 和 f_2 处上下表面的轴向磁场分布和电流分布。可以看出，所有情形下螺旋单元的两个同心环上的电流方向均相反，使得两个同心环形成了相反的磁偶极矩。对于低频 LCP 波，上层内、外环电流方向与下层内、外环相同，形成了上、下层同向的磁偶极矩，而对于高频的 RCP 波，上层内、外环电流方向与下层内、外环相反，形成了上下层反向的磁偶极矩。因此，f_1 和 f_2 处上下层的电流方向决定了透射波的极化形式，同时上、下层相当的电流密度表明了两层偶极子间的强耦合以及高极化转换效率。这里螺旋手征单元在 8.08GHz 时的电尺寸仅为 $\lambda_0/6.73 \times \lambda_0/6.73 \times \lambda_0/74.3$，而且实现了双频二向色性。

2. 非对称传输频谱滤波器

近年来，线极化波的非对称传输由于其独特的电磁波极化转换功能引起了科学家的关注，尤其是最近二极管式线极化波非对称传输[252,253]。虽然线极化波的非对称传输已有报道，但主极化和交叉极化之间的转换效率较低且仅局限于现象研究。二极管式非对

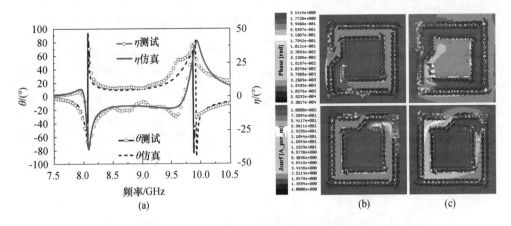

图 6.23　双频圆极化器的(a)仿真和测试极化方位旋转角和椭圆率曲线与
(b)、(c)上下表面的轴向磁场和表面电流分布

(b) $f_1 = 8.08\text{GHz}$；(c) $f_2 = 9.94\text{GHz}$。其中箭头表示电流方向，上、下排分别表示上、下表面。

称传输是指某种极化的电磁波在某一方向上能完全透射，而在相反方向上透射为零。下面基于螺旋手征单元设计了准二极管式非对称传输手征平板，这里非对称传输具有互易性，可以通过操控上下层两个螺旋谐振器间的相互耦合和电磁响应实现。设计的目标是实现 y 方向极化的电磁波后向入射时交叉极化传输系数接近于 1，而前向入射时交叉极化传输系数接近于零。为了实现该非对称传输特性，这里根据 6.3.1 节的理论分析和方法对螺旋手征单元进行了精心设计。介质板采用 F4B 板，其参数为 $\varepsilon_r = 2.65$，$h = 2\text{mm}$，$\tan\delta = 0.001$，$t = 0.036\text{mm}$，单元的物理参数为 $p = 4.78\text{mm}$，$a = 4.4\text{mm}$，$b = 0.74\text{mm}$ 和 $d = g = 0.37\text{mm}$，加工的样品包含 50×50 个单元且总尺寸为 $239 \times 239\text{mm}^2$。

如图 6.24 所示，整个频率范围内仿真和测试传输频谱吻合得很好。后向传输时仿真和测试的主极化传输系数 t_{yy} 和 t_{xx} 几乎相等，但交叉极化传输系数 t_{yx} 和 t_{xy} 差异很大，仿真（实验）结果表明 t_{yy} 和 t_{xx} 在 8.82GHz（8.81GHz）处达到最小值 0.12（0.115），t_{xy} 在 8.65GHz（8.66GHz）处达到峰值 0.91（0.90），此时 t_{yx} 仅为 0.02（0.03），也即 y 方向极化的入射波先经过上层螺旋谐振器产生耦合，再经过双层螺旋谐振器交叉耦合转化为 x 方向极化的透射波，但 x 方向极化的入射波向交叉极化波的转换几乎被阻隔。t_{yx} 和 t_{xy} 的明显差异由显著的非对称传输效应引起且与手征媒质的极化转化有关。对于前向传输，其传输频谱与后向传输时几乎相同，只不过传输系数中 x 和 y 互换。因此，对于不同入射方向和极化方式下线极化波的传输均是非对称的。

如图 6.25 所示，仿真（测试）结果表明，在线极化基下 Δ 参数幅值在 8.66GHz（8.65GHz）处达到最大值 0.83（0.82）和最小值 −0.83（−0.82），而圆极化基下整个频段内 Δ 参数幅值接近于零，验证了非对称传输特性仅限于线极化波。与以往 $\Delta = 0.64$ 和 $\Delta = 0.55^{[252]}$ 相比，这里非对称因子更加显著。显著的非对称效应将导致某种线极化波下的总传输在两个方向上的非对称性，如图 6.26(a)所示，仿真和测试结果吻合良好。实验结果表明，8.78GHz 处 y 方向极化波的后向总传输达到了最大值 0.94，而该频率处的前向总传输仅为 0.1。如图 6.26(b)所示，当 y 方向极化波后向传输时，透射波的极化角先顺时针旋转至 x 轴（−90°），在

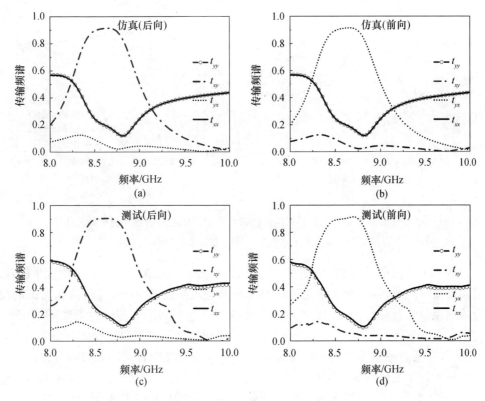

图 6.24　非对称传输频谱滤波器的仿真(a)、(b)和测试(c)、(d)传输系数
(a)、(c)电磁波后向传输；(b)、(d)电磁波前向传输

8.65 GHz 处达到最小值 $-100.3°$，然后迅速逆时针旋转回到 y 轴；而当 x 方向极化波后向传输时，透射波的极化角变化相当平缓。因此，上下层螺旋结构的奇异近场耦合使得不同极化的入射波具有非对称的旋光性。

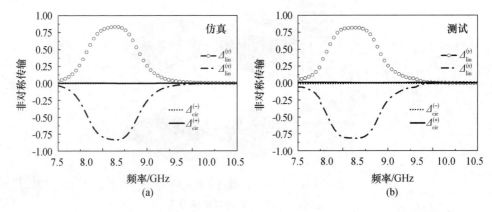

图 6.25　频谱滤波器在线极化基和圆极化基下的仿真和测试非对称因子 Δ
(a)仿真；(b) 测试非对称因子 Δ。

为了对二极管式非对称传输的物理机制有一个直观的认识和理解，图 6.27 给出了介质内部与端口处的电场分布。对于后向传输，y 方向极化的电磁波与上层螺旋结构的相

163

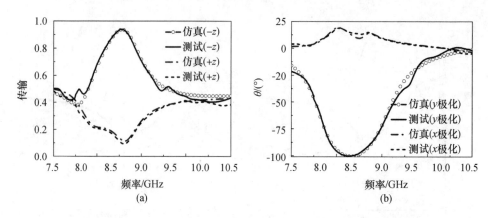

图 6.26　频谱滤波器在前向和后向传输时 y 方向极化波的仿真和测试的总传输(a)
和后向传输时频谱滤波器在 x 和 y 方向极化下仿真和测试的极化方位角(b)

互作用激发了手征单元的磁谐振并产生了磁偶极矩,该磁偶极矩与下层结构发生耦合,促使其向交叉极化波转换,交叉极化透射波的场强是入射波的 90%,与仿真和测试的交叉耦合传输系数吻合良好。前向传输时电磁波的耦合过程与后向传输时类似,但由于手征媒质的双各向异性,极化转换效率不同,此时磁偶极矩间的谐振强度和耦合强度均明显减弱,交叉极化透射波场强仅为入射波的 9.8%,同样与交叉耦合传输系数吻合良好。手征异向介质实现了某种线极化波在一个方向几乎完全透射而在相反方向上几乎为零的传输特性,显示了其在频谱滤波器和透明极化转换器方面的广阔应用前景,同时单元尺寸在 8.65GHz 处仅为 $\lambda_0/7.3 \times \lambda_0/7.3 \times \lambda_0/17.3$。

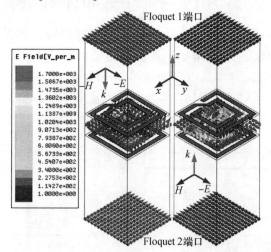

图 6.27　8.65GHz 处频谱滤波器在 y 方向极化波后向(a)、
前向(b)传输时的仿真电场分布

第7章 波导电磁超表面设计及其在微带天线中的应用

本章将介绍作者在紧凑型波导异向介质单元、波导电磁超表面设计及其微带天线应用方面的研究成果,主要包括基于紧凑型波导异向介质单元的波导磁负超表面[31]、波导电负超表面[19,179]、波导磁电超表面以及波导电抗超表面[158]设计及其在 MIMO 天线、频带展宽小型化天线以及圆极化天线中的应用。其中波导超表面在微带环境下的激励与加载是本章的难点和关键。

7.1 波导磁负超表面设计与 MIMO 天线解耦

MIMO(Muitiple Input and Muitiple Output)技术是多输入多输出技术的简写,是指在不牺牲额外频谱资源、保持信道可靠性和误码率的基础上成倍提高通信系统信道容量的一种技术,因此 MIMO 技术能极大地提高频谱效率。近距离放置的天线单元之间存在强烈的近场耦合,也称为互耦,具体表现为复杂的场感应和辐射干扰。互耦能以表面波和空间辐射波两种形式存在,影响了单元天线的输入阻抗、辐射效率、增益,严重时甚至恶化和改变天线的辐射特性、极化特性,如天线出现栅瓣和旁瓣电平升高等,失真的辐射方向图使天线产生辐射盲区。强耦合的 MIMO 天线会产生严重的信号相关性和串扰,减小了数据传输率和天线效率,因此多天线技术是制约当前 MIMO 技术在无线通信系统中应用的一个关键因素。为了获得很好的隔离和天线性能,天线单元间距 d 必须满足 $d \geqslant \lambda_0/2$,这里 λ_0 为天线工作频率处的自由空间波长。这势必会造成天线信道容量迅速下降,且与当今日益增长的高集成电路和小型化需求背道而驰。如何在有限的空间内容纳更多的天线并同时保证各天线之间相互独立工作已成为 MIMO 技术研究的热点。

既然互耦实质是端口与端口之间通过电路耦合或者辐射耦合发生的能量传递,研究人员试图采用纯电抗无耗电路网络去除耦合,但是电路解耦网络设计复杂,工作频带一般较窄。除此之外,还有多种解耦方法,如电磁带隙结构、谐振槽或缺陷结构、频率选择表面和环形电桥隔离等。上述方法虽然在一定频率范围使天线获得了很好的隔离,但较大的隔离结构增加了天线单元间距,直接限制了 MIMO 天线的信道容量。最近,研究人员提出采用一些周期排列的磁负异向介质单元来减小耦合[25,176-177],但均不同程度地存在解耦效率不高、单元尺寸较大等缺陷,天线获得同等隔离效果所需的单元数目多,难于进行应用和推广。微带天线由于剖面低、质量小、易加工、易于共形、易与其他器件集成等诸多优点受到了广泛关注,本节将探讨紧凑型波导磁负异向介质单元的设计及其在减小微带天线阵列互耦中的应用问题[31],所有设计和实验均以微带二元阵列为例。率先将分形的

165

思想融入波导磁负单元的设计,旨在降低单元的谐振频率并实现亚波长电小尺寸,获得更多的天线信道容量。

7.1.1 解耦原理

为简化分析但不失一般性,这里选择两个近距离放置的天线作为分析模型,如图 7.1 所示。存在耦合路径的天线系统可以用一个二端口网络来表示,对于该二端口网络,传输与反射信号可以用散射参数矩阵表示

$$\begin{bmatrix} V_1^- \\ V_2^- \end{bmatrix} = \begin{bmatrix} S_{11} & S_{12} \\ S_{21} & S_{22} \end{bmatrix} \begin{bmatrix} V_1^+ \\ V_2^+ \end{bmatrix} \tag{7.1}$$

式中:V_1,V_2 为 1 端口和 2 端口的电压幅度;上标 + 、– 为传输方向;$S_{ij}(i \neq j)$ 代表两天线间的耦合。

假设两天线均匹配良好且无耗互易,则式(7.1)可简化为

$$\begin{bmatrix} V_1^- \\ V_2^- \end{bmatrix} = \begin{bmatrix} 0 & S_{12} \\ S_{21} & 0 \end{bmatrix} \begin{bmatrix} V_1^+ \\ V_2^+ \end{bmatrix} \tag{7.2}$$

因此要实现完美解耦,必须有 $S_{ij} = 0$,式(7.2)表明互阻 Z_{ij} 必须为纯电抗。而电负和磁负异向介质单元的等效阻抗在谐振频率附近会出现实部为 0 且虚部很大的区域,对应于倏逝模,该区域内传输模截止,没有能量传输,对应于传输频谱的传输零点。

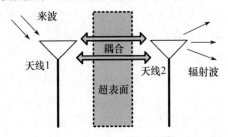

图 7.1　基于波导电磁超表面的天线解耦示意图

7.1.2 紧凑型波导磁负单元等效电路与分析

波导异向介质曾被用于电磁隧穿效应实验[283]和微带天线解耦[177],是平面波导环境下的一种特殊异向介质。如图 7.2 所示,波导磁负异向介质单元寄存于由上、下层金属板构成的平板波导环境中,包含上层金属板、下层刻蚀有 Hilbert 分形 CELC 结构(H – CELC)的金属背板以及两层金属板之间起支撑作用的介质板。其中 H – CELC 结构由 4.2.2 节的 CELC 结构演变而来,主要通过对 CELC 上下两个 U 形槽(可看成单环 CSRR)进行 Hilbert 二次分形设计而形成,目的主要在于三个方面:一是增加阻带带宽;二是实现电小异向介质单元,在同等解耦水平下极大地减小天线单元间距;三是基于等效媒质理论的解耦设计更加准确。根据等效媒质理论,基于 H – CELC 设计的波导磁负超表面更适合采用均一化媒质参数表征,且等效介电常数和磁导率可以通过调节单元的物理参数进行精确调控。

波导磁负单元由 z 方向极化,x 方向入射的横电磁(TEM)波照射,电场垂直于 H – CELC 结构所在的平面而磁场(y 方向)平行于 H – CELC 结构的中心槽。驱动模式仿真

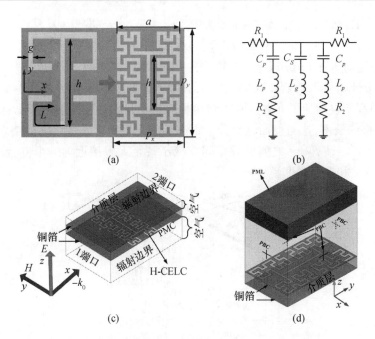

图 7.2　波导磁负异向介质单元的结构、等效电路与仿真设置

（a）CELC 到 H – CELC 的演化；（b）等效电路；（c）驱动模式仿真设置；（d）本征模式仿真设置。

单元的物理参数：$a = 5.7\text{mm}$，$P_x = 6\text{mm}$，$P_y = 10\text{mm}$，$g = 0.3\text{mm}$ 和 $L = 8.4\text{mm}$，

CELC 中 $h = 9.6\text{mm}$，而 H – CELC 中 $h = 5.4\text{mm}$。

中，沿 y 方向的两个壁设置为完美磁导体边界（PMC），用于模拟无限阵列，同时为了消除计算区域 H – CELC 槽辐射的影响，单元 z 方向的两个边界设置为辐射边界且与 H – CELC 金属背板保持足够大的距离。通过分析可知，当时谐电场平行于 ELC 结构的中心金属杆时会产生低频电响应和高频磁响应，那么根据 Babinet 对偶原理，当时谐磁场沿中心槽方向激励时 H – CELC 和 CELC 会在低频 f_1 和高频 f_2 分别产生磁谐振和电谐振。为了更好地理解 H – CELC 结构的谐振特性并提供灵活调控谐振频率的方法，这里基于上述电磁分析提取了波导磁负单元的等效电路，其中 R_1 和 R_2 代表损耗，串联谐振腔 L_g 和 C_s 模拟磁耦合谐振回路，主要等效中心槽响应和相邻单元间的互耦，且电路参数由中心槽高度 h 决定并受 U 形槽长度 L 间接影响。两个对称分布的串联谐振腔 L_p 和 C_p 等效电耦合谐振回路也即 U 形槽的对称响应，且电路参数主要由 L 和上下两个 U 形槽围成的开口大小决定。由等效电路出发，f_1 和 f_2 可以计算为

$$f_1 = 1/2\pi \sqrt{L_g C_s}，f_2 = 1/2\pi \sqrt{L_p C_p} \tag{7.3}$$

为分析波导磁负单元的电磁特性与优势，对 CELC 和 H – CELC 两种单元进行电磁仿真，两种情形下单元的大小和物理参数均保持一致。本节所有设计和制作均采用 F4B 介质板，其 $\varepsilon_r = 2.65$、$h = 1.5\text{mm}$、$\tan\delta = 0.001$、$t = 0.036\text{mm}$、$\sigma = 5.8 \times 10^7 \text{S/m}$。为验证所提等效电路的正确性，这里基于 ADS 软件进行了电路仿真并通过 3.1.1 节介绍的 S 参数幅相匹配法提取了等效电路参数。通过设计和参数优化，波导磁负单元工作于 WiMAX 波段，中心频率为 $f_0 = 3.5\text{GHz}$，最终物理参数如图 7.2 所示。

如图 7.3 所示，电路仿真结果与电磁仿真结果吻合良好，一些差异尤其是谐振带宽上

的差别主要由 H – CELC 槽的辐射引起,槽辐射影响了单元的品质因数,而等效电路中并未考虑该效应,同时在 $f_1 = 3.5\text{GHz}$ 和 $f_2 = 4.42\text{GHz}$ 两个频率处明显观察到两个传输零点,且信号抑制均达到 15dB 以上,对应于 H – CELC 结构的两个谐振。进一步观察表明 Hilbert 分形设计明显降低了 f_1 和 f_2 的大小,其中 f_1 降低了 10% 而 f_2 降低了 11.74%,原因在于 H – CELC 明显增加了 L 并延长了电流路径。f_2 更加明显的频率降低幅度表明 f_2 更依赖于 U 形槽的长度,这与前面电路分析得出的结论相吻合。上述电磁结果表明通过增加 L 或减小 h 可以使 f_1 和 f_2 之间的频率间隙减小甚至无限接近为一个混合模式,这样可以增加阻带带宽和抑制深度。

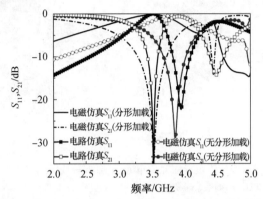

图 7.3　CELC 和 H – CELC 波导磁负单元的电磁、电路仿真 S 参数
H – CELC 波导磁负单元的提取电路参数:$L_g = 8.53\text{nH}, C_s = 0.24\text{pF}$,
$L_p = 11.79\text{nH}, C_p = 0.11\text{pF}, R_1 = 1.14\Omega$ 和 $R_2 = 6.03\Omega$。

　　图 7.4 给出了 H – CELC 结构 y 方向周期和传播方向上单元数目对波导磁负单元频率响应的影响。从图 7.4(a)可以看出,当 P_y 以步长 0.5mm 在 10 ~ 13mm 范围内不断增加时,f_2 几乎保持不变,而 f_1 向高频方向偏移,f_1 的微小高频偏移是因为增加的单元间距弱化了相邻单元间的互耦。由图 7.4(b)可知,当单元数目由 1 个增加到 5 个时,相邻单元间的相互耦合使传输插损优于 10dB 的带宽显著展宽且增幅超过一倍,但信号抑制深度改善不明显,因此可以通过级联多个单元来拓展阻带带宽。

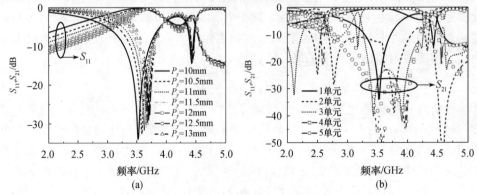

图 7.4　H – CELC 波导磁负单元随
(a) y 方向周期;(b) 传播方向单元数目变化的 S 参数。

为进一步验证上述双频阻带响应,采用 HFSS 本征模仿真对波导磁负单元的色散曲线 β 进行计算并对单元的等效电磁参数进行提取。在图 7.2(d) 所示仿真的设置中,对单元 xoy 面内 4 个边界分配周期边界而 z 方向两个边界分配 PML 边界,可以显著减小波导异向介质的计算区域。如图 7.5 所示,从色散曲线可以明显观察到两个禁带,分别为 2.64 ~ 4.03GHz 和 4.39 ~ 4.56GHz,这与驱动模式仿真得到的两个阻带完全吻合,低频处色散曲线的急剧变化是由于工作模式与空气模式靠得很近,两者产生了强烈的耦合。从等效电磁参数可以看出在频率 f_1 和 f_2 附近发生了明显的洛伦兹磁谐振和电谐振,引起了负磁导率和负介电常数效应,这与前面分析完全一致,而且色散曲线显示的禁带完全覆盖了单负电磁参数频段,进一步证实了单元 f_1 和 f_2 处的阻带效应分别由磁负、电负特性引起。

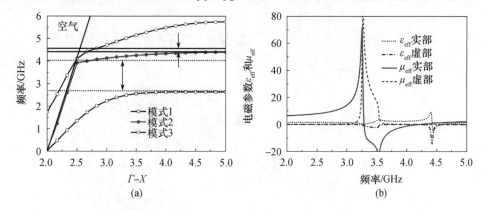

图 7.5　H - CELC 波导磁负单元的 $\Gamma - X$ 色散曲线和等效介电常数和磁导率
(a) $\Gamma - X$ 色散曲线;(b) 等效介电常数和磁导率。

7.1.3　基于波导磁负超表面的 MIMO 天线设计

H - CELC 波导磁负单元的单负特性可以用来抑制两个近距离放置微带天线之间的电磁耦合。通过对波导磁负单元在水平面内进行周期延拓,可以得到磁负超表面。下面对基于波导磁负超表面的 MIMO 天线进行设计,微带天线的中心工作频率选择 $f_0 = 3.5$GHz。MIMO 天线设计过程中需要注意两点:一是为选择合适的加载方式有效激励起波导磁负超表面;二是让波导磁负超表面的工作频率与天线的工作频率保持一致。如图 7.6 所示,微带天线之间的磁场分量沿 y 轴分布,而坡印廷矢量沿 x 轴分布,说明微带天线阵之间的互耦主要来自 H 面磁场耦合。因此,为获得有效激励和解耦,H - CELC 的中心槽必须与 y 轴平行且结构所在的平面必须与贴片天线共面,最终设计的波导磁负超表面微带天线阵列如图 7.7 所示。

考虑到 H - CELC 单元具有很强的解耦效率和微带天线的窄带特性,最终波导磁负超表面由 5×1 个精心设计的 H - CELC 波导磁负单元阵列组成,均匀分布于两微带天线之间。其中波导上层金属板与贴片共面,而腐蚀 H - CELC 的金属背板与天线阵列的地板共面,波导磁负超表面巧妙地加载于天线阵列之间。和传统贴片天线相比,除了地板上需要蚀刻平面周期结构外不需要其他任何额外工序,且与现有的 PCB 制作工艺完全兼容。与以往单负异向介质[25,176,178] 相比,波导磁负超表面由于其上层金属板的作用,可以消除地板腐蚀结构对天线法向辐射的影响,同时由于所采用的波导磁负单元结构非常紧凑，仅有 $\lambda_0/14.3 \times \lambda_0/8.6$，使得天线的单元间距可以很小仅为 $l_s = \lambda_0/8.08$，这里 λ_0 为 3.5GHz 处的自由空间波长。

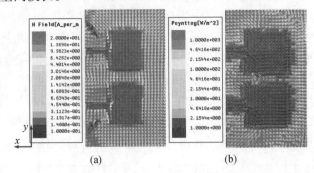

(a)　　　　　　　　　　(b)

图 7.6　近距离放置的微带天线阵列在 3.5GHz 处的磁场分布和坡印廷矢量分布

(a) 磁场分布;(b) 坡印廷矢量分布。

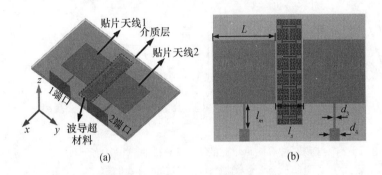

(a)　　　　　　　　　　(b)

图 7.7　基于 H – CELC 波导磁负超表面加载的微带天线阵列

(a) 全视图;(b) 正视图。

天线的物理参数:$L = 25.4\mathrm{mm}$, $l_m = 10\mathrm{mm}$, $l_s = 10.6\mathrm{mm}$, $d_3 = 0.8\mathrm{mm}$, $d_4 = 4.11\mathrm{mm}$。

为验证天线的解耦效果，对传统微带天线二元阵(参考天线)与波导磁负超表面天线阵列进行加工并采用矢网 N5230C 对其二端口 S 参数进行测试。天线实物如图 7.8 所示，这里参考天线与设计的天线阵列具有完全相同的物理参数。如图 7.9 所示，可以看出两种情形下仿真与测试的 S_{11} 和 S_{21} 均吻合良好。测试结果中的微小高频偏移(参考天线 100MHz 和波导磁负天线 70MHz)主要是由非理想介质板的介电常数漂移与加工过程中不可避免的误差引起。两种情形下测试的 S_{11} 均优于 $-15\mathrm{dB}$，说明磁负超表面的加载并未影响天线良好的阻抗匹配特性。测试结果显示参考天线的峰值 S_{21} 为 $-11.66\mathrm{dB}$，而加载波导磁负超表面后天线的峰值 S_{21} 迅速下降到了 $-21.4\mathrm{dB}$，降幅达到 9.74dB，表明天线之间的互耦得到了显著抑制。

为研究解耦对天线辐射特性的影响，在微波暗室中对单个参考天线与波导磁负超表面天线的远场辐射方向图进行测试。HFSS 仿真与测试过程中，只对其中一个端口进行激励而另一个端口加载 50Ω 宽带匹配负载。如图 7.10(a) 所示，波导磁负超表面天线的辐射前后比稍微有所改善，除此之外，参考天线与波导磁负超表面天线在两个主辐射面上具有几乎相同的辐射特性，表明波导磁负超表面的加载对天线的辐射特性没有影响。因此可以预期，当对两个天线单元同时馈电时波导磁负超表面阵列天线的方向性、增益均会得到显著改善，这得益于减小的单元互耦以及波导磁负超表面的弱辐射特性。为了深入研

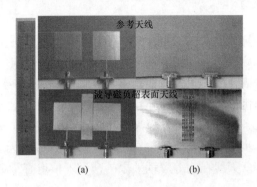

图 7.8　参考天线与波导磁负超表面天线阵列的加工实物

（a）俯视图；（b）底视图。

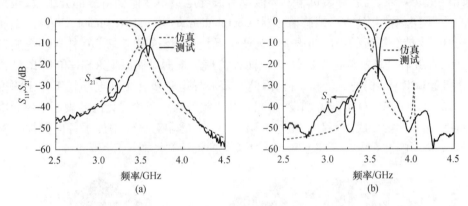

图 7.9　参考天线与波导磁负超表面天线的仿真与测试反射、传输系数

（a）参考天线；（b）波导磁负超表面天线。

究其工作机制,对两种情形下天线的表面电流进行仿真,如图 7.10(b)所示,当没有波导磁负超表面时有很强的电流从激励单元耦合到寄生单元。相反,当加载波导磁负超表面后大部分能量被束缚在磁负介质与贴片的交界面处,并逐渐被波导磁负超表面吸收和耗散掉,导致最终耦合到寄生贴片单元的电流很弱。总之,仿真与实验结果均表明波导磁负超表面能使近距离放置的两个天线具有很弱的相关性。

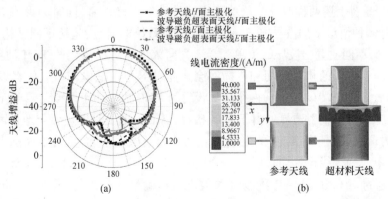

图 7.10　参考天线与波导磁负超表面天线

（a）3.6GHz 处的测试 E 面和 H 面方向图；（b）3.5GHz 处的仿真表面电流分布。

7.2　基于 CSR 的波导电负超表面设计与 MIMO 天线解耦

以往用于减小天线耦合的人工媒质都是磁负异向介质，本节率先介绍一种结构更为紧凑的电负超表面工作机制、设计与 MIMO 天线应用[19]。由于波导结构的诸多优点，本节仍沿用此结构并提出了一种单元尺寸更加电小的波导电负异向介质单元，向均一化媒质和实际应用迈进了一步。与 7.1 节的波导磁负超表面 MIMO 天线相比，本节基于波导电负超表面加载的 MIMO 天线在同等解耦效果的情形下信道容量更大。

7.2.1　紧凑型波导电负单元与分析

如图 7.11 所示，与波导磁负单元类似本节波导电负单元同样由三部分组成，包括上层金属板、下层刻蚀互补方形螺旋谐振器（Complementary Spiral Resonator，CSR）的金属背板以及用于支持金属板的中层介质板。为便于系统研究，这里考虑了互补双环螺旋谐振器（CSR_1）和互补三环螺旋谐振器（CSR_2）两种情形。根据对偶原理，CSR_1 和 CSR_2 结构的电感分别是 CSRR 结构的 4 倍和 8 倍，因此本节波导电负单元更加电小且工作于深度亚波长，非常适合于 MIMO 天线解耦设计，同时基于等效媒质理论设计的超表面与单元电磁特性偏差小、一次设计成功率高。虽然 CSR_1 和 CSR_2 的非对称性增加了各向异性和磁电耦合，但不会影响波导电负超表面和 MIMO 天线的设计和性能。

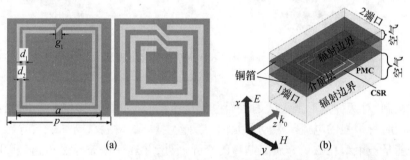

图 7.11　CSR_1 和 CSR_2 波导电负异向介质单元

（a）俯视图；（b）全视图与仿真设置。

采用 HFSS 对上述两种波导电负单元进行设计和电磁仿真，同时为形成有效的设计方法，下面对多种情形下的波导电负单元进行全面系统的研究，包括不同结构参数、单元数目和 CSR 的不同放置。波导电负单元受 z 方向入射 x 方向极化的 TEM 波照射。CSR 结构与轴向时谐电场的相互作用和碰撞将会产生波导单元的电响应。仿真设置中，z 方向两个边界设置为波端口，y 方向两个边界设置为 PMC 边界用于模拟无限单元阵列，而 x 方向两个边界设置为辐射边界。由于 CSR 槽存在辐射，上下辐射边界与地板需保持足够距离，同时为避免波端口与 CSR 的近场交叉耦合与高次模式，端口与单元参考面同样有一定距离。单元和天线设计均采用 F4B 介质板，其 $\varepsilon_r = 2.65$，$h = 1.5\,\mathrm{mm}$，$\tan\delta = 0.001$，$t = 0.036\,\mathrm{mm}$。通过对 CSR_1 和 CSR_2 的物理参数进行精确设计和优化，最终两种波导电负单元均工作于 $f_0 = 3.5\,\mathrm{GHz}$，详细物理参数见图 7.12。

如图 7.12（a）所示，所有情形下都出现了一个非常明显的阻带，对应于图 7.12（d）中

3.5GHz 附近的电谐振响应,印证了前面的分析,同时还可以看出传输零点频率 f_0 可以通过结构参数进行操控,如减小 a 或增加 d_2 可以使 f_0 向高频移动,增加 d_2 相当于减小了内环尺寸并缩短了地板电流路径,而其他物理参数如 d_1 和 g_1 对 f_0 的影响可以忽略。与波导磁负单元类似,当增加传输方向的单元数目时,S_{21} 优于 -10dB 的阻带宽度得到明显展宽,如当 CSR 从 1 个增加到 2 个时波导电负单元的阻带宽度从 90MHz 增加到 240MHz。如图 7.12(c)所示,当 CSR_2 从 1 个增加到 3 个时单元阻带宽度从 50MHz 增加到 320MHz,同时还可以看出与 CSR_1 电负单元相比,CSR_2 单元具有更窄的带宽和更高的品质因数。两种情形下当 CSR 发生 90°旋转时,除了信号抑制略微改善外频谱响应几乎完全一致,因此 CSR 的放置对阻带特性影响可以忽略,验证了磁电耦合对设计没有影响的结论。图 7.12(b)表明当 CSR 结构确定后,波导电负单元的周期对阻带响应的影响可以忽略。

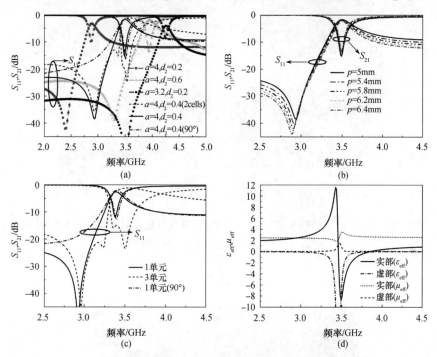

图 7.12　(a)、(b)、(d)CSR_1 和(c)CSR_2 波导电负单元的仿真 S 参数与提取得到的等效电磁参数
(a)S 参数随 a、d_2、传播方向单元数目与 CSR 放置的变化;
(b)S 参数随周期的变化;(c)S 参数随单元数目和开口方向的变化;(d)等效电磁参数。
CSR_1 的物理参数为 $a=4$,$p=5$,$d_1=0.2$,$d_2=0.4$ 和 $g_1=0.4$;
CSR_2 的物理参数为 $a=3.2$,$p=3.6$,$d_1=d_2=0.2$ 和 $g_1=0.4$(单位:mm)。

7.2.2　基于波导电负超表面的 MIMO 天线设计

基于波导电负单元的工作机制、电磁特性与设计方法,这里分别设计了两种基于波导电负超表面加载的近距离二元微带天线阵列,其中参考天线与 7.1.3 节相同,仍工作于 $f_0=3.5\text{GHz}$。通过对 CSR_1 和 CSR_2 结构的精确设计,可以使波导电负超表面的阻带响应完全覆盖天线工作频段。如图 7.13 所示,两个微带天线中间加载了周期排列的波导电负超表面,为了有效激励 CSR 结构的电响应,电场必须穿过 CSR 所在的平面,因此波导电负超表面与天线共面,与波导磁负超表面的加载方式类似,波导上层金属与贴片共面,而刻蚀 CSR_1 和 CSR_2 的金属背板与地板共面,波导电负超表面与天线巧妙地融合在一起。第一种天线的波导电负超表面包含 7×2 个 CSR_1 单元,而第二种天线波导电负超表面包含 9×3 个 CSR_2 单元。为便于比较,对参考天线也进行了加工和测试。图 7.14 给出了 3 种情形下天线的实物照片,贴片尺寸和天线整体面积($111.4mm \times 55.4mm$)完全相同。由于波导电负单元的周期对信号抑制和工作频率没有影响,因此天线间距 l_s 主要取决于单元的解耦效率和尺寸。由于 CSR 结构的电小尺寸和高解耦效率,本节 l_s 仅为 $\lambda_0/8.08$ 和 $\lambda_0/7.5$。

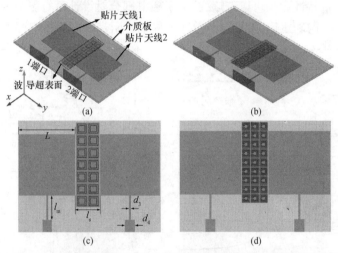

图 7.13　基于(a)、(c) CSR_1 和(b)、(d) CSR_2 波导电负超表面加载的微带天线阵列

(a)、(b)天线全视图;(c)、(d)天线正视图。

天线的物理参数:$L = 25.4mm$,$l_m = 10mm$,$d_3 = 0.8mm$ 和 $d_4 = 4.11mm$,

CSR_1 情形下 $l_s = 10.6mm$,CSR_2 情形下 $l_s = 11.4mm$。

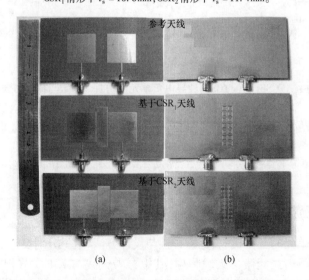

图 7.14　参考天线与基于 CSR_1 和 CSR_2 波导电负超表面加载的微带天线阵列加工实物

(a)俯视图;(b)底视图。

　　采用 HFSS 对所有天线进行仿真,并基于 7.1 节的测试方法对天线波导电负超表面天线 S 参数和辐射方向图进行测试。如图 7.15 所示,3 种情形下除了测试 S 参数向高频发生微小偏移外(100MHz、90MHz 和 60MHz),天线的仿真与测试 S 参数均吻合良好,验证了设计的有效性。仿真和测试反射系数表明天线的回波损耗 S_{11} 均优于 -12.5dB,匹配良好,同时测试传输系数表明参考天线 S_{21} 的峰值为 -11.66dB,CSR_1 波导电负超表面天线 S_{21} 的峰值为 -20.02dB,而 CSR_2 波导电负超表面天线 S_{21} 的峰值为 -22.86dB,因此天线 H 面耦合得到了显著减小,减小幅度分别达到 8.36dB 和 11.2dB,这对于近距离放置的天线来说相当可观,尤其是 CSR_2 波导电负超表面天线,单元相关性极弱,与已有文献相比[25,176,177],这是最好的天线耦合抑制水平之一,显示了很高的实际应用价值。

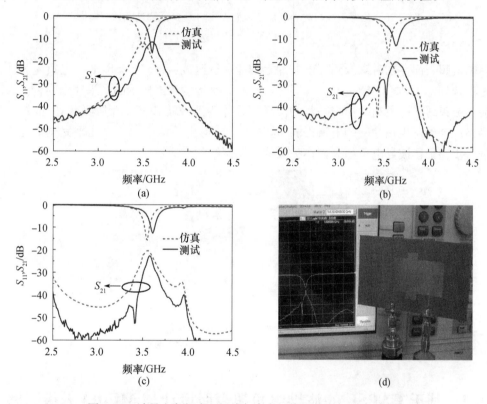

图 7.15　波导电负超表面天线与参考天线的仿真与测试 S 参数
(a)参考天线;(b) CSR_1 和(c) CSR_2 波导电负超表面天线;(d)波导电负超表面天线的二端口测试示意图。

　　下面研究波导电负超表面对天线辐射特性的影响,图 7.16 给出了 3 种情形下天线的辐射方向图。可以看出,除了波导电负超表面天线的辐射前后比稍微改善外 3 种情形下天线在两个主辐射面上具有相似的辐射方向图,且天线增益、辐射效率和交叉极化均未发生显著变化。说明波导电负超表面的加载并没有影响天线的远场辐射特性,换句话说,波导电负超表面本身的辐射可以忽略,因此当对两个单元同时馈电时波导电负超表面天线的方向性和增益均会得到显著改善。

　　为深入研究波导电负超表面抑制耦合的物理机制,图 7.17 给出了 HFSS 仿真得到的天线表面电流分布。3 种情形下,贴片上的能量均主要集中在主激励贴片上,且当 CSR_1

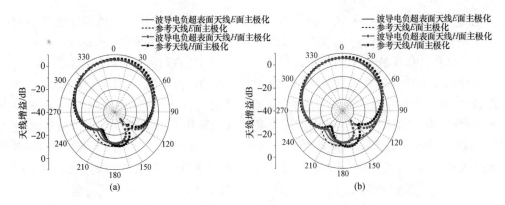

图 7.16　参考天线与波导电负超表面天线的 E、H 面测试辐射方向图

(a) CSR_1；(b) CSR_2。

波导电负超表面存在时耦合到寄生贴片上的能量迅速减弱,而当 CSR_2 波导电负超表面存在时耦合到寄生贴片的能量继续减弱,这与图 7.15 传输频谱显示的结果完全吻合。大部分能量被束缚在电负超表面与贴片的交界面处并逐渐被波导电负介质吸收和耗散掉,导致最终耦合到寄生贴片上的电流很弱,这与 7.1 节得出的结论一致。几乎完全消耗的功率进一步验证了波导电负超表面作为天线解耦网络的有效性。

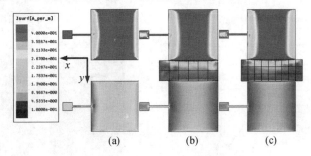

图 7.17　天线的表面电流分布

(a) 参考天线；(b) CSR_1 和 (c) CSR_2 波导电负超表面天线。

7.3　基于 CAPSL 的波导电负超表面设计与 MIMO 天线解耦

前面分别介绍了波导磁负和电负超表面在 MIMO 解耦方面的应用,本节将探索采用更加电小的波导电负超表面结构来降低 MIMO 天线阵列间的相互耦合,进而提高 MIMO 系统的天线信道容量[179]。

7.3.1　单元、工作机制与分析

均一化媒质易于实现频率调谐和操控,利于提升微波器件设计的一次成功率,因而迫切需要设计出更加电小的结构单元。电磁结构的强空间填充能力是实现单元小型化的关键,如分形结构,蜿蜒线结构等,基于这一思想,本节提出了具有强空间填充能力的互补反向螺旋结构(Complementary Anti - Parallel - Spiral - Line,CAPSL),图 7.18 给出了单元结构示意

图及其等效电路。如图 7.18(c)所示,CAPSL 波导单元由上下金属镀层和起支撑作用的中间介质层组成,三层结构共同构成了平板波导环境。CAPSL 单元刻蚀在下层地板上,由两条反向平行螺旋线组成,如图 7.18(a)所示。与传统互补螺旋结构相似,当单元受垂直于结构表面的电磁波照射时,产生电谐振响应。同时,由于该结构沿 y 轴方向的不对称性,当受到平行于结构表面的磁场激励时,会形成磁谐振,因此,为了对结构的电磁响应进行准确有效地描述,这里采用双并联支路模型对其进行等效,如图 7.18(b)所示,L_s 为固有电感,C_{P1} 为两条反向螺旋线间的耦合电容,R_1,R_2 为损耗,电谐振 f_1 由 C_1,C_{P1} 和 L_{P1} 构成的谐振腔等效,而磁谐振由 C_2 和 L_{P2} 构成的串联支路等效,谐振频率可分别为

$$f_1 = 1/2\pi \sqrt{(C_1 + C_{P1}) \times L_{P1}} \tag{7.4}$$

$$f_2 = 1/2\pi \sqrt{C_2 \times L_{P2}} \tag{7.5}$$

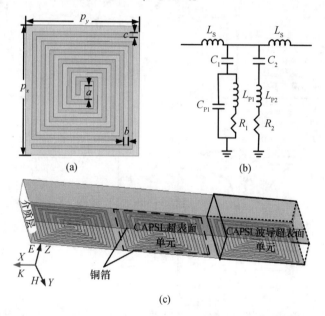

图 7.18　CAPSL – WG – MTM 单元的示意图、等效电路模型和全局图

(a)示意图;(b)等效电路模型;(c)全局图。

CAPSL 的结构尺寸:$px = py = 5.2\,mm$,$a = 0.4\,mm$,$b = c = 0.2\,mm$。

为了分析 CAPSL 波导单元的电磁特性,分别对单元进行电磁仿真和电路仿真,本节单元设计和天线阵列设计均采用 F4B 介质板,其 $\varepsilon_r = 2.65$,$h = 1.5\,mm$,$\tan\delta = 0.001$。图 7.19(a)比较了电磁仿真和电路仿真 S 参数,两者吻合良好,验证了等效电路的合理性。进一步分析可得,CAPSL 波导单元在 $2.60\,GHz(f_1)$ 和 $3.58\,GHz(f_2)$ 出现了两个谐振频点,单元尺寸仅为 $\lambda_0/22.08 \times \lambda_0/22.08$,其中 λ_0 为 f_1 处的自由空间波长,因此单元实现了亚波长谐振。CAPSL 结构的强空间填充效应极大地延长了地板电流路径,导致等效电感的增强,从而降低了工作频率。图 7.19(b)给出了传输方向上加载不同单元数目时的 S 参数曲线,当 CAPSL 波导单元由 1 个增加至 3 个,2 个阻带的 10dB 带宽分别由 45MHz 增加至 570MHz、44MHz 增加至 81MHZ,这主要是由级联单元间增加的耦合效应引起的。图 7.19

（c）分别给出了 CML（Complementary Meander Line）、CSR 和 CAPSL 波导单元的 S 参数，这里 3 种单元具有相同的结构尺寸且设计在相同的介质板上。由图可知，CML 波导单元的中心频率为 3.3GHz，而 CSR 波导单元的中心频率为 3.5GHz，说明相对于这两个单元，CAPSL 波导单元分别实现了 21.21% 和 25.71% 的小型化。同时，新型单元形成了两个阻带，更适合于双频设计。为了分析 CAPSL 波导单元电磁谐振的物理机制，提取了其等效电磁参数，如图 7.19（d）所示，f_1 和 f_2 附近分别出现了明显的电谐振和磁谐振，导致了负介电常数和负磁导率效应，这与之前分析完全一致。

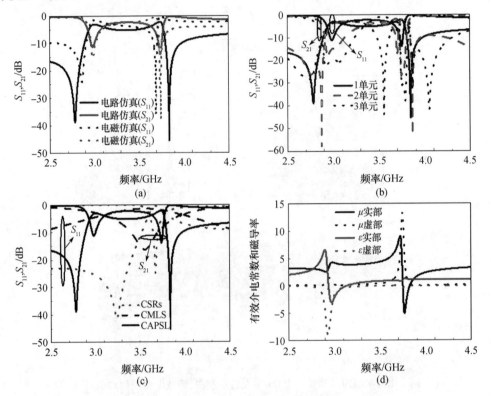

图 7.19　不同结构的仿真 S 参数和等效电磁参数提取结果

（a）CAPSL – WG – MTM 单元的电路仿真和电磁仿真 S 参数；

提取的电路参数：$L_S = 1.20\text{nH}, C_1 = 0.03\text{pF}, C_2 = 0.08\text{pF}, L_{P1} = 21.48\text{nH},$

$L_{P2} = 27.34\text{nH}, R_1 = 5.31\Omega, R_2 = 3.15\Omega, C_{P1} = 0.28\text{pF};$

（b）传播方向上不同 CAPSL – WG – MTM 单元的 S 参数；

（c）不同波导超材料单元的 S 参数；（d）提取的 CAPSL – WG – MTM 单元等效电磁参数。

7.3.2　基于电小波导电负超表面的 MIMO 天线设计

拥有电小尺寸和电负传输特性，CAPSL 波导单元适合同时实现天线阵列单元间的低耦合以及近间隔布局。为了进行实验验证，设计了工作于 2.6GHz 的 H 面相互耦合的二元天线阵，同等中心间距的传统二元阵用于对比分析。图 7.20 给出了设计天线阵的结构示意图。由 7.1 节的分析可知,该二元阵中,电场沿 z 方向,磁场沿 y 方向,波矢沿 x 方向,这与波导单元仿真设置具有一致性,确保了超表面单元的有效激励。7×1 个 CAPSL 波导电负单元均匀加载于两个贴片单元之间,此时天线单元的边缘间距仅为 6mm,相当于 $\lambda_0/19.23$,在报道的文献中,该间距是最小的,图 7.21 给出了加工天线的实物照片。

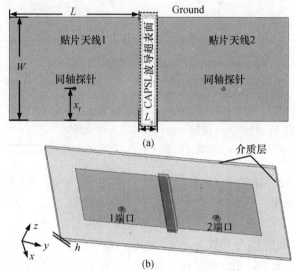

图 7.20　提出的基于 CAPSL 波导电负单元的天线阵结构图
(a) 主视图;(b) 三维视图。

贴片的物理尺寸:$L = 42.7\text{mm}$,$W = 34.5\text{mm}$,$L_s = 6\text{mm}$,$x_f = 10.75\text{mm}$。

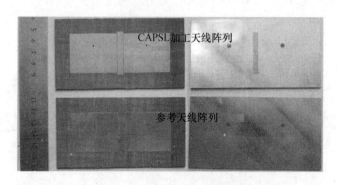

图 7.21　加工天线阵列示意图

　　为了分析天线单元间的传输和耦合效应,分别对传统天线和设计天线的 S 参数进行仿真,并基于 7.1 节的测试方法对波导电负超表面天线进行测试。由图 7.22 可知,两种情形下天线均实现了良好匹配,谐振频率处的回波损耗曲线均优于 20dB,验证了天线设计的有效性;两个贴片间的耦合系数由参考天线的 -9.58dB 下降到波导电负超表面加载时的 -17.85dB,显著降低了 8.27dB;同时,工作频带内,耦合系数平均减小了至少 7.5dB,天线单元间的互耦抑制作用非常可观;此外,尽管 CAPSL 波导电负单元加载的天线出现了高阶谐振,但谐振频率已远远超出天线的工作范围,因此对其性能几乎没有影响。

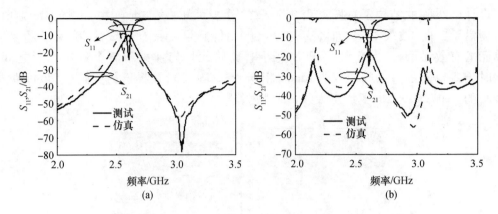

图 7.22　基于 CAPSL 波导电负单元加载的设计天线和参考天
线的反射系数与耦合系数的仿真和测试曲线

（a）参考天线；（b）CAPSL 单元加载的设计天线。

　　图 7.23 比较了分别加载 7×1、7×2 和 7×3 个 CAPSL 波导电负单元时设计天线和
参考天线的反射系数和耦合系数,此时天线单元间距分别为 $\lambda_0/19.23$,$\lambda_0/10.30$ 和 $\lambda_0/
7.04$。随着单元间距的增大,单元间的耦合系数分别为 $-17.85\mathrm{dB}$、$-21.6\mathrm{dB}$ 和 -24.25
dB,而参考天线单元间的耦合系数为 $-9.58\mathrm{dB}$、$-11.26\mathrm{dB}$ 和 $-15.05\mathrm{dB}$,因此,3 种加载
情况下单元间的耦合分别降低了 $8.27\mathrm{dB}$、$10.34\mathrm{dB}$ 和 $9.2\mathrm{dB}$。图 7.24 给出了设计天线与
参考天线在谐振频率处的电流分布,相比于参考天线,设计天线中耦合到寄生贴片的能量
大部分被加载的 CAPSL 波导单元耗散掉,因此,主激励贴片与寄生贴片间的耦合大幅度
减小,进一步验证了电小 CAPSL 波导单元作为解耦网络的有效性。

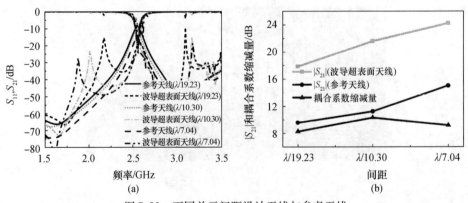

图 7.23　不同单元间距设计天线与参考天线

（a）传输系数和耦合系数对比；（b）耦合系数缩减量对比。

　　为了分析波导电负单元的加载对天线阵辐射方向图的影响,这里考虑了两种情况。
图 7.25（a）给出了单端口天线激励而另一端口接 50Ω 匹配负载时的辐射方向图,由图可
知,参考天线 H 面方向图的峰值方向发生了偏移,偏移角度达到了 $\theta = 25°$,而设计天线的
H 面方向图峰值方向偏移角度仅为 $\theta = 12°$,这直接验证了 CAPSL 波导单元的加载减弱了
天线单元间的耦合。对于 E 面方向图,设计天线具有更低的背瓣电平和更高的增益,且
前后比更大。当两个贴片天线同时激励时,CAPSL 波导单元加载的二元阵增益达到了

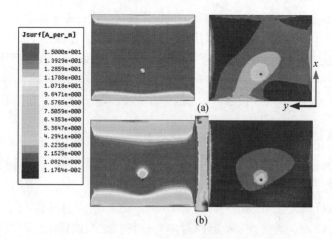

图 7.24　天线表面电流分布

（a）参考天线；（b）设计的 CAPSL 波导单元加载天线。

9.56dB，而参考天线二元阵仅为 8.92dB，增益提高了 0.64dB。因此，通过加载 CAPSL 波导电负单元可以改善天线阵的辐射特性，进而提高天线阵的工作效率。

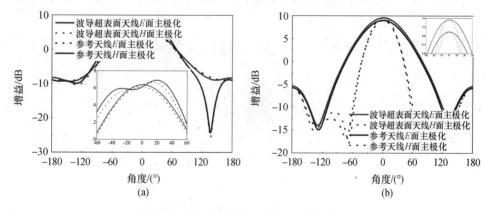

图 7.25　两款天线阵测试方向图对比

（a）单端口激励；（b）天线阵激励。

7.4　基于波导电抗超表面的新型圆极化天线设计

圆极化天线能接收任意线极化和椭圆极化方式的无线电波，且其辐射波也可由任意极化的天线接收，因此具有很高的可靠性和安全性。由于圆极化天线的辐射波遇到对称目标时会发生旋向逆转，能抑制雨雾干扰和抗多径反射，广泛用于卫星导航和移动通信中，同时由于圆极化天线具有旋向正交性，广泛应用于雷达的极化分集和电子对抗中。但传统微带圆极化天线的阻抗带宽和轴比带宽均较窄，近年来不断有异向介质用于设计微带圆极化天线的报道，如提高天线增益和方向性、实现全向圆极化辐射、提高天线带宽，以及实现天线双频、多频辐射方向图多样性和极化多样性等[126,157]。尽管如此，以往方法也存在明显缺陷如馈电网络复杂、天线损耗和尺寸较大、天线增益和辐射效率较低等。

本节基于电抗超表面和紧凑型各向异性谐振器的混合设计方法提出了一种实现微带圆极化辐射的新方案[158]，同时有效克服了以往异向介质圆极化天线损耗大，带宽窄，增益低和尺寸大等缺陷。为验证方案的有效性，基于互补交叉分形树谐振器(CCFT)与互补三环螺旋谐振器(TCSR)设计了 3 种圆极化天线。下面首先对波导电抗单元和紧凑型各向异性谐振器进行分析，为微带圆极化天线设计和实现提供基本原理和方法，本节所有设计和仿真均基于 HFSS。

7.4.1　波导电抗单元分析

如图 7.26 所示，波导电抗异向介质单元[309]由双层介质板、介质板之间的开缝金属贴片以及金属背板组成，其中上层介质用于支撑天线贴片，下层介质用于提供天线地板，这样平面波导电抗单元就可以很巧妙地加载于微带天线，而且还能利用微带的电磁环境有效激励其工作模式。通过在 xoy 面内对单元进行二维周期延拓就可以形成无限大超表面。虽然波导电抗单元可以看成是去掉金属化过孔的简化蘑菇结构，但其损耗显著减小且工作机制与蘑菇单元完全不同，因而这里圆极化天线的设计方法与基于左手传输线的圆极化天线[157]设计完全不同。波导电抗单元与最终天线设计双层介质板均采用 F4B 板，其 $\varepsilon_r = 2.65$，$h = 1mm$ 和 $\tan\delta = 0.001$。

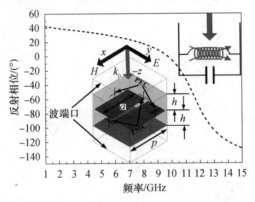

图 7.26　波导电抗单元的仿真反射相位

方形贴片的长度和周期分别为 $a = 5mm$ 和 $p = 5.5mm$。

工作时，横电磁波沿 $-z$ 方向垂直入射到波导电抗单元上，xoy 面的 4 个边界分别设置为 PEC 和 PMC 边界，而上下两个边界设置为波端口。该情形下，金属贴片和缝隙对入射电磁波的响应可用电感 L 和电容 C 组成的并联谐振腔等效。其中，L 主要由介质板的介电常数 ε_r 和厚度 h 决定，而 C 主要由贴片尺寸和周期决定。因此，任何与电路参数相关的物理参数发生变化均会改变单元谐振频率。如图 7.26 所示，波导电抗单元相位响应变化非常平缓，具有很宽的工作带宽，同时 LC 电路在 $f_0 = 9.73GHz$ 处发生谐振，该频率处单元的电尺寸为 $\lambda_0/5.6 \times \lambda_0/5.6 \times \lambda_0/15.4$ 且反射相位为零，对应于 PMC 响应，当 $f < f_0$ 时波导电抗超表面为感性且相位为正值，而当 $f > f_0$ 时超表面为容性且相位为负值。研究还表明，波导电抗单元数目对谐振频率的影响可以忽略。由于波导电抗超表面谐振频率远高于微带圆极化天线工作频率，即工作于感性频段，该情形下超表面可以使天线存储更多的磁能，因此天线谐振回路的电感增大，具有更低的半波谐振频率，能在一定程度上展宽天线阻抗带宽[309]，同时由于波导电抗超表面可以抑制表面波传输，从而可以改善圆极化天线的辐射特性，如增益、辐射前后比和辐射效率等。

7.4.2　紧凑型各向异性谐振器分析

要想在特定频率实现微带天线的圆极化辐射,必须有效激励起两个幅度相等且相位相差90°的正交模式。沿着这个思路,在传统贴片中引入了各向异性谐振器 CCFT 和 TCSR,它们在轴向电场激励下产生亚波长谐振并可由并联 LC 谐振腔等效。因此可以利用 CCFT 与 TCSR 在谐振频率处的交叉耦合和极化转换有效激励起上述两个正交模式。为了保持天线良好的前后辐射比,CCFT 和 TCSR 置于贴片上用以抑制地板的背向辐射,同时它们和贴片之间的近场耦合将会降低天线的工作频率。不同于以往缝隙圆极化天线,波导电抗超表面的引入拓展了天线的工作带宽并降低了工作频率。同时,为了增强谐振器的各向异性并降低谐振频率,这里 CCFT 和 TCSR 分别采用了具有很强空间填充特性的分形和螺旋技术实现,其在谐振频率处的尺寸均保持在 $\lambda_0/10$ 左右。以往交叉分形树结构广泛用于设计频率选择表面,而这里 CCFT 则由交叉分形树结构演化而来,如图 7.27 (c)所示。为了引入非对称性并实现有效谐振,对 CCFT 的一个角进行开口。

图 7.27 和图 7.28 分别给出了基于 CCFT 和 TCSR 加载的微带圆极化天线。其中 CCFT、TCSR 和方形贴片均位于波导电抗超表面上方,且 CCFT 和 TCSR 均位于贴片第二象限的中心位置。所有情形下波导电抗超表面由 8×8 个单元阵列组成且与地板尺寸相同,贴片和天线整体尺寸分别为 $w \times w = 26\text{mm} \times 26\text{mm}$ 和 43.5mm $\times$43.5mm,且采用直径为 1.4mm 的同轴探针进行底馈。CCFT 和 TCSR 的方位由两个因素决定:相对于馈电点(探针)的位置和开口方向,其中谐振器的位置主要决定天线的阻抗匹配,并影响天线的圆极化辐射,因此通过调整馈电位置可以实现天线的最佳性能,而谐振器的开口方向决定辐射波的旋向(LCP 或 RCP)和轴比特性,这里谐振器的开口方向定义为其所在的方向与 x 轴的夹角 φ。

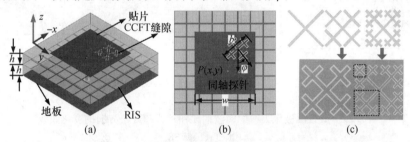

图 7.27　基于 CCFT 和波导电抗超表面的圆极化天线

(a)全视图;(b)俯视图;(c)CCFT 的演化。

其中:$b = 12.4\text{mm}$,CCFT 槽宽度为 0.46mm,馈电点位于(3.5mm,1.2mm),

CCFT 位于(-6mm,5.5mm),原点为地板中心。

为分析紧凑型谐振器的工作机制并形成圆极化天线的设计方法,图 7.29 给出了开口方向对天线性能的影响,其余物理参数与图 7.27 和图 7.28 保持一致。从图 7.29(a)可以看出当 φ 以 45°步进在 0°~315°变化时,天线轴比的急剧变化说明天线的圆极化特性主要由 CCFT 的开口方向决定。当 $\varphi = 45°$ 时,天线获得了良好轴比特性,同时由于开口方向不同,CCFT 与贴片相互作用的变化导致谐振频率发生了改变,而且无论 φ 如何变化,天线只表现出单频圆极化特性,说明 CCFT 为单模谐振器。从图 7.29(b)可以看出 TCSR

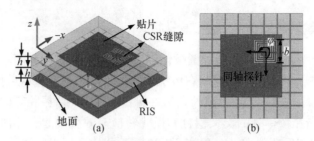

图 7.28　基于 TCSR 和波导电抗超表面的圆极化天线

(a) 全视图；(b) 俯视图。

其中：TCSR 槽宽和槽间距为 0.4mm，$b = 9.6$mm，

馈电点位于(8mm,1.3mm)，TCSR 位于(−6mm,6mm)。

开口方位同样决定了天线的圆极化特性，例如当 $\varphi = 0°$、45°、135° 和 180° 时 TCSR 能激发双频圆极化模式，而在其他方向仍为单频圆极化模式。尽管 $\varphi = 0°$ 和 45° 时轴比曲线显示天线具有双频圆极化特性，但回波损耗曲线上幅度较小的反射零点表明双频圆极化模式未被有效激发，同时当 φ 从 180° 增加到 315° 时，两个圆极化频段逐渐靠近并最终复合成一个较宽的圆极化频段，其中当 $\varphi = 270°$ 时天线具有最好的单频轴比。

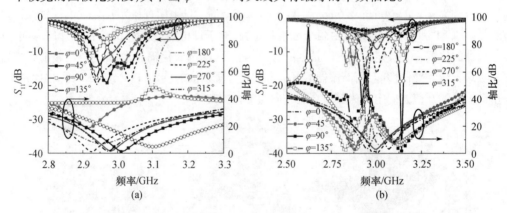

图 7.29　微带圆极化天线的回波损耗和轴比随开口方向的变化曲线

(a) CCFT；(b) TCSR。

下面研究谐振器降低天线工作频率的机理，图 7.30 给出了不同 CCFT 和 TCSR 尺寸下圆极化天线的仿真回波损耗和轴比，其中轴比在天线最大辐射方向处获得，CCFT 和 TCSR 的开口方向分别为 $\varphi = 45°$ 和 $\varphi = 270°$，k 为 CCFT 和 TCSR 的缩放因子，两种情形下当 $k = 2.3$ 和 $k = 2$ 时 $b = 12.4$mm 和 $b = 9.6$mm，天线其余物理参数与图 7.27 和图 7.28 保持一致。由图 7.30(a) 可知，CCFT 情形下当 k 由 1.1 增加至 2.3 时天线 10dB 回波损耗中心频率逐渐向低频移动，同时当 k 较小时即 $k \leqslant 1.5$，无法激励起天线的圆极化辐射，而当 k 从 1.7 增加至 2.3 时，天线 3dB 轴比中心频率从 3.13GHz 降低到 2.99GHz。由图 7.30(b) 可知，TCSR 情形下当 k 不断增加且满足 $k < 2$ 时，中心工作频率显著下降，而当 k 继续增加时中心频率几乎保持不变，这是因为 $k \geqslant 2$ 时 TCSR 达到了第二象限的极限。以上结果表明延长谐振器的周长可以有效降低天线的工作频率，但谐振器周长的增

加并不总是伴随圆极化性能的改善,例如由图 7.30(b)可知当 k 由 1.4 增加至 2 时轴比逐渐得到改善,而 k 继续增加时轴比急剧恶化。

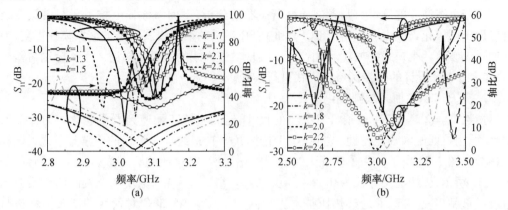

图 7.30　不同谐振器尺寸下微带圆极化天线的回波损耗和轴比
(a)CCFT;(b)TCSR。

图 7.31 给出了空间填充特性对天线工作频率的影响,所有情形下只有谐振器发生变化而天线其他参数保持不变,其中零阶分形 CCFT(IO = 0)为传统十字交叉结构。对于 CCFT 和 TCSR,空间填充能力分别体现为分形迭代次数以及环的数目,迭代次数越高,环数目越多,谐振器的空间填充能力则越强。由图 7.31 可以得出两方面的结论。首先,谐振器的空间填充特性对天线的阻抗匹配特性影响非常大,其中 CCFT 天线 IO = 1 时和 TCSR 天线环数目为 3 时天线匹配最好,同时 TCSR 天线反射零点附近出现的额外反射零点表明 TCSR 谐振模式与半波谐振模式发生了分裂,而 IO = 2 和 IO = 1 时 CCFT 天线也出现了模式分裂,这是因为高阶分形极大地延长了谐振器的电流路径,降低了 CCFT 的谐振频率,这里由于贴片与谐振器的复杂作用,半波谐振频率并非传统微带天线的半波谐振频率。其次,与 IO = 0 时相比,IO = 1 和 IO = 2 时天线的中心频率分别降低了 90MHz 和 230MHz,同时与双环和单环 TCSR 相比,三环 TCSR 时天线的第二个模式中心频率分别降低了 270MHz 和 360MHz,因此谐振器空间填充能力越强天线尺寸越小,同时当谐振器与贴片的比例更大时中心频率的降幅随空间填充特性的变化将更加明显。

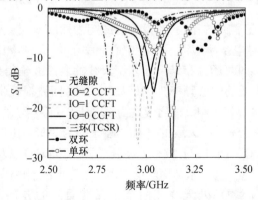

图 7.31　CCFT 和 TCSR 空间填充能力对天线工作频率的影响
CCFT 加载时 k = 2.3 和 φ = 40°,TCSR 加载时 k = 2 和 φ = 270°。

7.4.3　圆极化天线设计与实验

基于上述波导电抗单元与各向异性谐振器的分析,下面将波导电抗单元与谐振器结合应用于圆极化天线设计。由于 CCFT 和 TCSR 激励的谐振模式与半波谐振模式正交,因此通过调整这两个模式的幅度和相位可以实现微带天线的圆极化辐射。下面分别对基于 CCFT 和 TCSR 设计的微带圆极化天线进行实验研究。

1. 基于 CCFT 加载的圆极化天线

虽然 IO＝2 时 CCFT 天线具有更小的尺寸,但其阻抗匹配遭到严重恶化。为权衡天线尺寸、阻抗匹配和轴比特性,这里 CCFT 选择 IO＝1,最终优化设计的单频圆极化天线物理参数如图 7.27 所示。为了验证天线的圆极化性能,对设计的天线进行加工和测试,如图 7.32 所示,天线的尺寸仅为 $0.26\lambda_0 \times 0.26\lambda_0$。组装过程中,两块完全相同的介质板通过胶黏剂粘接在一起,并通过热压技术进行固定。采用 N5230C 对天线的回波损耗进行测试并在微波暗室中对远场辐射方向图进行测试。

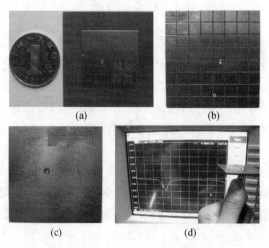

图 7.32　基于 CCFT 和波导电抗超表面加载的单频圆极化天线实物
上层介质板的(a) 俯视图和(b) 底视图;
(c) 地板的底视图;(d) 组装后的天线与测试。

为了验证波导电抗超表面的作用,对没有加载超表面的双层微带天线也进行了仿真。如图 7.33 所示,加载波导电抗超表面后天线中心频率下降了 140MHz 且回波损耗、带宽均得到了一定程度的改善,同时场分布结果还表明天线的表面波也得到了一定程度的抑制。测试结果表明,圆极化天线的中心频率为 3165MHz,10dB 回波损耗带宽为 150MHz(3090 ~ 3240MHz),相对带宽为 4.74%,3dB 轴比带宽为 60MHz(3110 ~ 3170MHz)且均位于回波损耗带宽内,相对带宽为 1.9%。而天线的仿真中心频率为 2995MHz,10dB 回波损耗带宽为 140MHz(2920 ~3060MHz)。测试中心频率的高频漂移(170MHz)以及稍宽的轴比带宽是由于胶黏剂降低了介质板的介电常数,从而降低了整个混合谐振器的品质因数。

图 7.34 给出了中心频率处天线在两个主辐射面内的方向图。仿真与测试结果吻合良好,表明天线实现了 LCP 波辐射,且法线辐射方向的峰值增益接近 5.9dBic,而前后比达到了 14.8dB,与以往圆极化天线[126,157]相比具有明显优势。同时,天线

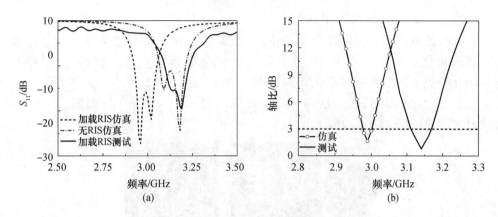

图 7.33　圆极化天线的仿真和测试

（a）回波损耗;（b) 轴比。

的辐射效率接近 91% 且交叉极化辐射比主极化辐射低 19.8dB,说明天线具有很好的极化纯度。如图 7.35 所示,CCFT 的弯曲边界改变了电流分布且极大地延伸了电流路径,同时一个周期内贴片边缘电场沿顺时针发生了 360°旋转,表明激起了天线的 LCP 波辐射,而当 $\varphi = -45°$时天线可获得 RCP 波辐射。

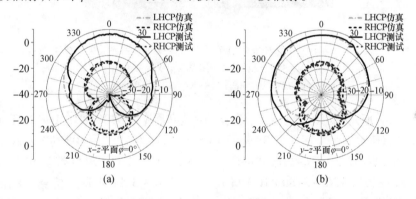

图 7.34　圆极化天线的仿真和测试远场辐射方向图

（a）*xoz* 平面;（b) *yoz* 平面。

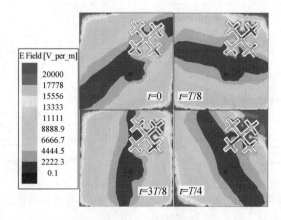

图 7.35　2990MHz 处圆极化天线随时间变化的电场分布

2. 基于 TCSR 加载的圆极化天线

下面验证各向异性 TCSR 谐振器同样能实现天线的圆极化辐射,而且还能实现双频圆极化。选择三环 TCSR 并对其进行优化设计以实现最佳小型化、阻抗匹配和轴比特性,最终单频圆极化天线的物理参数如图 7.28 所示。对单频圆极化天线进行加工、组装和测试,方法与 CCFT 加载的圆极化天线相同,如图 7.36 所示,天线尺寸为 $0.262\lambda_0 \times 0.262\lambda_0$。

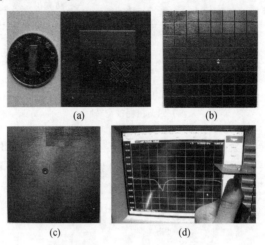

图 7.36　基于 TCSR 和波导电抗超表面加载的单频圆极化天线实物
上层介质板的(a)俯视图和(b)底视图;
(c)地板的底视图;(d)组装后的天线与测试。

如图 7.37 所示,仿真结果表明天线的中心频率为 3000MHz,10dB 阻抗带宽为 2970~3040MHz,相对带宽为 2.33%,3dB 轴比带宽为 2960~3030MHz,相对带宽为 2.33%;而测试结果表明天线的中心频率为 3055MHz,10dB 阻抗带宽和 3dB 轴比带宽分别为 8.18%(2930~3180MHz)和 3.3%(2990~3090MHz),仿真与测试结果的差异与 CCFT 加载的圆极化天线相同,同时波导电抗超表面实现了天线的小型化并展宽了天线带宽。

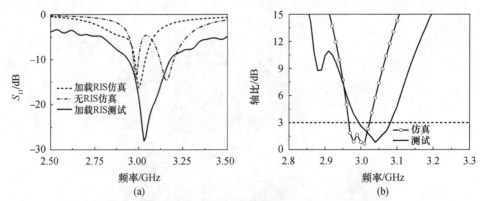

图 7.37　单频圆极化天线的仿真和测试回波损耗和轴比。
(a)回波损耗;(b)轴比。

如图 7.38 所示,两个主平面内仿真和测试方向图一致性很好。仿真和测试的峰值增益达到了 5.1dBic,天线效率为 71.9%,天线实现了 RCP 波辐射,且交叉极化辐射比主极化辐射低 20.2dB,表明天线具有很好的极化纯度。天线测试的前后比为 14.2dB,说明后向辐射很低。图 7.39 中贴片边缘电场在一个周期内沿逆时针发生的 360°旋转验证了天线的 RCP 波辐射。当 $\varphi=90°$ 和 315°时,天线也可以实现单频 RCP 波辐射,而当 $\varphi=135°$ 和 180°时天线可以实现 LCP 波辐射。

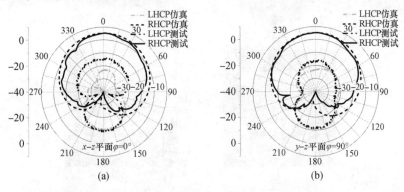

图 7.38 单频圆极化天线 3055MHz 处的仿真和测试远场辐射方向图

(a) xoz 面;(b) yoz 面。

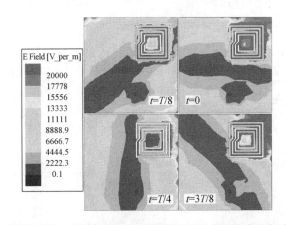

图 7.39 3GHz 处单频圆极化天线随时间变化的仿真电场分布

虽然图 7.29 的结果表明选择合适的开口方向,TCSR 谐振器可激发出两个分离的圆极化谐振模式,但天线的回波损耗和轴比远达不到指标,同时设计过程中需要权衡回波损耗和轴比。选择 $\varphi=135°$,通过对贴片和馈电位置进行优化设计后,最终双频圆极化天线如图 7.40 所示,天线在 f_1 处的尺寸为 $0.248\lambda_0 \times 0.248\lambda_0$。为了实现天线良好的阻抗匹配,贴片沿 y 方向平移了 2mm。如图 7.41 所示,双频圆极化天线的仿真和测试回波损耗与轴比一致性很好,同时测试结果表明两个圆极化频段均向高频偏移了 10MHz,$f_1=2.86$GHz 处的回波损耗和轴比分别为 -23.3dB 和 0.84dB 且 10dB 阻抗带宽和 3dB 轴比带宽分别为 1.75%(2840~2890MHz)和 1.05%(2845~2875MHz),而 $f_2=3.11$GHz 处的回波损耗和轴比分别为 -15dB 和 1.26dB 且 10dB 阻抗带宽和 3dB 轴比带宽分别为 2.57%(3070~3150MHz)和 1.61%

（3085～3135MHz），验证了天线很好的双频圆极化辐射特性。测试结果中微小的高频偏移和展宽的带宽与前面讨论相同。

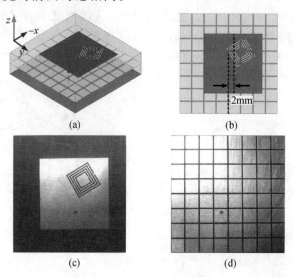

图 7.40　基于 TCSR 和波导电抗超表面加载的双频圆极化天线（a）、（b）结构与（c）、（d）实物
（a）全视图；（b）俯视图；上层介质板的（c）俯视图和（d）底视图。

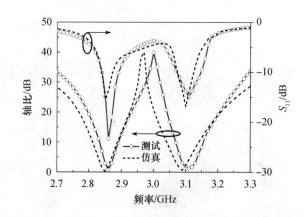

图 7.41　双频圆极化天线的仿真和测试回波损耗和轴比

　　为了进一步验证天线的双频圆极化辐射特性，图 7.42 分别给出了 f_1 和 f_2 处天线在主平面内的远场方向图。可以看出仿真和实验结果吻合得很好，同时天线在 f_1 处的测试增益为 4.15dBic 且辐射效率为 67.6%，f_2 处的测试增益为 4.77dBic 且辐射效率为 69.6%。同时天线在 f_1 处实现了 LCP 波辐射而在 f_2 处实现了 RCP 波辐射，且所有方向图中测试交叉极化比主极化至少低 19.4dB。如图 7.43 所示，f_1 处贴片边缘电场的顺时针旋转以及 f_2 处的逆时针旋转进一步验证了 f_1 处的 LCP 波辐射和 f_2 处的 RCP 波辐射。仿真结果还表明当 $\varphi=0°$ 和 45°时天线可以实现两个频率的 RCP 波辐射。TCSR 单元较高的品质因数使得圆极化天线的增益和辐射效率比 CCFT 加载的圆极化天线稍低。这里双频圆极化天线的实现方法简单，是目前具有最紧凑尺寸和最小频比的天线之一，同时阻抗带宽和轴比带宽均比较可观，且天线增益和辐射效率具有明显优势。

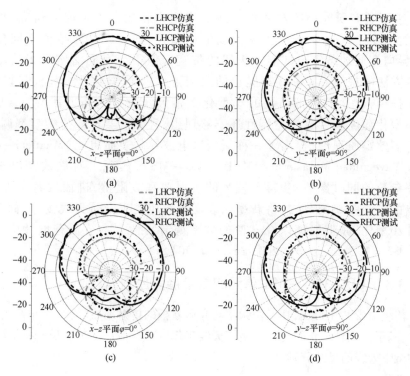

图 7.42 双频圆极化天线的仿真和测试远场辐射方向图

（a）、（c）xoz 面；（b）、（d）yoz 面；（a）、（b）f_1；（c）、（d）f_2。

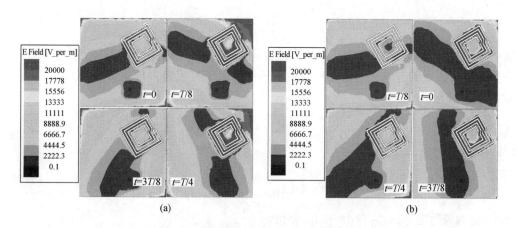

图 7.43 双频圆极化天线随时间变化的电场分布

（a）2850MHz；（b）3100MHz。

7.5 基于波导磁电超表面的微带天线频带展宽原理与设计

前面介绍了波导电抗超表面在圆极化天线中的应用，但总体来讲，天线工作频带较窄，本节将探索波导磁电超表面的频带展宽原理及实验验证，实现天线的工作频率与结构尺寸关系不受限制。

近年来不断有研究小组对微带天线的小型化和频带改善展开研究,如通过加载集总元件、交指或蜿蜒结构实现天线的小型化,通过 CRLH 结构不同模式的级联、左手异向介质加载等方式展宽天线的带宽。但很少有同时实现天线小型化和频带拓展方法的报道。Kamal 等提出的采用磁电介质作为天线基板,通过对磁导率参数的操控,建立了频带拓展的小型化微带天线设计的新方法[156]。但该方法实现的小型化程度和带宽展宽特性还不够理想,且无法实现便捷的频率调节功能。本节基于等效媒质理论,提出了一种新型磁电波导超表面单元(Magneto - electro - dielectric Waveguided Metasurface,MED - WG - MS),实现了对等效介电常数和等效磁导率参数的同时操控,获得了较大的折射率和波阻抗,进而改善了天线性能。基于提出的三步频率调节法,将新型超表面单元应用于微带天线设计,同时实现了天线尺寸小型化、频带展宽以及方便的频率调节特性。本节所有设计均采用 F4B 介质板,其 $h = 1.5\,\mathrm{mm}$,$\varepsilon_\mathrm{r} = 2.65$,$\tan\delta = 0.001$。

7.5.1 MED - WG - MS 单元和频带展宽原理

对于传统微带贴片天线,其工作频率与介质基板的折射率成反比,工作带宽与品质因数成反比,基于人工异向介质设计的微带天线工作原理类似。由半波长谐振特性,可以估算出两种微带天线的尺寸分别为

$$L_\mathrm{ref} \approx \frac{c}{2f_0\sqrt{\varepsilon_\mathrm{ref}}} = \frac{c}{2f_0 n_\mathrm{ref}} \tag{7.6a}$$

$$L_\mathrm{MS} \approx \frac{c}{2f_0\sqrt{\varepsilon_\mathrm{eff}\mu_\mathrm{eff}}} = \frac{c}{2f_0 n_\mathrm{eff}} \tag{7.6b}$$

式中:ε_ref 为传统微带天线介质基板的有效介电常数;f_0 为谐振频率;ε_eff、μ_eff 为基于人工异向介质微带天线的有效介电常数和有效磁导率。基于腔模谐振理论,两种微带天线的品质因数分别为

$$Q_\mathrm{ref} = \frac{\pi w_\mathrm{p}}{4G_\mathrm{r}h\eta_\mathrm{ref}} = \frac{\pi w_\mathrm{p}\sqrt{\varepsilon_\mathrm{ref}}}{4G_\mathrm{r}h\eta_0} \tag{7.7a}$$

$$Q_\mathrm{MS} = \frac{\pi w_\mathrm{p}}{4G_\mathrm{r}h\eta_\mathrm{eff}} = \frac{\pi w_\mathrm{p}\sqrt{\varepsilon_\mathrm{eff}}}{4G_\mathrm{r}h\eta_0\sqrt{\mu_\mathrm{eff}}} \tag{7.7b}$$

式中:G_r 为辐射电导;η_0 为自由空间波阻抗。

因此,描述天线性能改善程度的紧凑型因子(Compact Factor,CF)和带宽改善因子(Bandwidth Improving Factor,BIF)可以表示为

$$\mathrm{CF} = \frac{n_\mathrm{ref}^2}{n_\mathrm{eff}^2} = \frac{\varepsilon_\mathrm{ref}}{\varepsilon_\mathrm{eff}\mu_\mathrm{eff}} \tag{7.8}$$

$$\mathrm{BIF} = \frac{Q_\mathrm{ref}}{Q_\mathrm{MS}} = \frac{\eta_\mathrm{eff}}{\eta_\mathrm{ref}} = \frac{\sqrt{\varepsilon_\mathrm{ref}\mu_\mathrm{eff}}}{\sqrt{\varepsilon_\mathrm{eff}}} \tag{7.9}$$

基于等效媒质理论,通过操控材料参数 ε_eff 和 μ_eff,可以获得较小的 CF 和较大的 BIF,进而可以改善天线的性能。文献报道的磁电介质超材料可以操控材料的磁导率参数,仅

是改善天线性能的一个特例,本节中提出的 MED – WG – MS 单元将可以同时操控电磁材料参数 ε_{eff} 和 μ_{eff},是改善天线性能的一般形式。

如图 7.44(a)所示,MED – WG – MS 单元寄存于由上、下层金属板构成的平板波导环境中,中间介质基板起支撑作用。其中,上层金属板刻蚀了 CSR 单元,其结构参数为:$d = 0.3\text{mm}$,$c = 0.2\text{mm}$ 和 $g = 0.4\text{mm}$,主要用于操控基板的 ε_{eff} 参数,而下层接地板采用嵌入式 Hilbert 分形曲线(Embedded fractal Hilbert Line,EHL),其结构参数为:$p_x = p_y = 5\text{mm}$,$a = 3.6\text{mm}$,$l = 0.3\text{mm}$ 和 $r_1 = 2.1\text{mm}$,主要用于调控基板的 μ_{eff} 参数。

MED – WG – MS 单元由 x 方向入射,z 方向极化的 TEM 波照射,电场垂直于上下金属平面,磁场平行于 CSR 结构的开口方向。单元仿真设置中,x 方向的两个边界设置为波端口,y 方向的两个平面设置为 PMC 边界,而 z 方向的两个平面设置为 PEC 边界用于模拟无限单元阵列。分别对单元进行电磁仿真和电路仿真,结果如图 7.44(b)所示。电磁和电路 S 参数吻合得很好,且单元在 3.0GHz 发生了谐振,此时单元的尺寸为 $0.05\,\lambda_0 \times 0.05\,\lambda_0$。

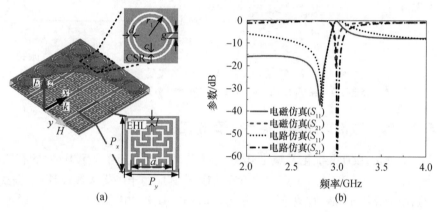

图 7.44　MED – WG – MS 单元的(a)结构示意图,
仿真设置以及结构尺寸和(b)电磁和电路仿真 S 参数

为了深入分析 MED – WG – MS 单元的工作机制,图 7.45 给出了 4 种不同情况下的等效材料参数曲线。对于 MED – WG – MS 单元、90°旋转 MED – WG – MS 单元和 ED – WG – MS 单元(仅在上金属贴片刻蚀 CSR 结构),均在 $f_1 = 2.86\text{GHz}$ 附近出现了明显的电谐振,而相应频段的磁导率曲线产生了反谐振,这主要是由单元间的电磁耦合效应和有限的单元结构尺寸引起的。所有情形中,除电谐振和相应反谐振频点,其余频率磁导率和介电常数的虚部均趋于零,说明 4 种单元结构的损耗均可忽略。由图 7.45(a)和(c)可知,MED – WG – MS 单元和其 90°旋转结构的电谐振频率以及材料参数存在微小差异,这主要是由 CSR 和 EML 结构的非对称性引起的。进一步对比分析表明,当 $f > f_1$ 时,对于 ED – WG – MS 单元,CSR 结构的引入使得介电常数值减小且变化平缓;对于 MD – WG – MS 单元(仅在地板平面加载 EML 单元),较大的介电常数和较小的磁导率不利于天线小型化和频带展宽;而 MED – WG – MS 单元实现了较小且平缓变化的介电常数以及较大的磁导率,更有利于实现微带天线的小型化和频带展宽。

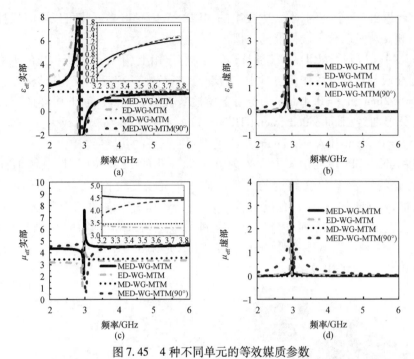

图 7.45　4 种不同单元的等效媒质参数

单元有效介电常数 ε_{eff} 的(a) 实部和(b) 虚部;有效磁导率 μ_{eff} 的(c) 实部和(d) 虚部。

7.5.2　电小微带天线频带展宽方案验证

基于以上分析,设计并优化了一种 MED – WG – MS 单元,其在 3.5GHz 时的有效材料参数为 $\mu_{\text{eff}} = 4.5 + \text{j}0.025$ 和 $\varepsilon_{\text{eff}} = 1.05 + \text{j}0.033$,如果将其应用于微带天线设计,依据式(7.8) 和式(7.9),小型化因子和带宽改善因子分别为 CF = 0.41 和 BIF = 2.87,也就是说可以实现良好的小型化和频带展宽特性。为了验证以上分析,基于 MED – WG – MS 单元设计了工作于 3.5GHz 的贴片天线,其结构如图 7.46 所示。依据材料参数和式(7.6),可以估计出贴片尺寸为 $L_{\text{MS}} \approx 20\text{mm}$,而 MED – WG – MS 单元的尺寸为 5mm×5mm,因此天线设计中需要加载 4×4 个超表面单元。为了保证地板上电流的连续性,地板其他区域也加载了 EML 单元,同时为了确保入射能量传输的连续性,馈线下方的接地板未嵌入 EML 结构。

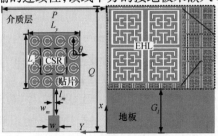

图 7.46　基于 MD – WG – MS 单元加载的天线结构示意图

(a) 正视图;(b) 底视图。

天线的结构参数(单位:mm):$P = 40\text{mm}$,$Q = 45\text{mm}$,$L_x = L_y = 20\text{mm}$,

$G_l = 15\text{mm}$,$l_m = 10\text{mm}$,$w_m = 0.8\text{mm}$,$w_e = 4.1\text{mm}$;最终 CSR 结构的尺寸为:$r_1 = 2.1\text{mm}$,

$d = 0.5\text{mm}$,$c = 0.3\text{mm}$,$g = 0.5\text{mm}$。

便捷的频率调节方法对天线设计和工程应用起着重要作用,本节天线设计中,由于 CSR 结构的引入,可以方便地调节介质基板的材料参数,因而在不改变贴片整体尺寸情况下可以实现对天线谐振频率的调节,这里提出了三步频率调节法。需要说明的是,当 CSR 结构的单一参数变化时,其余参数保持恒定。第一步,可以通过调节 CSR 的外环半径 r_1 实现对工作频率的粗略调节。从图 7.47(a)可以看出当 r_1 以步进 0.1mm 在 1.8mm 至2.2mm 范围变化时,天线的反射系数均优于 – 19dB,谐振频点在 3.35GHz 至 3.72GHz (370MHz)范围内变化。第二步,调节参数 d(间接决定内环半径)可以获得对工作频率的优化调节,当 d 取不同值时,天线的反射系数如图 7.47(b)所示。可以看出,不同情形天线均达到了良好匹配,谐振频点的浮动范围降低至 0.2GHz(3.4 ~ 3.6GHz)。第三步, CSR 结构的开口大小 g 可以用于对天线工作频率的精确控制,当 g 由 0.2mm 以步进 0.1mm 增加至 0.7mm 时,天线的反射系数如图 7.47(c)所示。可以看出,天线谐振频点浮动范围进一步减小至 0.06GHz(3.47GHz 到 3.53GHz)。因此,该三步频率调节法可以快速精确地实现对谐振频率的调节,对天线的优化设计具有重要的指导意义。

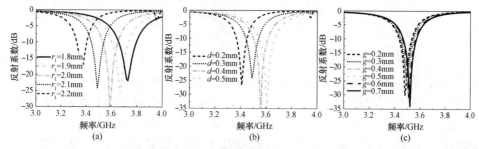

图 7.47　不同情形仿真的天线反射系数随(a) r_1,(b) d 和(c) g 的变化

为了分析 CSR 结构的各向异性对天线性能的影响,图 7.48(a)比较了当 θ 以 45°步进在 0°到 180°范围变化时天线的反射系数曲线。CSR 单元的各向异性以及由不同开口方向产生的 EHL 和 CSR 不同的相互作用导致了谐振频率的稍微偏移。同时,当 $\theta = 90°$时天线实现了最宽的带宽和最好的匹配(也就是 MED – WG – MS 加载时的天线)。图 7.48(b)比较了不同波导二维超表面加载时天线的反射系数曲线,当 EHL 单元加载于天线辐射贴片而 CSR 单元刻蚀在地板上时(图中的 EHL – CSR 加载曲线),天线匹配特性恶化且工作频率向高频偏移至 3.67GHz,这主要是由 MED – WG – MS 单元沿入射电场方向(z 轴方向)的非对称性引起的材料参数变化导致的。同时,对于 CSR 加载于金属贴片 EHL 加载于地板上的情形(MED – WG – MS 加载时的天线),天线获得了最低工作频率和最宽频带宽度。

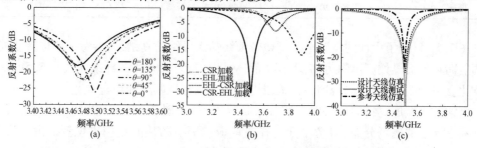

图 7.48　仿真和测试的天线反射系数曲线
反射系数随(a) θ 和(b) d 不同加载方式的变化;(c)参考天线、设计天线仿真和测试对比曲线。

　　基于提出的三步频率调节方法和以上分析,最终设计了工作于3.5GHz的宽频电小微带天线,并对其进行了加工组装,图7.49给出了组装后天线的实物图。辐射贴片的最终尺寸为 $L_x \times L_y = 20mm \times 20mm$,相当于 $0.20\lambda_0 \times 0.20\lambda_0$,其中 λ_0 为3.5GHz时自由空间的波导波长,地面尺寸为 $P \times Q = 40mm \times 45mm$。为了与传统贴片天线进行对比分析,设计了工作于相同频率、采用相同介质板、相同地板尺寸的传统微带天线,其辐射贴片尺寸为 $25.4mm \times 27.4mm$。

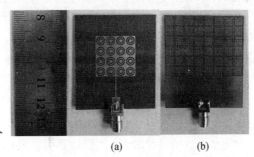

图7.49　加工天线实物图
(a)正视图;(b)底视图。

　　为了对设计天线进行实验验证,采用ME7808A型矢量网络分析仪测试了天线的反射系数,结果如图7.48(c)所示,仿真和测试结果吻合良好表明天线设计的有效性。仿真的参考天线谐振在3.5GHz,反射系数峰值为 $-21.5dB$,$-10dB$ 阻抗带宽为43MHz,相对带宽为1.23%,而仿真(测试)的设计天线均谐振在3.5GHz,反射系数峰值为 $-25dB$($-40dB$),$-10dB$ 阻抗带宽为115MHz(132MHz),相对带宽为3.29%(3.77%)。与传统贴片天线相比,设计的电小贴片天线实现了42.5%的小型化,且带宽拓展了207%。两者详细的性能对比见表7.1。测试中稍微偏大的带宽改善系数BIF主要是由测试中的随机误差导致的。与报道的磁电介质加载天线相比[156],本节天线实现了最小尺寸和最大带宽。此外,设计天线的加工仅需简单的单平面PCB技术,与传统的通过集总元件加载或金属化过孔技术拓宽天线频带的方法相比,本节方法更为简单直观。

表7.1　传统天线和设计天线特性对比

类型	尺寸/mm²	带宽/MHz(%)	CF	BIF
			理论/仿真	理论/仿真/测试
参考天线	25.4×27.4	43(1.23%)	0.41/0.57	2.87/2.67/3.07
设计天线	20×20	115/132(3.29/3.77%)		

　　图7.50显示了设计的宽频电小型微带天线输入导纳仿真结果,参考平面选择在馈线与辐射贴片的交界处。由图可知,不管实部还是虚部,设计天线的导纳曲线在3.5GHz附近均比参考天线变化缓慢,说明设计天线更容易实现阻抗匹配和更宽带宽。

　　天线的带宽展宽特性还可以由场分布状况来解释,图7.51(a)和(b)对比了设计天线和参考天线的磁场分布,参考平面选择在地板和辐射贴片的正中央位置。由图可知,MED-WG-MS单元的加载导致了磁场的重新分布,同时,设计天线的磁场强度小于参考天线的磁场强度,这是因为设计天线介质基板的波阻抗值更大,导致了贴片下方储存能

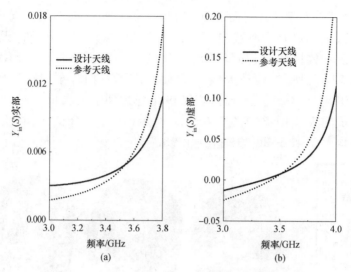

图 7.50　仿真天线端口输入导纳的实部和虚部曲线

（a）实部；（b）虚部。

量的减小进而降低了天线的品质因数,最终实现了天线工作频带的展宽。天线在直线 $y=0$ 上的归一化电场和磁场曲线如图 7.51（c）和（d）所示,参考天线的电场强度和磁场强度几乎保持不变,而 MED－WG－MS 的加载实现了电磁能量的重新分布。

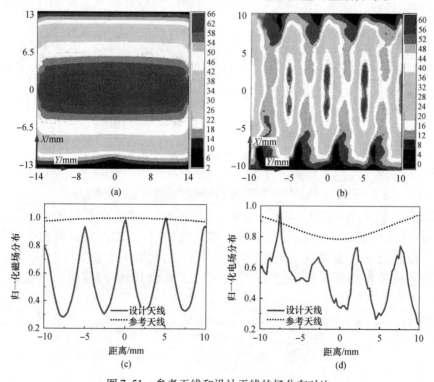

图 7.51　参考天线和设计天线的场分布对比

（a）参考天线和（b）设计天线在 xoy 平面内的磁场分布对比曲线;
参考天线和设计天线在 $y=0$ 直线上（c）归一化磁场分布和（d）归一化电场分布曲线。

197

为了验证天线的辐射特性,图7.52给出了仿真的三维辐射方向图、微波暗室测试的主平面方向图和天线增益曲线。由图7.52(a)~(c)可知,天线在3个工作频点的方向图一致性较好,均呈现出明显的双向辐射特性。3.5GHz时的测试方向图如图7.52(d)所示,设计天线在E面实现了双向辐射,H面实现了近似全向辐射。$\varphi=20°$附近,两个主平面内交叉极化均达到了最大值-22.8dB。工作频带内仿真和测试的天线增益如图7.52(e)所示,两者吻合良好,且天线在整个工作频段内增益均大于4.6dB,效率达到了93.23%。

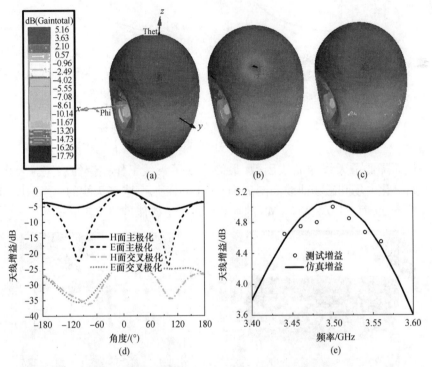

图7.52　仿真和测试的天线方向图和增益

仿真的(a) 3.440GHz,(b) 3.50GHz和(c) 3.555GHz三维方向图;
(d) 3.5GHz时天线的测试方向图;(e)工作频带内天线仿真和测试的天线增益。

本节通过对 MED-WG-MS 的设计,实现了对有效磁导率和有效介电常数的同时操控,较大的折射率有利于天线的小型化设计,较大的波阻抗有利于天线频带的展宽。设计的频带展宽电小天线实现了42.53%的小型化,207%的带宽拓展,且天线尺寸与工作频带不受限制,同时加工方法简单,天线增益和效率也均具有一定优势。

第8章 三维异向介质设计及高定向性透镜天线应用研究

透镜天线,作为天线家族的一员,能纠正出射电磁波的相位和波前,并将点源或线源发出的球面波或柱面波转换成平面波,极大地提高了天线的方向性和增益,因而在微波通信中受到广泛关注。但由于异向介质单元尺寸较大,基于等效媒质理论设计的单元电磁特性与最终块状异向介质的电磁特性有较大偏差,同时较大的单元尺寸增加了入射电磁波的衍射效应,使得从透镜出射的电磁波出现了一些不期望的光学失真,如波前不平整、信号起伏和不连续性较大等,因此以往部分透镜天线性能并不理想。

本章将介绍三维紧凑型异向介质设计与其在新型高定向性天线中的系列应用,主要包括基于复合三维各向异性零折射异向介质(AZIM)单元的喇叭透镜天线[202],基于渐变折射率异向介质(GRIN)单元的三维宽带半鱼眼透镜天线[186]以及三维宽带波束可调平板透镜天线[187]。以上透镜天线系列均采用纯 PCB 工艺加工和自由空间激励,更贴近于实际应用,由于单元尺寸小且工作于非谐振区域,透镜天线的一次设计成功率高且损耗小;基于印制单极子天线的 GRIN 透镜天线系统易集成,工作频带宽。这一系列优点对于高定向性无线通信系统非常具有吸引力。

8.1 复合三维 AZIM 单元设计与喇叭透镜天线

近年来,零折射率和近零折射率异向介质由于其独特的电磁特性越来越受到科学家和工程技术人员的广泛关注[191-201]。有关零折射率异向介质的基本概念、独特电磁特性和应用进展已在 1.2.2 节和 1.2.4 节详细讨论。虽然各向同性零折射率异向介质(IZIM)能与自由空间形成良好阻抗匹配,但各向同性材料参数在实际中很难实现,限制了其应用和推广。与 IZIM 不同,AZIM 仅需要介电常数或磁导率张量的一个分量趋于零即可,因此能在不影响阻抗匹配的情况下极大地简化设计和降低实现难度。

虽然人们根据自己的意愿很容易实现具有任意材料特性的 AZIM,但以往研究几乎都集中于采用二维异向介质平板和内嵌理想各向同性线源验证 AZIM 的奇异功能和物理现象,如调控相位辐射方向图、将柱面波或球面波转变成平面波等,很少有研究人员将其推向实际应用,同时 AZIM 只包含一种电谐振单元或一种磁谐振单元,因此只能在某个特定方向上实现介电常数分量或磁导率分量为零。AZIM 虽然也被报道用于提高喇叭天线 E 面或 H 面的方向性,但至今仍未有采用三维 AZIM 同时提高喇叭天线 E 面和 H 面方向性的报道。本节探讨了一类 μ_z 和 ε_z 同时趋于零的复合三维 AZIM 单元设计问题,并基于设计的紧凑型 AZIM 透镜同时实现喇叭天线 E 面和 H 面的高定向性辐射[202],所有设计和仿真均采用 HFSS。

8.1.1　复合三维 AZIM 透镜的阻抗匹配与定向辐射机理

为实现 AZIM 透镜在某个特定方向上介电常数和磁导率分量同时为零,也即在 E 面和 H 面同时实现喇叭天线的高定向性辐射,这里三维 AZIM 单元既包含电谐振结构又包含磁谐振结构。为便于设计并区别于以往文献,将同时包含电、磁谐振结构的 AZIM 单元命名为复合 AZIM 单元。由于新型复合三维 AZIM 透镜为单轴各向异性媒质,在直角坐标系下它的材料属性由对角介电常数和对角磁导率张量表示,即

$$\overline{\overline{\varepsilon}} = \varepsilon_0 \begin{pmatrix} \varepsilon_x & 0 & 0 \\ 0 & \varepsilon_y & 0 \\ 0 & 0 & \varepsilon_z \end{pmatrix} \tag{8.1a}$$

$$\overline{\overline{\mu}} = \mu_0 \begin{pmatrix} \mu_x & 0 & 0 \\ 0 & \mu_y & 0 \\ 0 & 0 & \mu_z \end{pmatrix} \tag{8.1b}$$

式中:ε_x,ε_y,μ_x,μ_y 分别为横向介电常数分量和磁导率分量;ε_z,μ_z 分别为纵向介电常数和磁导率分量。

当复合三维 AZIM 受到沿 z 轴入射,y 轴极化的 TE 波照射时,材料参数响应电场波会产生如下色散关系[197]:

$$\frac{k_z^2}{\mu_x} + \frac{k_x^2}{\mu_z} = \frac{\omega^2}{c^2} \varepsilon_y \tag{8.2}$$

相似地,当复合 AZIM 响应沿 z 轴入射,y 轴极化的 TM 波时产生如下色散关系:

$$\frac{k_z^2}{\varepsilon_y} + \frac{k_y^2}{\varepsilon_z} = \frac{\omega^2}{c^2} \mu_x \tag{8.3}$$

从式(8.2)和式(8.3)中可以看出,当 μ_z 和 ε_z 同时趋于零时,必须有 $k_x \to 0$ 和 $k_y \to 0$,表明电磁波只能沿纵向传播,因此可进一步推导复合 AZIM 中的波阻抗为

$$\eta = \eta_0 \sqrt{\mu_x / \varepsilon_y} \tag{8.4}$$

由式(8.4)可以看出,当 $\mu_x = \varepsilon_y$ 时,复合 AZIM 与自由空间可以形成良好阻抗匹配而在交界面处没有反射。当复合 AZIM 受 z 轴入射,x 轴极化的 TE 波和 TM 波照射时,其色散关系推导与式(8.2)和式(8.3)类似,该情形下要获得复合 AZIM 与自由空间的完美匹配,需要 $\varepsilon_x = \mu_y$。因此,当同时满足 $\varepsilon_x = \mu_y$ 和 $\mu_x = \varepsilon_y$ 时,复合 AZIM 支持双极化[197]。为简化设计,这里透镜的材料参数设计为 $\varepsilon_x \approx \mu_y \to 1$,$\mu_x \approx \varepsilon_y \to 1$ 和 $\mu_z \approx \varepsilon_z \to 0$。根据斯涅耳折射定律,当电磁波由复合 AZIM 内部出射到自由空间时,由于 AZIM 的折射率 $n_i \to 0$,无论电磁波以什么角度 θ_i 入射,电磁波的出射角 θ_0 均满足 $\theta_0 \to 0$,这里 θ_i 和 θ_0 分别为入射方向和出射方向相对于法线(垂直于 AZIM 与空气的交界面)的夹角。

$$\frac{\sin\theta_0}{\sin\theta_i} = \frac{n_i}{n_0} \tag{8.5}$$

因此,复合 AZIM 若用于天线设计,大部分电磁辐射将集中于法线方向,这时复合 AZIM 具有空间滤波的功能,天线的定向性将会得到显著提高。

8.1.2　复合三维 AZIM 单元小型化机理与设计

由于复合三维 AZIM 单元同时包含电谐振和磁谐振单元且近距离放置时它们之间存在强烈的相互作用以及磁电耦合,复合 AZIM 的材料参数并非 ENZ 和 MNZ 材料参数的简单叠加,分解设计完全失效,因此复合 AZIM 单元的设计不是将两种单独设计的 ENZ 单元和 MNZ 单元简单地排布在一起,而是考虑各种耦合作用后的整体系统设计。为提高一次设计成功率,需要精心选择紧凑型电、磁谐振单元,这里将首次探讨复合三维 AZIM 单元的小型化设计,有关紧凑型异向介质单元的优点在 1.1.4 节已经讨论。由于单元没有引入集总元件,采用纯 PCB 加工即可。本节所有设计均采用 F4B 介质板,其 $\varepsilon_r = 2.65, h = 0.5\text{mm}, \tan\delta = 0.001, t = 0.036\text{mm}$。

1. 紧凑型电、磁谐振器设计

图 8.1 给出了提出的基于 Koch 分形短截线电谐振器(Koch – shaped Cut – wire Resonator,KCR)以及蜿蜒线电谐振器[195]。电谐振单元由刻蚀在介质基板一侧的短截线或蜿蜒线结构组成,用于提供所需要的电响应。其中 KCR 由短截线结构的垂直杆通过 Koch 分形设计形成,图中 KCR 的迭代次数分别为 IO = 2 和 IO = 3。对于短截线结构来说,当相邻单元水平臂组成的容性缝隙与感性垂直杆受到平行于杆极化的电磁波激励时会产生振荡电流并形成强烈的电谐振,且谐振频率 $f_0 = 1/2\pi\sqrt{LC}$ 可以通过等效 LC 谐振电路计算。因此任何在有限空间内增加电感或电容的方法都可以有效降低谐振频率,也即增加了偶极子的电长度并实现了单元的小型化。虽然减小短截线单元的间距可以增加缝隙电容,但增加幅度非常有限且加工精度要求高、制作难度大,这里小型化途径是将分形和蜿蜒的思想融入单元设计,用于增加中心杆的电感,该方法不会给加工制作带来任何困难。虽然分形结构的二维空间填充特性使得 KCR 在小型化单元的同时牺牲了正交维度上的电尺寸,但水平臂的存在使得正交维度上适度增加的尺寸不会影响单元整体大小,且合理权衡可以实现单元尺寸的整体减缩。同时还可以看出,分形几何的引入破坏了 KCR 结构的镜像对称特性,单元存在磁电耦合效应。

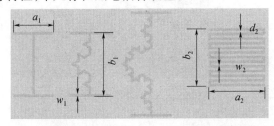

图 8.1　基于不同迭代次数的 Koch 分形短截线和蜿蜒线电谐振器

为了说明分形几何对电谐振器电磁特性的影响,对不同迭代次数的 KCR 分别进行电磁仿真,3 种情形下除迭代次数不同外其他条件完全相同。如图 8.2(a)所示,单元受 x 轴入射、z 轴极化的 TEM 波照射,仿真设置中,横向上 4 个边界设置为周期边界,纵向上 2 个边界设置为 Floquet 端口。从图 8.2(b)的传输曲线可以明显观察到 3 个传输零点,对应于 3 种情形下 KCR 结构的电谐振,同时还可以看出当迭代次数从 IO = 0 变化到 IO = 3 时,传输零点从 9.08GHz 降低到 4.9GHz,谐振频率降幅达到了 85.3%,与以往设计相比,小型化相当可观。进一步观察表明谐振频率不会随 IO 增加而无限降低，而是逐渐趋于平缓，例如当迭代次数从 IO = 2 变化到 IO = 3 时，谐振频率仅降低了 0.53GHz，降幅仅为 10.8%。由于 IO = 2 时再增加迭代次数对小型化贡献很小且会给加工带来误差，因此下面复合单元和透镜的设计选择 IO = 2。

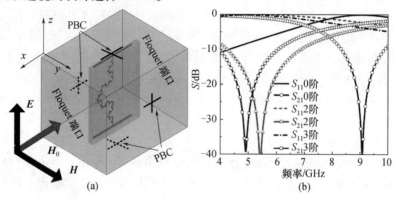

(a)　　　　　　　　　　　　　(b)

图 8.2　对不同迭代数的 KCR 进行电磁仿真

（a）仿真设置；（b）不同 IO 情形下 KCR 的仿真 S 参数。

单元的物理参数：$a_1 = 5\mathrm{mm}$，$b_1 = 7.8\mathrm{mm}$，$w_1 = 0.3\mathrm{mm}$，$p_x \times p_y \times p_z = 6\mathrm{mm} \times 6\mathrm{mm} \times 8\mathrm{mm}$，

4.9GHz 处单元电尺寸为 $\lambda_0/10.2 \times \lambda_0/10.2 \times \lambda_0/7.7$。

由于磁谐振器一般比电谐振器更加电小，因此三维复合 AZIM 单元的尺寸一定程度上取决于电谐振单元的大小，这增加了磁谐振器设计的自由度。这里提出了具有四重旋转对称特性的双环螺旋磁谐振结构，如图 8.3(b)所示。虽然 4 个开口的存在使电谐振器不如单开口双环螺旋谐振器电小，但通过增加螺旋环的数量可以获得更小的电尺寸。由于磁谐振单元具有四重旋转对称特性，在平面内具有各向同性，同时当单元受磁场平行于 z 轴的电磁波照射时，电磁响应在 x、y 两个极化方向下相同，因此支持双极化激励。

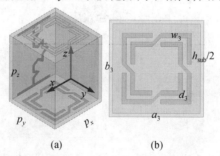

(a)　　　　　(b)

图 8.3　复合三维 AZIM 单元(a)与各向同性螺旋磁谐振器(b)

单元的物理参数：$a_1 = 5\mathrm{mm}$，$b_1 = 7.8\mathrm{mm}$，$w_1 = 0.3\mathrm{mm}$，$a_3 = b_3 = 5.12\mathrm{mm}$，

$w_3 = d_3 = 0.32\mathrm{mm}$，$h_{\mathrm{sub}} = 0.5\mathrm{mm}$，$p_x \times p_y \times p_z = 7 \times 7 \times 8.3\mathrm{mm}^3$。

2. 紧凑型复合三维 AZIM 单元 I

如图 8.3(a)所示，长方体复合三维 AZIM 单元由 6 块厚度均为 $h_{\mathrm{sub}}/2$ 的介质板组成，且单元的上下介质板外侧分别刻有各向同性螺旋磁谐振器，而四周介质板内侧刻有 KCR 电结构。为了建立复合三维 AZIM 单元的设计方法和准则，下面对具有不同 KCR 数量和排列方

式的 7 种复合三维 AZIM 单元的电磁特性进行全面系统地研究,如图 8.4 所示。同时为了获得式(7.1)所描述的对角各向异性材料参数,复合三维 AZIM 单元分别受到 3 种(①~③)不同极化和波矢的电磁波激励。在 AZIM 单元的方位选择上,为避免 KCR 结构水平臂的电响应,电场始终选择垂直于水平臂。由于这里将电谐振和磁谐振结构作为一个整体进行系统设计,它们之间的相互耦合被充分考虑在内。通过合理设计和优化 KCR 和各向同性螺旋磁谐振器的物理参数可以在预定频率实现介电常数和磁导率的 z 向分量同时为零。

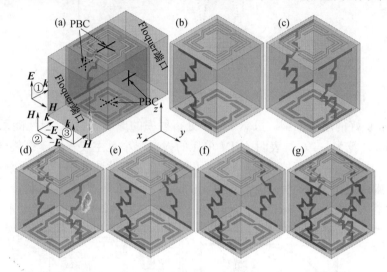

图 8.4　基于不同 KCR 数量和排列方式的复合三维 AZIM 单元

(a) y 方向和(b) x 方向只有 1 个 KCR;y 方向有(c) 2 个相同和(d) 2 个 180°旋转对称的 KCR;
x 方向有(e) 2 个相同和(f) 2 个 180°旋转对称的 KCR;(g) x 和 y 方向有 4 个四重旋转对称的 KCR。

如图 8.5 所示,所有情形下复合三维 AZIM 单元的传输频谱均具有带阻响应,其中传输零点对应于 KCR 结构的电谐振特性。同时,当 KCR 数量从 1 个增加到 4 个时,电等离子频率 ω_p 逐渐向高频移动,而传输零点仅略微向高频发生偏移但信号抑制深度和带宽均明显增强。这里 ω_p 可以从高频通带的低端截止频率看出,这是因为当介电常数由负变为零时,传播常数变为正实数,信号由倏逝模变成传输模。增加的 KCR 数量等效为单元密度的增加,解释了 ω_p 的高频偏移。因此基于四重旋转对称 KCR 的复合三维单元虽然支持双极化并具有手征特性,但牺牲了单元尺寸。还可以看出,KCR 沿 y 方向分布时复合单元的传输零点频率比 KCR 沿传输方向分布时略微偏低,最引人注意的是,当两个 KCR 沿 y 方向旋转对称分布时,传输零点明显向高频偏移,这是由于介质板两侧 KCR 凸起部分的反向电流分布抵消了中心杆的部分电感效应。情形(f)直接证实了上述解释,该情形下虽然两个 KCR 结构也呈旋转对称分布,但由于其沿传输方向排列且并未呈现周期性,因此远距离分布的 KCR 显著弱化了反向电流对电感的抵消作用,使得传输零点频率基本不变。综合上述 7 种 AZIM 单元的电磁特性,下面选择情形(a)中的电小单元进行透镜设计。

由于 KCR 无镜像对称性,考虑传播方向上的非对称因素,这里基于文献[281]的方法进行等效电磁参数提取。如图 8.6 所示,9.4GHz 处三维 AZIM 单元的纵向介电常数和磁导率分量实部同时趋于零,即 $\varepsilon_z = 0.002$ 和 $\mu_z = 0.006$,而横向分量 $\varepsilon_y = 1.07$ 和 $\mu_x = 1.29$,由式(8.4)可知三维 AZIM 单元的等效阻抗几乎等于自由空间的波阻抗,因此能与

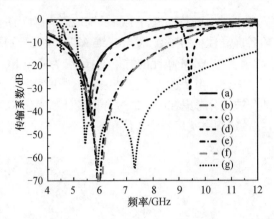

图 8.5　电磁波激励情形①下 7 种复合三维 AZIM 单元的传输频谱

自由空间形成良好的阻抗匹配。虽然该频率处折射率的虚部不为零,但性能系数 FOM = Re(n)/Im(n) 计算为 −19.2,表明 AZIM 单元的损耗很小且主要来源于螺旋磁谐振器的寄生电响应。同时为便于调控材料参数,这里形成了一条设计准则,即当电、磁结构固定时,单元的周期越小也即占空比越大,ε_z 和 μ_z 的色散越趋于平缓,近零材料参数的带宽越宽,但阻抗匹配越差,因此实际设计过程中,需要在材料参数特性和匹配上进行权衡。

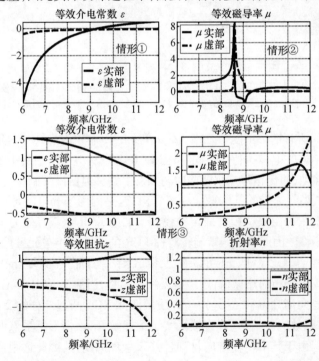

图 8.6　电磁波激励情形①、②和③下提取得到的复合三维 AZIM 单元的等效电磁参数

3. 紧凑型复合三维 AZIM 单元 Ⅱ

虽然 KCR 能显著缩小 AZIM 单元的尺寸,但其电响应对相邻单元水平臂的间距(介质板厚度)非常敏感,且介质板厚度越小电响应越强,而实际制作中介质板不能太薄,因为透镜需要一定的力学强度。这里设计了另一种电响应对单元间距不敏感且结构更加紧凑的正方体复合

三维 AZIM 单元,如图 8.7 所示。类似地,单元由 6 块厚度均为 $h_{sub}/2$ 的介质板组成,且在单元上下介质板的外侧分别刻有各向异性双环螺旋结构,而在四周介质板的内侧刻有蜿蜒线电结构。由于螺旋结构和蜿蜒线结构没有镜像对称轴,因此复合 AZIM 单元存在磁电耦合。

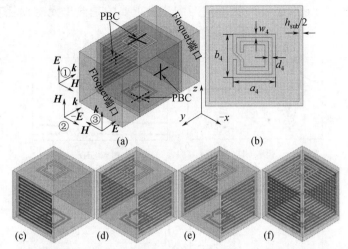

图 8.7　基于不同电振器数量和排列方式的复合三维 AZIM 单元

(a) x 和(c) y 方向只有一个电谐振器;(b) 物理参数说明;x 方向有(d) 两个相同和
(e) 两个 180°旋转对称的电谐振器;(f) x 和 y 方向有 4 个四重旋转对称的电谐振器。
单元的物理参数:$a_2 = b_2 = 5mm, w_2 = d_2 = 0.2mm, a_4 = b_4 = 2.7mm, w_4 = d_4 = 0.225mm,$
$h_{sub} = 0.5mm, p_x \times p_y \times p_z = 6.2mm \times 6.2mm \times 6.2mm$。

为研究蜿蜒线结构对复合 AZIM 单元电磁特性的影响,下面对具有不同电谐振器数量和排列方式的 5 种复合单元进行电磁仿真。如图 8.8 所示,几乎所有观察到的规律均与图 8.5 完全相似,但相对于情形(d),情形(e)的复合单元传输零点仅略微向高频漂移,这是由于介质板两侧蜿蜒线的反向电流分布对电感的抵消效应不如 KCR 明显。两种情形下,单元电磁特性一致的变化规律验证了所得结论的正确性。在传输零点 3.74GHz 处,复合 AZIM 单元的电尺寸为 $\lambda_0/12.9 \times \lambda_0/12.9 \times \lambda_0/12.9$,而且如果采用更小的电谐振器,复合单元可以更加紧凑。

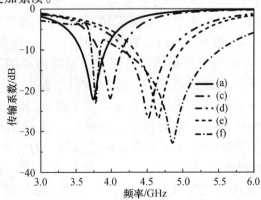

图 8.8　电磁波激励情形①下复合三维 AZIM 单元的传输频谱

通过对复合单元的物理参数进行精确设计,可以在任意频段使介电常数和磁导率的 z 向分量同时为零。如图 8.9 所示,5.05GHz 处复合单元纵向介电常数和磁导率分量实部分别为 $\varepsilon_z = 0.002$ 和 $\mu_z = 0.02$,而横向分量分别为 $\varepsilon_y = 1.58$ 和 $\mu_x = 1.03$,由式(8.4)可知 AZIM 单元与自由空间形成了良好的阻抗匹配。最重要的是该单元的损耗非常低,在整个观察频段 3~6GHz 范围内折射率虚部近似为零。

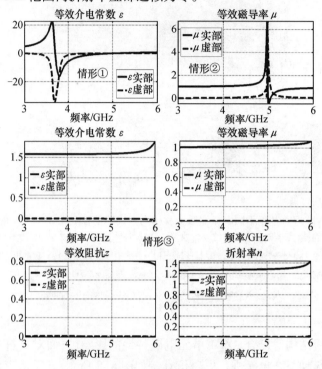

图 8.9　电磁波激励情形①、②和③下提取得到的复合三维 AZIM 单元的等效电磁参数

8.1.3　高定向性透镜天线实验

下面探讨上述紧凑型复合三维 AZIM 单元在 x 波段透镜天线中的应用。虽然三维 AZIM 单元 II 的尺寸更加电小,更趋于均匀媒质,但为便于加工,这里选择三维 AZIM 单元 I 来设计透镜。和以往喇叭透镜天线不同,这里透镜为三维各向异性,且在传输方向上同时满足 $\mu_z \to 0$ 和 $\varepsilon_z \to 0$。如图 8.10 所示,三维透镜紧贴于锥形喇叭天线口径,且尺寸与喇叭口径完全相同。虽然锥形喇叭内部的场分布复杂,但可以近似为 TE 波和 TM 波的综合效果,对于 H 面(xoz 面)主要由 TE 波起作用,而对于 E 面(yoz 面)主要由 TM 波起作用。根据 8.1.1 节的原理,可知 $\mu_z \to 0$ 时 AZIM 透镜可以提高喇叭 H 面的方向性,而 $\varepsilon_z \to 0$ 时可以提高喇叭 E 面的方向性。因此复合三维透镜能同时实现喇叭天线 E 面和 H 面的高定向性辐射。为有效利用 KCR 和各向同性螺旋谐振器的对角材料参数,需要精心设计三维复合 AZIM 透镜与喇叭的相对位置。为便于设计,透镜天线的坐标系与前面 AZIM 单元严格一致。

最终加工的三维 AZIM 透镜实物如图 8.11 所示,透镜包含 12 块沿 y 轴周期排列的介质板,16 块沿 x 轴周期排列的介质板以及两块沿 z 轴排列的介质板。其中每块沿 y 轴周

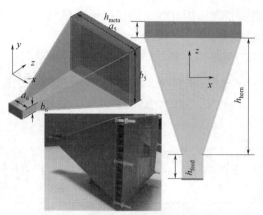

图 8.10　喇叭透镜天线的结构与加工实物

喇叭天线的物理参数：$a_5 = 120\text{mm}$，$b_5 = 90\text{mm}$，$a_6 = 26.86\text{mm}$，$b_6 = 14.16\text{mm}$，

$h_{\text{feed}} = 28\text{mm}$，$h_{\text{horn}} = 140\text{mm}$，$h_{\text{meta}} = 20\text{mm}$。

期排列的介质板一侧刻蚀有 17 个周期排列的 KCR 单元，沿 x 轴排列的介质板没有任何金属结构，而每块沿 z 轴排列的介质板一侧刻有 17×13 个各向同性螺旋谐振器单元。透镜组装过程中，空介质板与刻蚀 KCR 的介质板交叉组合，然后与沿 z 轴排列的两块介质板对齐并通过胶黏剂进行固定，最后通过透镜边缘的 6 个塑料螺母加固。

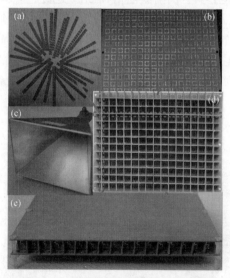

图 8.11　三维 AZIM 透镜的加工实物

（a）KCR 样品；（b）各向同性螺旋谐振器平板样品；（c）喇叭天线；

（d）组装示意图；（e）最终组装的 AZIM 透镜。

　　为验证设计的正确性，这里首先对透镜天线进行全波仿真。仿真中，AZIM 透镜采用 8.1 节提取得到的各向异性等效媒质参数等效。如图 8.12 所示，加载透镜后，喇叭天线的 E 面主极化方向图波束宽度（半功率波瓣宽度）从 19.4°减小到 15.6°，H 面主极化方向图波束宽度从 20.2°减小到 14.2°，而交叉极化电平略微有所上升。与此同时，喇叭天线的增益从 19.2dB 增加到 20.8dB，与最大口径增益 $G_{\text{max}} = 10\lg(4\pi(a_5 b_5)/\lambda_0^2) = 21.25\text{dB}$ 相比，透镜天线的效率达到了 90%，这里 λ_0 为 9.4GHz 时的自由空间波长。由于喇叭天线本身具有很好的定向辐射特性,因此当全向偶极子或单极子天线作为透镜的激励时,可以获得更加显著的方向性提升。

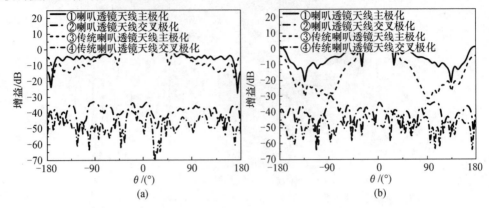

图8.12　传统喇叭与喇叭透镜天线工作于9.4GHz时的仿真辐射方向图
(a)E面;(b)H面。

为进一步研究透镜天线的定向辐射特性,对几种加载和未加载透镜时喇叭天线的 E 面磁场分布和 H 面电场分布进行对比。如图 8.13 所示,加载透镜后喇叭天线的 E 面和 H 面自由空间场分布更加均匀,且出射波前由柱面波变成了平坦的平面波。当 ε_z 和 μ_z 从 0.01 变化到 0.1,或 ε_y 和 μ_x 不为 1 存在阻抗不匹配时,虽然出射波前的平坦度受到略微恶化,但依然一致的场分布表明 AZIM 透镜在均一化场分布和提高天线定向性方面具有鲁棒性。同时还可以看出,加载透镜后 H 面的波前明显比 E 面的波前平坦,这与图 8.12 中 H 面更加窄的波束相吻合。注意图(b)和图(d)中喇叭内部奇异的场分布是由极小的纵向介电常数和磁导率分量引起的。

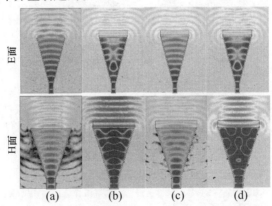

图8.13　(a)传统喇叭与(b)~(d)喇叭透镜天线的场分布
透镜的材料参数:(b) $\varepsilon_x=\varepsilon_y=\mu_x=\mu_y=1$ 和 $\varepsilon_z=\mu_z=0.01$;(c) $\varepsilon_x=\varepsilon_y=\mu_x=\mu_y=1$ 和 $\varepsilon_z=\mu_z=0.1$;
(d) $\varepsilon_x=\mu_y=1$,$\varepsilon_y=1.07$,$\mu_x=1.29$,$\varepsilon_z=0.002$ 和 $\mu_z=0.006$。

采用矢网 N5230C 对天线的回波损耗进行测试,结果如图 8.14 所示,可以看出,透镜对喇叭天线的回波损耗影响非常明显。测试结果表明喇叭透镜天线的回波损耗零点出现在 9.5GHz 处,$S_{11}=-24.8$dB,而仿真结果中回波损耗零点出现在 9.4GHz 处,$S_{11}=$

−32.4dB。仿真与测试结果的差异主要由透镜组装过程中介质板的错位以及加工过程中不可避免的误差引起。采用材料参数色散更加平缓的电谐振器和磁谐振器可以进一步提高透镜天线的 10dB 回波损耗带宽。

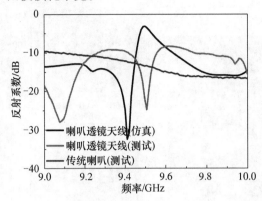

图 8.14　传统喇叭天线与喇叭透镜天线的仿真与测试回波损耗

为进一步验证 AZIM 透镜在提高喇叭天线定向性中的效果,在微波暗室中对传统喇叭和喇叭透镜天线的 E 面和 H 面远场辐射方向图进行测试。如图 8.15 所示,除了测试交叉极化(最大值为 −33dB)略微偏大外,测试结果与图 8.12 所示的仿真结果吻合良好,较大的交叉极化电平主要由非理想的测试环境引起。测试结果表明 9.5GHz 处喇叭透镜天线的 E 面波束宽度由传统喇叭天线的 19.6°降低到了 14.7°,而 H 面波束宽度则由20.3°降低到了 13.6°。

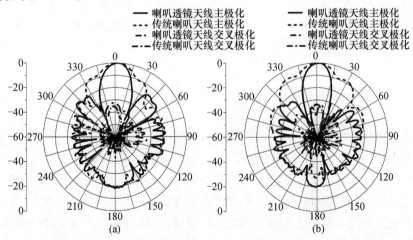

图 8.15　传统喇叭天线与喇叭透镜天线工作于 9.5GHz 时的测试归一化辐射方向图
(a) E 面;(b) H 面。

为了从物理角度解释透镜天线的高定向性,在自由空间近场测试系统中对传统喇叭和喇叭透镜天线 H 面的电场分别进行测量。如图 8.16 所示,透镜天线固定在步进电动机上并由计算机控制以 1mm 的步进在二维平面内自由移动,直径为 1.19mm 的半硬质同轴探针固定于铁架上用于对喇叭口径中心 $200 \times 160mm^2$ 的水平区域进行近场扫描,测试得到的场由矢网 Agilent PNA −LN5230C 记录。为了快速捕捉器件的实际工作频率,采用一组离散频率的电磁信号对其进行照射。从空间电场分布可以看出,加载透镜后出射波前在9.5GHz附近4个频率处由柱面波转变成了平面波,进一步验证了透镜具有均一化出射波前幅度的功能。

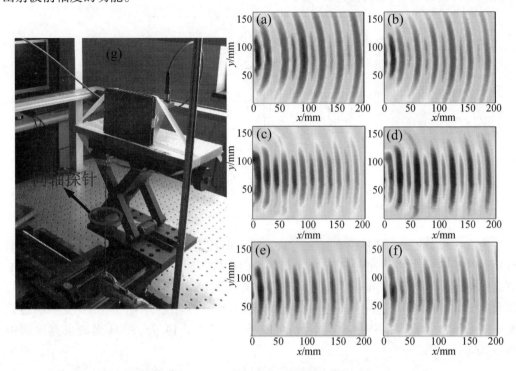

图8.16 (a)、(b)传统喇叭天线与(c)~(f)喇叭透镜天线的 H 面测试电场分布
(a) 9.2GHz;(b) 9.6GHz;(c) 9.5GHz;(d) 9.54GHz;(e) 9.56GHz;(f) 9.58GHz;(g) 近场测试装置。

8.2　分形 GRIN 单元设计与三维宽带半鱼眼透镜天线

前面基于复合三维 AZIM 单元设计了喇叭透镜天线,虽然天线的定向性和增益均得到了显著提高,但单元的电磁谐振使得透镜的工作带宽较窄。本节将探讨紧凑型三维 GRIN 单元的设计及其在三维宽带半鱼眼透镜天线(Half Maxwell Fish – eye lens,HMFE)中的应用[186]。所有设计和仿真均基于有限积分技术的商业仿真软件 CST Microwave Studio。

菲涅耳透镜是当今市场上比较普遍的一种透镜,一般由玻璃或聚烯烃材料铸压而成,但它不规则的曲面结构增加了加工难度,且菲涅耳透镜的带宽一般较窄。渐变折射率透镜是一种折射率随空间变化而变化的梯度透镜,具有聚焦电磁波和定向辐射的功能,且交界面保持为平面。其种类繁多,如平板 wood 透镜、双曲面透镜、龙伯透镜、Maxwell 鱼眼透镜等。虽然渐变折射率透镜天线具有宽带和汇聚电磁波等优良电磁特性,然而在商业应用领域并不十分流行,原因主要有两方面:一是传统方法一般采用不同材料参数的电介质来实现折射率梯度,损耗大,制作复杂;二是透镜相邻层之间较大的折射率差异导致失配较严重,且以可控的方式获得较大的折射率梯度在工程实现中难度较大。而异向介质由于在操控材料特性上具有非常大的灵活性,且可以在一个很大的折射率梯度范围内实现其材料参数的任意调控,因而可以极大地简化透镜设计并克服以上缺点。有关渐变折射率异向介质(GRIN)的最新进展详见 1.2.3 节。

尽管如此,绝大多数基于异向介质设计的渐变折射率透镜均局限于二维平板波导中的物理现象验证,均在理想二维 TE 波或 TM 波情形下采用同轴探针作为激励源,而这与实际应用环境下透镜受三维自由空间激励还有一段距离。少数报道的三维透镜天线均采用波导作为激励源[181,182],但只能获得某一个方向上的高定向性波束,馈源与透镜难于集成且制作成本较高。而且以往部分异向介质单元尺寸较大。这里提出的方案能很好地解决以上问题,主要贡献有两个方面:一是建立了印制单极子天线激励下新型鱼眼透镜天线系统的设计原理与方法,二是分形 GRIN 单元的提出与基于分形 GRIN 单元的三维鱼眼透镜设计。

8.2.1　分形 GRIN 单元小型化机理与设计

如图 8.17 所示,分形 GRIN 单元由刻蚀在 F4B 介质板一侧的分形金属环(Fractal Ring,FR)组成,其中分形金属环为基于二次迭代的 Sierpinski 分形曲线,F4B 介质板的参数为 $\varepsilon_r = 2.65, h = 0.3\text{mm}, t = 0.018\text{mm}, \tan\delta = 0.001$。GRIN 单元受 x 方向极化, z 方向入射的电磁波垂直照射。电场将激励 x 方向的金属线电感、相邻单元之间形成的缝隙电容以及分形环内部相邻金属线之间形成的电容,产生特定频率下的电响应和流经 Sierpinski 环回路的 LC 振荡电流,这个结论可以从图 8.18(a)中得到印证。虽然减小单元周期可以增加缝隙电容,从而减小单元尺寸,但电容增加幅度非常有限且会给加工带来误差和难度,因此该方案不可取。由于 Sierpinski 分形曲线具有很强的空间填充能力,分形蜿蜒边界在有限的空间内显著增加了线电感并延长了电流路径,同时分形设计极大地增加了环内部相邻金属线之间的电容,因此这里分形 GRIN 单元具有更低的谐振频率 $f_0 = 1/2\pi\sqrt{LC}$ 和更加电小的单元尺寸。需要说明的是,这里任意具有空间填充特性的结构均可以实现 GRIN 单元的小型化。由于 FR 结构在 xoy 面内具有四重旋转对称特性,因此 GRIN 单元支持双极化并在平面内具备各向同性。

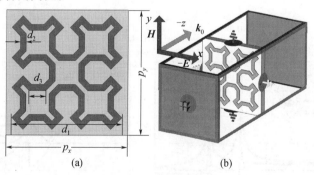

图 8.17　分形 GRIN 单元的结构与仿真设置
(a) 结构;(b) 仿真设置。
单元的晶格常数:$p_x \times p_y \times p_z = 6\text{mm} \times 6\text{mm} \times 6\text{mm}$。

为便于设计,通过固定分形 GRIN 单元的晶格常数而仅对 FR 环进行缩放来实现鱼眼透镜单元所需要的折射率梯度。这里定义缩放比例系数 scale,当 scale = 1 时,FR 的物理

参数为 $d_1 = 7.56\text{mm}, d_2 = 0.4\text{mm}$ 和 $d_3 = 1.16\text{mm}$。为了研究分形 GRIN 单元的电磁特性，对基于 FR 结构和传统方环结构[182]（Square Ring, SR）的 GRIN 单元进行电磁仿真与对比，两种情形下渐变折射率单元的物理参数完全相同，且 scale $= 0.77$。仿真中，沿 x、y 和 z 方向的边界分别设置为电边界、磁边界和波端口，这样就模拟了 xoy 面内无限周期延拓的异向介质。采用标准参数提取程序[280,281]可以从 GRIN 单元的二端口 S 参数反演材料的等效电磁参数。

由图 8.18（a）可知，当 p_x 和 p_y 不断增大时，电谐振频率先是不断向高频发生偏移，而后逐渐趋于饱和，尤其当 $p_x = p_y = 9\text{mm}$ 时几乎保持不变，谐振强度具有相似的变化趋势，表明缝隙电容可以忽略，该情形下分形环形成的电容起主要作用，决定 f_0 和谐振强度。从图 8.18（b）和（c）可以看出，两种情形下 GRIN 单元的介电常数曲线均出现了明显的电谐振，而磁导率曲线出现了明显的反谐振。分形环 GRIN 单元在 $f_0 = 7.34\text{GHz}$ 附近谐振，而方环 GRIN 单元在 $f_0 = 10.25\text{GHz}$ 附近谐振，因此分形几何的引入使得单元的谐振频率有效降低了 2.9GHz，相当于同频工作时单元尺寸有效减小了 28%，因此分形 GRIN 单元更能满足等效媒质的要求，若采用较厚和较高介电常数的介质板，GRIN 单元的尺寸还可以更加电小。进一步观察表明，两种情形下等效介电常数和磁导率在 $f < f_0$ 的非谐振区域均平滑缓慢变化，但分形 GRIN 单元在 f_0 处的谐振强度更大，介电常数谐振峰值更大，因此与传统方环 GRIN 单元相比具有更大的折射率梯度。

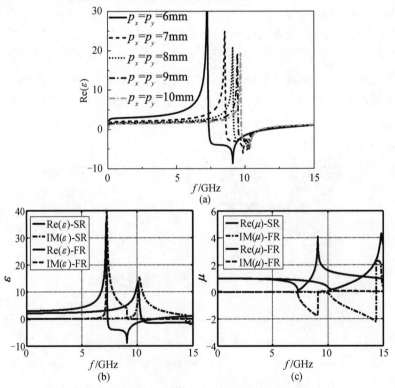

图 8.18　基于方环和分形环 GRIN 单元的等效介电常数和磁导率
（a）分形 GRIN 单元的介电常数随周期 p_x 和 p_y 的变化；（b）介电常数；（c）磁导率。

8.2.2　宽带半鱼眼透镜天线系统设计与实验

半鱼眼透镜天线[183-185]，也称半麦克斯韦鱼眼透镜天线，具有对称的渐变折射率分布，能将半球面上任意点发出的球面波转换成平面波，因而具有聚焦电磁波的特性。与以往鱼眼透镜天线不同，首先，本书鱼眼透镜为三维，带宽更宽且达到了一个倍频程；其次，率先采用分形 GRIN 单元实现并利用平面印制单极子天线作为自由空间激励源，不再局限于二维现象模拟，源与透镜的集成度更高。

1. 透镜天线系统设计

如图 8.19 所示，HMFE 透镜在横截面(xoz 面)内的折射率满足如下分布：

$$n = n_0/(1 + r^2/r_0^2) \tag{8.6}$$

式中：n 为半圆横截面内任意一点处的折射率；n_0 为圆心处的折射率；r 为透镜上任意一点到圆心的距离；r_0 为透镜的半径。

考虑到工程实现，HMFE 透镜被离散成无数个方形网格，每个网格代表一个 GRIN 单元且网格大小为实际单元的周期 $p_x \times p_z$，而网格颜色代表折射率的大小，并对应于不同物理参数的分形 GRIN 单元。这里离散的折射率分布不会影响透镜的功能和性能[181]，但使透镜的制作变得更加切实可行。考虑到大折射率梯度较难实现且容易引起阻抗失配，这里选取 $n_0 = 2$，从而可知 HMFE 透镜内的折射率分布满足 $1 < n < 2$，在圆心处最大，往两边逐渐递减且边缘最小接近于 1，呈对称分布。

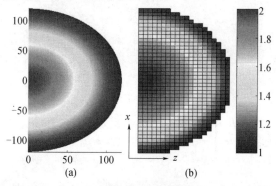

图 8.19　HMFE 透镜横截面内的折射率分布
(a) 连续分布；(b) 离散分布。

图 8.20 分别从不同视角(俯视、全视和侧视)给出了 HMFE 透镜天线系统的拓扑结构。天线系统工作于 C 波段，由印制单极子天线和三维 HMFE 透镜组成，其中三维透镜由二维 HMFE 透镜沿高度方向(y 轴)有限周期延拓得到，且仅在 xoy 面内具有图 8.19 所示的离散化折射率梯度，其高度为 H，直径为 P。因此本书透镜不同于以往任何二维设计[183,185]，也不同于在高度方向同时具有折射率梯度的三维设计[184]。从折射率分布来看，HMFE 透镜为准三维透镜，但它继承了三维透镜的优良特性，如支持自由空间激励并能将点源发出的球面波转变成平面波，同时由于只在两个维度上具有折射率梯度，其设计复杂度显著降低。单极子天线印制在 $\varepsilon_r = 3.5$，$h = 1.5\text{mm}$ 和 $\tan\delta = 0.001$ 的 F4B 介质板上且位于三维 HMFE 透镜的中央，并通过同轴 SMA 接头馈电，用于对透镜进行自由空间

激励。为获得透镜天线系统的宽带工作,馈源和透镜均需宽带工作,这里贴片被设计成梯形用于拓展单极子天线的工作带宽,同时通过优化天线的物理参数可使其工作于 C 波段且具有最佳 10dB 阻抗带宽。由于单极子天线并非理想点源,其辐射出的电磁波在 xoz 面内并非理想球面波,为避免天线绕射效应和简化设计,HMFE 透镜的半径应足够大,一般大于 1.5 倍的工作波长,且应满足 $(P/\sqrt{2}) - \sqrt{(P-L)^2/4 + (P/2)^2} < \sigma$ 和 $\sqrt{(P/2)^2 + (L/2)^2} - P/2 < \sigma$。这里参数 σ 决定了设计的准确度,这里选择 $\sigma \approx \lambda_0/6$,$\lambda_0$ 为 5GHz 时自由空间的波长。这样设计过程中单极子天线可以近似为点源,但也不能无限大,需要权衡制作成本,最终透镜的半径设计为 $r_0 = P/2 = 120$mm。

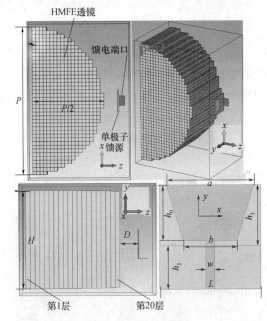

图 8.20 宽带三维 HMFE 透镜天线系统的拓扑结构

物理参数:$D = 0$mm,$H = 120$mm,$P = 240$mm,$L = 30$mm,$w = 2.6$mm,
$h_0 = 16$mm,$h_1 = 17.5$mm,$h_2 = 12.5$mm,$a = 26$mm,$b = 16$mm。

为优化 HMFE 透镜天线系统性能并形成一般设计方法和准则,下面采用图 8.20 所示的仿真模型对天线系统的几个关键物理参数进行参数扫描分析,其中 GRIN 单元由填充离散化等效电磁参数的矩形柱单元进行等效,并不涉及实际结构,极大地减小了计算量并缩短了设计周期。通过仿真,可以得到天线的辐射方向图、方向系数和回波损耗。如图 8.21 所示,当 D 由 0mm 增加至 40mm 时天线的方向性显著恶化,方向系数至少降低了 2.5dB,但天线的回波损耗在 3~8GHz 范围内除了一些波动起伏外基本没有变化,表明 D 对天线系统的方向性起着决定性作用而对阻抗匹配几乎没有影响,同时由于单极子天线并非一个理想点源,对透镜激励产生的效果近似但不等同于理想点源,实际中很难让单极子天线的辐射中心严格对准透镜的中心,这使得简单的射线追踪在设计中存在误差,因此某些频率处方向性随 D 变化并不规律。尽管如此,为保证天线系统的高方向性和高增益,D 越小越好,因此后面选择 $D = 0$mm。

图 8.22 给出了天线方向系数随透镜高度 H 和单元周期的变化曲线。如图 8.22(a)

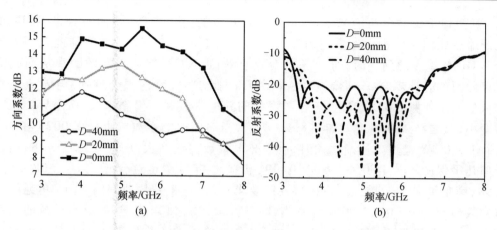

图 8.21　透镜与馈源之间的距离 D 对天线性能的影响

（a）方向系数；（b）回波损耗。

所示，当 H 以步长 30mm 在 30～120mm 范围内逐渐增大时，天线方向性在低频范围内呈不断增加的趋势，但当 H 继续增加且 $H>120$mm 时，天线方向性并没有得到进一步提升而是达到了一个稳定的极值，再增加 H 只会带来高昂的制作成本，因此综合考虑天线性能和制作成本，这里选择 $H=120$mm。上述结果还表明，当 H 很小时截断效应显著，方向性随 H 增大逐渐增强，而当 H 达到一定范围时，截断效应可以忽略，方向性几乎不随 H 变化，这里 H 由单极子天线的物理尺寸和辐射方向图决定。低频时工作波长大，衍射效应显著，因此方向系数对 H 变化很敏感，而高频时工作波长短，衍射效应可以忽略，因此方向性并不随 H 增大而增强。如图 8.22(b) 所示，当 GRIN 单元周期 $p_x=p_y=p_z$ 由 24mm 减小至 3mm 时，媒质逐渐趋于均一化，天线方向性在整个频率范围内逐渐得到改善，且改善幅度逐渐减小并趋于饱和，尤其是在 $p_x=p_y=p_z\leqslant6$mm 时。因此，为不影响天线性能并避免增加设计与实现难度，需要合理选择 GRIN 单元的周期，这里选取 $p_x=p_y=p_z=6$mm，在中心工作频率 5GHz 处的电尺寸为 $\lambda_0/10\times\lambda_0/10\times\lambda_0/10$，其中 λ_0 为自由空间波长。两种情形下天线方向系数线增加后减小是由低频处较小的天线口径电尺寸和高频处材料参数的色散引起，色散使得透镜的回波损耗和材料损耗在高频处遭到恶化。

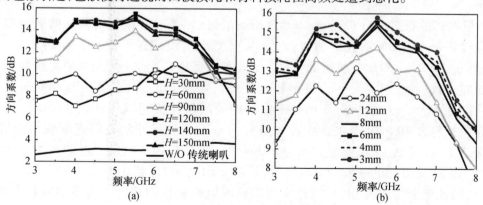

图 8.22　透镜高度和单元周期对天线性能的影响

（a）透镜高度；（b）单元周期，其中 $H=120$mm。

215

通过以上参数分析有效确定了透镜和天线的物理参数,下面对分形 GRIN 单元的缩放比例系数进行参数扫描,实现 HMFE 透镜所需的折射率梯度。当固定分形 GRIN 单元的周期时,分形环的变化有效改变了相邻环之间的距离从而改变了单元间的容性耦合,分形环越大,相邻环间距越小,容性耦合越强,电响应频率越低且与工作频率靠的越近,工作频率处的介电常数和折射率越大,而磁导率仅略微变小,反之结果则相反。如图 8.23 所示,当缩放比例系数以步长 0.0025 在 0.3 < scale < 0.77 范围内逐渐增大时,有效介电常数逐渐增大且 1.17 < ε < 4.8,而磁导率几乎保持不变且 0.88 < μ < 0.99,相应地折射率也逐渐增大且 1.08 < n < 1.98,满足了 HMFE 透镜的折射率梯度要求,同时整个扫描范围内 GRIN 单元的介电常数虚部(小于 0.08)和磁导率虚部(小于 0.02)值均趋于零,说明材料的损耗非常小,甚至与普通材料相当,这是由于 GRIN 单元的工作频率远低于其电谐振频率,处于非谐振区域,该区域内平缓的折射率梯度可以克服传统梯度透镜相邻层之间较为显著的阻抗失配。

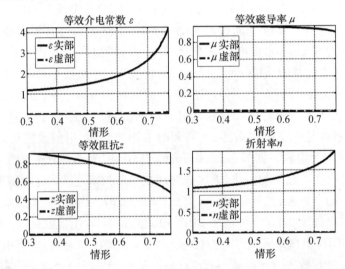

图 8.23　5GHz 时分形 GRIN 单元的等效电磁参数在随 scale 变化的扫描曲线

根据离散折射率分布和 scale 参数扫描结果,并基于寻根算法的几何映射程序可以确定每个 GRIN 单元的物理参数,从而完成透镜的最终设计。如图 8.24 所示,通过对 20 层 F4B 介质板和 19 层硬质泡沫板进行交叉层叠,并采用胶黏剂进行加固,可以制作出具有一定机械稳定性的三维 HMFE 透镜,其中相邻介质板层之间厚度为 5.7mm 且折射率接近于空气的硬质泡沫板用于保证 p_z = 6mm。第一层介质板包含 40×20 个关于中心轴对称的分形环且尺寸沿径向逐渐缩小而沿 y 轴保持不变,剩余 19 层介质板上分形环分布类似,但沿 z 轴尺寸逐渐减小。由于单极子天线发出的电磁波沿 z 轴出射,且沿 y 轴极化,保证了图 8.17 所示的电磁环境,因此能准确激励 FR 结构产生所需的电磁响应和透镜所需的材料参数。为便于组装和测试,在不影响天线整体性能的条件下采用特定形状的泡沫板对单极子天线进行加固。

图 8.24　基于分形 GRIN 单元的 HMFE 透镜天线系统实物，
透镜的尺寸为 240mm × 120mm × 120mm

2. 实验与结果

为评估天线系统的性能，对透镜天线系统和单极子天线进行仿真和对比。如图 8.25 所示，在 3 ~ 7.5GHz 频率范围内透镜天线系统的最小方向系数为 10.9dB，最大值达到 15.5dB，与单极子天线相比，方向图由全向辐射变成了沿 z 方向具有窄波束的高定向性辐射。从图 8.22(b) 可以看出透镜天线方向系数的改善幅度在 6.5 ~ 12.5dB 不等，平均提高幅度达到 9.5dB，这对于一个全向天线来说非常显著。

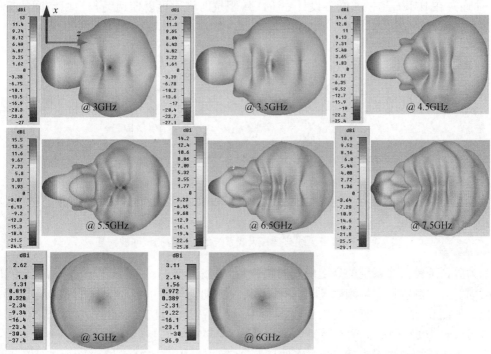

图 8.25　印制单极子天线和透镜天线系统的仿真三维远场辐射方向图

表 8.1 给出了不同频率处透镜天线系统的详细远场辐射性能,其中天线口径效率为方向系数与最大方向系数的百分比值,这里最大方向系数为

$$D_{max} = 4\pi(P \cdot H)/\lambda_0^2 \qquad (8.7)$$

可以看出所有观测频率处天线的口径效率相对较低,均小于50%,这由印制单极子天线的全向辐射特性引起,当采用波导作为激励源时,天线的口径效率将显著提高,尽管如此,透镜天线的辐射效率均高于83.7%,非常可观,表明透镜引起的辐射损耗非常小。

表 8.1 透镜天线系统不同频率处的详细远场辐射性能

f/GHz	增益/dB	辐射效率/%	口径效率/%
3.5	12.22	87.1	38.8
4	14.09	83.7	47.7
4.5	13.97	87.4	35.1
5	13.85	89.5	26.95
5.5	15.26	95.8	29.2
6	14.41	98.36	19.38
6.5	14	98.26	15.05

如图 8.26 所示,单极子天线与透镜天线系统的仿真与测试回波损耗吻合良好,表明10dB 回波损耗带宽达到了 3.27 ~ 7.88GHz,跨越了整个 C 波段,阻抗带宽超过了一个倍频程,仿真与测试结果的差异主要由泡沫、胶黏剂以及加工误差引起。尽管 HMFE 透镜与自由空间在交界面处不可避免地存在失配和反射,但这并未恶化单极子天线的阻抗匹配,而通过在 HMFE 透镜两端各设计一阶 λ/4 阻抗匹配层可以使透镜与自由空间的折射率在交界面处平缓过渡从而减小反射,但这会显著增加设计的复杂性。

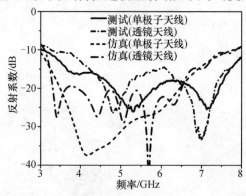

图 8.26 单极子天线与透镜天线系统的仿真与测试回波损耗

为验证透镜天线系统的高定向辐射特性,在微波暗室中对单极子天线和透镜天线的 H 面辐射方向图进行宽带测试,所有情形下天线方向图均对单极子天线的主极化进行归一化。如图 8.27 所示,可以看出天线在 7GHz 时增益最小且为 9.88dB,而在 5.5GHz 时增益最大且为 12.1dB,与仿真结果完全吻合,验证了 HMFE 透镜能在超过一个倍频程的带宽范围内实现单极子天线的高定向辐射。还可以看出 HMFE 透镜在增加天线增益的同时并未严重恶化天线的交叉极化,在观测频率处天线的交叉极化电平比主极化至少低

13.8dB,当采用波导作为激励源时可以获得更高的增益和更低的旁瓣。单极子天线非理想的全向辐射是由天线的有限大地板引起,这也使透镜天线的辐射强度在非峰值辐射方向上出现波动,而采用一致性更好的全向辐射源可以改善透镜天线的辐射性能。仿真与测试方向图的差异由发射天线与接收天线的未严格对准以及非理想测试环境引起。

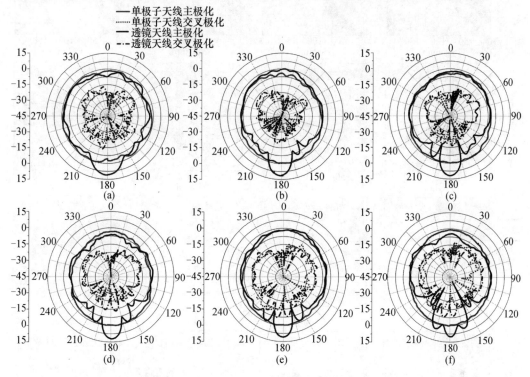

图 8.27　不同频率处单极子天线与透镜天线的 H 面(xoz 面)测试辐射方向图
(a) 3.5GHz;(b) 4.5GHz;(c) 5GHz;(d) 5.5GHz;(e) 6.5GHz;(f) 7GHz。

　　为进一步验证这里高定向辐射的工作机制,采用自由空间近场测量系统对透镜天线和单极子天线的出射波电场进行测试,测试装置与 8.1 节类似。这里探针的扫描区域为 200mm × 200mm,扫描步进为 2mm,为避免场的边缘绕射效应,探针和单极子天线均位于透镜几何中心,采用一组宽频信号对透镜进行激励用以验证天线系统的宽带性能。通过比较图 8.28 中两种情形下天线自由空间的出射波前可以看出,加载 HMFE 透镜后单极子天线发出的准球面波在 4.5 ~ 8GHz 范围内明显转变成平面波,准球面波到平面波的精确转换使得透镜天线具有很高的定向性。需要说明的是 HMFE 透镜在 $f < 4.5$ GHz 时同样具有类似功能,仿真与测试方向图已经验证,但由于低频波长较大、测试区域有限,出射波前不能很好地在测试区域显示,因此这里并未给出低频结果。高频处恶化的天线定向性、交叉极化以及扭曲不连续的电场波前一方面由材料参数的色散引起,使高频处折射率分布偏离理论设计值,另一方面由透镜与空气交界面处的阻抗失配引起,使高频处电磁波在交界面处来回反射,而未加透镜时不平坦、不光滑的波前是由于单极子天线有限的地板引起。

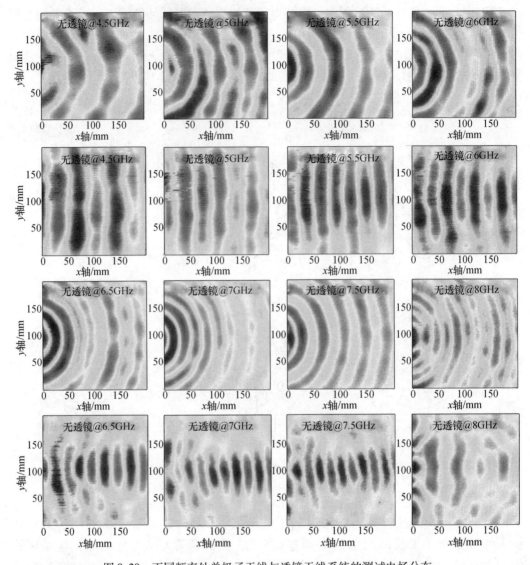

图 8.28　不同频率处单极子天线与透镜天线系统的测试电场分布

8.3　基于分形 GRIN 单元的三维宽带波束可调平板透镜天线

前面设计了一种新型 HMFE 透镜天线系统,工作带宽很宽且支持自由空间激励,但只实现了一个方向上的高定向性波束。在 8.2 节的基础上,本节将进一步研究一种波束数量、波束指向均可以灵活控制的高定向性平板透镜天线。为使透镜天线具有集成度高、制作成本低和支持自由空间激励等优点,这里仍采用全向单极子天线作为馈源,并探讨采用多组透镜同时实现几个预定方向的可控高定向性多波束辐射,因此新型平板准直透镜天线系统不同于以往任何三维设计,本节所有设计和仿真均基于 CST Microwave Studio。

8.3.1　平板透镜天线宽带匹配原理

如图 8.29 所示,透镜天线系统由宽带三维 GRIN 平板准直透镜和宽带印制单极子天线组成,其中三维平板准直透镜被离散成 8 个同心圆环区域,每个区域具有特定的折射率。与曲面菲涅耳透镜相比,平板透镜的形状和所采用材料不同且由中心核心层(core layer)和两端阻抗匹配层(coating layer)[182]组成,用于实现宽带阻抗匹配。为保证透镜天线系统的宽频特性,透镜和单极子天线都必须实现宽带工作,这里采用 8.2.2 节设计的宽带印制单极子天线作为平板透镜的自由空间激励源,下面将致力于平板准直透镜的宽带设计[187]。

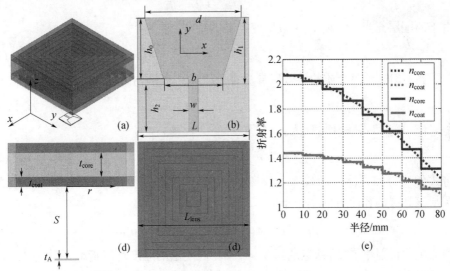

图 8.29　宽带三维 GRIN 透镜天线系统的拓扑结构

透镜天线的(a)全视图、(c)侧视图与(d)俯视图;(b)印刷单极子天线的正视图;
(e)核心层与匹配层的连续与离散折射率分布。

透镜天线系统的物理参数:$t_{core}=30\text{mm}$,$t_{coat}=12\text{mm}$,$S=90\text{mm}$,$L_{lens}=160\text{mm}$,

$t_A=1.5\text{mm}$,$L=30\text{mm}$,$w=2.6\text{mm}$,$h_0=16\text{mm}$,$h_1=17.5\text{mm}$,$h_2=12.5\text{mm}$,$d=26\text{mm}$,$b=16\text{mm}$。

由于单极子天线的口径相对于三维透镜可以忽略,为简化设计,可将其近似为点源。定义方形平板透镜的边长 L_{lens}、厚度 t,根据费马原理,为保证单极子天线发出的准球面波能被透镜转变成平面波,透镜表面场必须具有一致的相位分布,因此任意从单极子天线发出的电磁波到达透镜表面的光程必须相等。假设电磁波在透镜内平行于光轴(z 轴)传播而没有倾斜,立即可得

$$\frac{S}{\lambda_0} + \frac{n_0 t}{\lambda_0} = \frac{\sqrt{r^2 + S^2}}{\lambda_0} + \frac{n_r t}{\lambda_0} \tag{8.8}$$

式中:n_0 为透镜中心的折射率;n_r 为透镜任意点处的折射率,是半径 r 的函数。

通过对式(8.8)化简,得

$$n_r = n_0 + (S - \sqrt{r^2 + S^2})/t \tag{8.9}$$

虽然透镜的折射率分布可以通过式(8.9)得到,但该情形下透镜与自由空间的折射率存在很大差距,且实际中透镜不可能在很宽的频率范围内保证 $\varepsilon_r = \mu_r = n_r$,根据式(8.10)可知透镜和自由空间在交界面处存在较大的阻抗失配,即

$$n_r = \sqrt{u_r \varepsilon_r} \quad Z = Z_0 \sqrt{\mu_r / \varepsilon_r} \tag{8.10}$$

为了同时实现对电磁波光程的校准和交界面处良好的阻抗匹配,需要在透镜两端设计 $\lambda/4$ 阻抗匹配层[182],因此新型透镜由三层结构组成,这时透镜的厚度 t 为 $t = t_{core} + 2t_{coat}$,其中 t_{core} 和 t_{coat} 分别为核心层和匹配层的厚度。为保证三层结构透镜的光程与之前一层结构透镜的光程相等,必须有

$$n_r t = n_{core} t_{core} + 2 n_{coat} t_{coat} \tag{8.11}$$

由于匹配层充当了一阶 $\lambda/4$ 阻抗变换器的功能,得

$$Z_{coat} = \sqrt{Z_{coat} Z_0} \tag{8.12}$$

由于新 GRIN 异向介质的等效磁导率在整个频率范围内近似为1,得

$$n_{coat} = \sqrt{\varepsilon_{coat}}, n_{core} = \sqrt{\varepsilon_{core}} \tag{8.13}$$

将式(8.10)和式(8.13)代入式(8.12),得

$$\varepsilon_{coat} = \sqrt{\varepsilon_{core} \varepsilon_0}, n_{coat} = \sqrt{n_{core} n_0} \tag{8.14}$$

将式(8.14)和式(8.11)代入式(8.9)可得一元二次方程,通过求解该方程最终可得匹配层与核心层的径向折射率分布为

$$n_{coat} = \left(-2t_{coat} + \sqrt{4t_{coat}^2 + 4 n_r t_{core} t} \right) / 2 t_{core}, n_{core} = n_{coat}^2 \tag{8.15}$$

为避免大折射率梯度,这里选择 $n_0 = 1.8$。匹配层的厚度可以近似设计为 $\lambda_0/4$,而核心层的厚度设计为 $\lambda_0/2$,用于保证透镜良好的相位纠正性能,这里 λ_0 为 5GHz 时自由空间的波长。前面的设计方法是基于理想点源情形下推导的,但由于印制单极子天线并非理想点源,因此很难将其辐射中心调整于透镜的几何中心,这使得简单的射线追踪法并不总能适用。为使设计更加准确,透镜的口径以及 S 应该足够大且应满足:

$$\sqrt{S^2 + L_{lens}^2/4} - \sqrt{S^2 + (L_{lens} - L)^2/4} < \sigma, \sqrt{S^2 + L^2/4} - S < \sigma \tag{8.16}$$

式中:参数 σ 决定了设计的准确度,这里选择 $\sigma = \lambda_0/6$。

由于馈源与透镜天线之间的距离 S 限制了天线的增益,对天线性能起至关重要的作用。为实现全向馈源对透镜的有效激励和最佳天线口径效率,对不同 S 和折射率分布下的透镜天线进行系统仿真,通过对比天线性能,最终选取 $S = 90mm$。该情形下,单极子天线出射电磁波的相位中心更容易通过调控与透镜的几何中心保持一致,获得比较理想的天线增益和方向性。图 8.29(e)给出了基于上述方法计算得到的核心层与匹配层折射率分布,其中实线和虚线分别表示折射率的离散分布和连续分布,可以看出核心层和匹配层离散折射率的变化范围分别为 $1.31 < n_{core} < 2.07$ 和 $1.14 < n_{coat} < 1.44$。

8.3.2 透镜天线系统实现与可调多波束形成

虽然各向同性介质打孔结构可以很容易实现透镜所需要的非均匀折射率梯度,但制作成本高昂且不能采用传统的 PCB 工艺进行加工,同时实际钻头孔径种类非常有限,限制了

该方法的推广。为了提高一次设计成功率并降低制作成本和难度,这里透镜的核心层和匹配层均采用 8.2.1 节提出的分形 GRIN 单元实现,核心层和匹配层均采用 F4B 介质板,其介质板参数分别为 $\varepsilon_r = 2.65, h = 0.5\text{mm}, \tan\sigma = 0.001$ 和 $\varepsilon_r = 2.2, h = 0.5\text{mm}, \tan\sigma = 0.001$。为快速设计单元的物理参数,这里形成了以下设计准则:①传播方向上单元的晶格常数越大,折射率梯度和折射率值越小;②介质板越厚,等效介电常数越大而磁导率越小,导致折射率偏小且阻抗匹配恶化;③介质板的介电常数越大,折射率越大,但阻抗匹配会恶化。

通过对 GRIN 单元的物理参数进行精确设计,可以实现平板透镜所需要的折射率分布。最终核心层与匹配层单元的晶格常数分别为 $p_x \times p_y \times p_z = 5 \times 5 \times 3\text{mm}^3$ 和 $p_x \times p_y \times p_z = 5\text{mm} \times 5\text{mm} \times 6\text{mm}$,其电尺寸分别为 $\lambda_0/12 \times \lambda_0/12 \times \lambda_0/20$ 和 $\lambda_0/12 \times \lambda_0/12 \times \lambda_0/10$。图8.30和图8.31分别给出了核心层和匹配层 GRIN 单元等效电磁参数随 scale 变化的扫描曲线,其中 $0.4 <$ scale < 0.6 且扫描步长为 0.001。两种情形下,折射率和介电常数的实部均随 scale 的增大而不断增大,但磁导率实部均始终保持在 1 附近,且介电常数、磁导率以及折射率虚部在整个扫描范围内均很小可以忽略,表明分形 GRIN 单元损耗很低。核心层和匹配层折射率的变化范围分别为 $1.37 < n_{\text{core}} < 2.09$ 和 $1.17 < n_{\text{coat}} < 1.57$,完全满足理论计算得到的透镜折射率梯度要求。

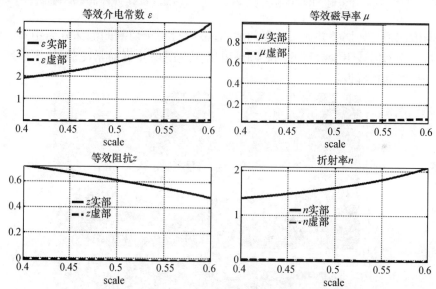

图 8.30　5.5GHz 处核心层 GRIN 单元等效电磁参数随 scale 变化的扫描曲线

当 scale = 0.6 时,FR 结构的物理参数:$d_1 = 4.54\text{mm}, d_2 = 0.24\text{mm}$ 和 $d_3 = 0.7\text{mm}$。

根据离散折射率分布和 scale 参数扫描结果,并基于寻根算法的几何映射程序可以确定每个 GRIN 单元的物理参数并最终完成平板准直透镜设计。如图 8.32 所示,平板透镜的尺寸为 170mm × 170mm × 54mm,其核心层包含 10 层 F4B 介质板,而两端匹配层各包含 2 层 F4B 介质板,每层 F4B 介质板上的一侧均刻蚀着 32 × 32 个金属 FR 结构,同时透镜每个同心圆环区域采用两个相同的 GRIN 单元实现且 FR 结构尺寸由透镜中心向四周逐渐缩小。为保证 $p_z = 3\text{mm}$ 和 $p_z = 6\text{mm}$,相邻核心层之间、相邻匹配层之间分别包含厚度 2.5mm、5.5mm 的硬质泡沫板,其材料参数接近于空气。为保证三维透镜的机械稳定性,

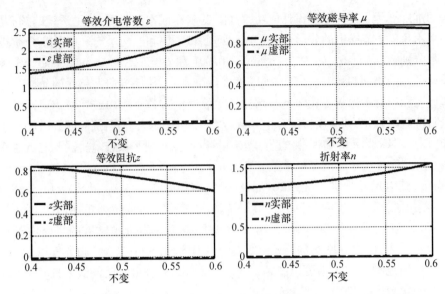

图 8.31　5.5GHz 处匹配层 GRIN 单元等效电磁参数随 scale 变化的扫描曲线

当 scale = 0.6 时,FR 结构的物理参数:$d_1 = 4.54$mm,$d_2 = 0.24$mm 和 $d_3 = 0.7$mm。

介质板与泡沫板交替层叠并通过胶黏剂加固,最后封装于切割的泡沫外壳中。虽然采用更小的折射率梯度或更少数目的同心圆环可以使透镜尺寸更加紧凑,但一定程度上会影响透镜的性能和精确设计。

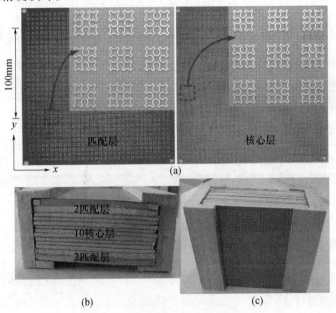

图 8.32　三维平板透镜的加工实物

(a) 核心层与匹配层;透镜的(b) 侧视与(c) 全视图。

上述单波束高定向透镜天线系统的设计方法可以直接扩展到多波束高定向透镜天线系统,如图 8.33 所示,单极子天线周围分布着 2 个或 4 个平板准直透镜。与以往使用多个口径天线或阵列的多波束形成系统相比,该多波束方案具有天线增益适中、损耗低、宽频工作且只有一个馈源,无需功分等复杂的馈电网络,且与具有同等口径相位分布的喇叭天线相比,距离 S 可以显著减小,使得多波束透镜天线系统非常紧凑。通过以下 4 种方式可以控制多波束天线系统的波束:①通过合理布局平板透镜,天线波束的数量在允许范围内可以任意设计;②改变相邻平板透镜之间的夹角,可以任意操控天线系统的波束指向;③将透镜固定在一个由特定时序控制的旋转平台上,可以实现空间旋转角度 θ 可调的随机高定向性波束,如图(d)中 $\theta = 0°$、$\theta = 30°$、$\theta = 45°$ 和 $\theta = 60°$,这里波束指向同样由俯仰角 θ 表征;④通过操控 S 和各个透镜的折射率梯度可以获得具有任意非一致辐射强度的空间波束。

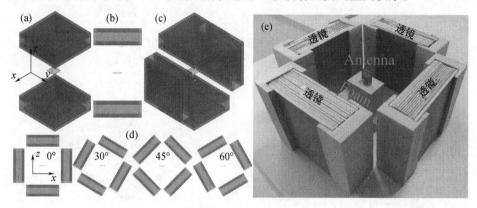

图 8.33　多波束高定向性透镜天线系统的(a) ~ (d)原理图与(e)实物。双波束情形下的(a)全视图与(b)侧视图;四波束情形下的(c)全视图、(d)不同 θ 下的侧视图和(e)实物。

8.3.3　实验与讨论

为验证设计的正确性,对不同 S 下透镜天线系统的增益进行仿真。如图 8.34(a)所示,可以看出透镜天线的最大增益发生在 $S = 90\text{mm}$ 处,而透镜的折射率分布正好根据该参数设计,验证了将印制单极子天线近似为点源的合理性和设计的正确性。以平板透镜上表面为参考面,图 8.35 给出了 xoy 面内单极子天线与透镜天线电场分量 E_y 的相位分布,可以明显看出平板透镜口径上具有一致的相位分布,而单极子天线上方的相位存在显著波动,验证了平板透镜的相位纠正功能。由于多数能量从透镜中心辐射,透镜边缘相位的波动对天线辐射特性影响很小。

为验证透镜天线可调多波束方案的正确性并评估其性能,对图 8.33 中所有透镜天线的方向图和回波损耗进行仿真。如图 8.36(a) ~ (g)所示,5.5GHz 处单极子天线 H 面(xoz)的全向辐射变成了若干窄波束的高定向辐射,所有情形下透镜天线方向性的平均提高幅度均达到了 10dB,对于全向印制单极子天线来说改善幅度相当可观,而 E 面单极子天线顶部几乎近零的辐射表明透镜仅对单极子天线 H 面的辐射能量进行了重新分布。同时,透镜天线的辐射效率达到了 90%,再次验证了设计透镜的损耗非常小。最重要的是,图(b) ~ (g)中不同角度出现的不同数量高方向性波束表明天线系统的波束数量、指向可以通过改变透镜数量和方向任意调控,具有很大的自由度和灵活性。从图 8.36(h)可以看出,所有情形下单极子天线的回波损耗除了一些波动之外几乎保持一致,表明平板透镜的加载对天线的匹配影响很小,天线的 10dB 阻抗带宽为 3.5 ~ 7.5GHz,超过了一个倍频程。

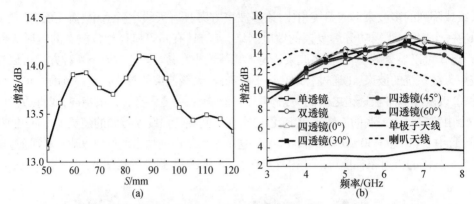

图 8.34 5.5GHz 处单波束透镜天线随 S 变化的仿真增益(a)
以及不同情形下透镜天线随频率变化的仿真增益(b)

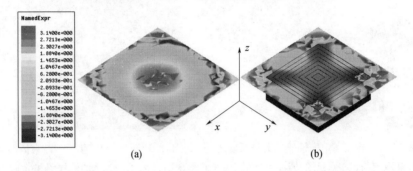

图 8.35 xoy 面内单极子天线(a)与透镜天线(b)电场分量 E_y 的相位分布

为验证透镜天线的宽带优异辐射特性,在 3~7.5GHz 范围内对不同频率处天线 H 面的辐射特性进行系统直观的研究,如图 8.37 所示,所有观察频率处单极子天线的全向波束明显变成了若干高定向波束,当工作频率偏离中心频率 5.5GHz 时,天线的旁瓣略微有所升高,这由平板透镜材料参数的色散引起,使高频处折射率分布偏离理论设计值,然而非中心频率处稍微恶化的天线性能并不影响透镜天线的实际应用。从图 8.34(b)可以看出,在 3~8GHz 范围内所有情形下透镜天线的增益均得到显著增加,在 3GHz 处透镜天线增益改善幅度最小且为 6.5dB,而在 6.5GHz 处达到峰值增益,表明透镜天线的高定向辐射带宽同样达到了一个倍频程。由于低频处天线口径的电尺寸较小,其增益较低,而高频处由于材料参数的色散使得透镜的回波损耗和材料损耗遭到不同程度恶化,导致天线增益下降。与具有相同口径 S 的喇叭天线相比,这里透镜天线增益相当可观,尤其是在频率高端。当采用具有同等口径且 $S=90\text{mm}$ 的喇叭天线作为馈源时,透镜天线的口径效率得到了显著提高,5GHz 时天线增益可达 19.3dB,这与最大口径增益 20dB 相比相当可观,验证了适中的天线增益是由全向单极子馈源引起的。

采用矢网 N5230C 对单极子天线与不同情形下透镜天线的回波损耗进行测试,如图 8.38 所示,所有情形下测试结果与图 8.36(h)所示的仿真结果吻合良好,显示透镜天线在 3.2~7.75GHz 范围内回波损耗均优于 10dB,同样超过了一个倍频程,所有情形下几乎一致的回波损耗曲线再次验证了透镜的加载对单极子天线的阻抗匹配影响很小。

为评估所设计透镜天线的高定向辐射特性,在微波暗室中对单极子天线、单波束和四波束

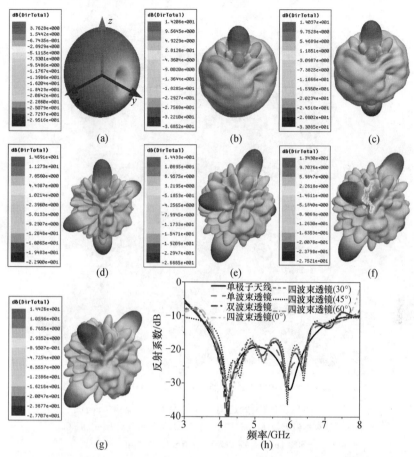

图 8.36　5.5GHz 处单极子天线与透镜天线的(a)~(g)仿真三维辐射方向图与(h)回波损耗
(a) 单极子天线;(b) 单波束透镜天线;(c) 双波束透镜天线;旋转角分别为(d) $\theta=0°$、
(e) $\theta=30°$、(f) $\theta=45°$以及(g) $\theta=60°$的四波束透镜天线。

透镜天线($\theta=0°$)的 H 面远场方向图进行测试。由于四波束透镜天线是单波束透镜天线的扩展,除了波束数量不同之外其他辐射特性均相似,因此这里只给出了其主极化辐射方向图。图 8.39给出了对印制单极子天线主极化归一化后的方向图,可以看出透镜天线的仿真与测试方向图一致性很好,与单极子天线相比,两种情形下透镜天线在 3.5~7.5GHz 频率范围内对增益的改善幅度均达到10dB,同时绝大多数频率下单波束透镜天线的交叉极化电平比主极化至少低15dB,且随天线远离中心频率而有不同程度的升高,与 8.2.2 节类似,单极子天线非理想的辐射一致性造成了透镜天线辐射波束的非一致场幅度。

　　为进一步揭示透镜天线高定向辐射的物理机制,采用自由空间近场测量系统对单极子天线和透镜天线附近自由空间的电场进行测试,测试装置如图 8.40 所示。为避免透镜的截断效应,接收探针和印制单极子天线位于透镜两侧中央处,透镜天线固定于步进电动机上且以 2mm 的步进在区域 200mm × 200mm 进行二维扫描。如图 8.41 所示,在 4.5~8GHz 范围内自由空间的出射波前由准球面波变成了平面波,这里同样未给出低频测试结果,原因如 8.2 节所述,但低频处透镜天线的高定向性印证了透镜对电磁波前的相位纠正能力。由于 GRIN 单元工作于非谐振区域,损耗小,使得两种情形下出射电磁波前的幅度

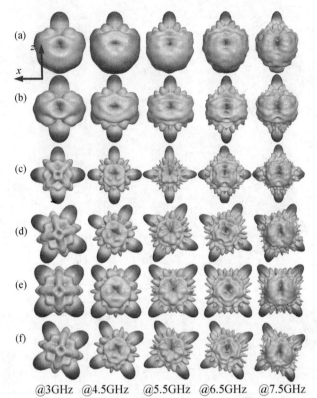

@3GHz @4.5GHz @5.5GHz @6.5GHz @7.5GHz

图 8.37 不同频率处透镜天线的 H 面仿真辐射方向图

(a) 单波束透镜天线;(b) 双波束透镜天线;旋转角分别为(c) $\theta = 0°$、
(d) $\theta = 30°$、(e) $\theta = 45°$以及(f) $\theta = 60°$的四波束透镜天线。

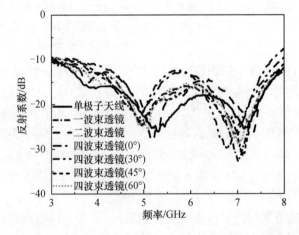

图 8.38 不同情形下透镜天线系统的测试回波损耗

基本相同。远场和近场实验结果均验证了采用分形 GRIN 单元设计宽带透镜的准确性。实验结果中较大的交叉极化电平,以及仿真与测试主极化方向图的微小差异主要由发射天线与接收天线的未严格对准以及非理想测试环境引起,而测试与仿真回波损耗以及电场分布的差异主要由支撑泡沫、胶黏剂以及加工与组装过程中不可避免的误差引起。

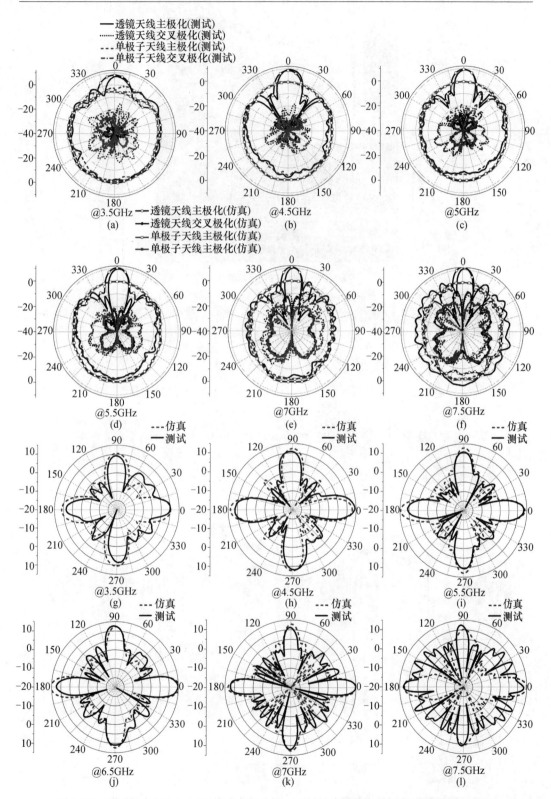

图 8.39　不同频率处(a)~(f)单波束与(g)~(l)四波束透镜天线的仿真和测试方向图

图 8.40 自由空间近场测量系统

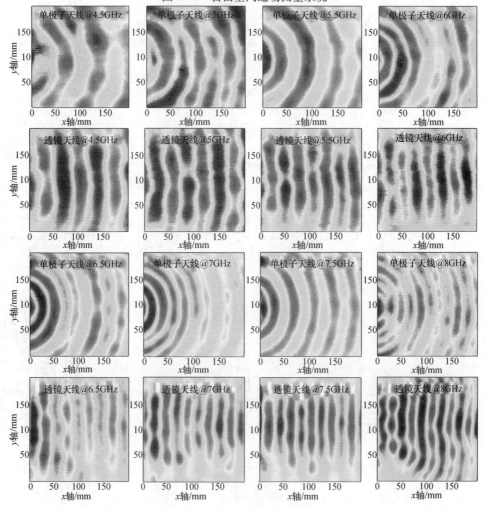

图 8.41 不同频率处印制单极子天线与单波束透镜天线的测试电场分布

第9章　基于三维异向介质的新功能器件设计与实验

本章将介绍三维异向介质在新功能器件设计方面的应用。首先介绍基于光学变换理论的超散射幻觉概念与设计；在此基础上介绍三维紧凑型异向介质单元设计、样品制备和实验验证[212]；介绍提高成像器件分辨率的新方案和三维传输线异向介质单元的工作机制和参数调控方法，在此基础上介绍透镜的设计、样品制备和实验验证[210]。这些器件实现的新特性和功能是传统器件无法比拟的，是普通材料不能实现的，与以往异向介质功能器件[8,109,203,211]相比，本章功能器件在性能设计、调控灵活性和功能多样性上都迈进了一步。

9.1　超散射幻觉隐身器件

隐身是一个亘古不变的话题，在过去的几百年时间里一直存在于神话传说和小说中，如哈利·波特的隐身斗篷等。然而，异向介质和光学变换理论的出现让电磁隐身成为了现实。电磁隐身，是指目标的信号特征在一定电磁频段范围内无法被雷达等探测设备发现和识别。目前，世界各国科学家都在致力于异向介质隐身衣的研究，根据实现方法和工作机制，隐身衣可以分为以下4类：

（1）基于光学变换的异向介质隐身衣[7,108-116]，主要以地毯隐身衣为代表，其基本原理是基于麦克斯韦方程组的形式不变性，实质是让电磁波既不反射、散射也不吸收，而是让电磁波沿着物体表面传播，这类似于小溪里的流水，经过石头时溪流会绕过石头后再合拢并继续向前，就像未遇到过石头等任何障碍物一样。

（2）基于散射对消技术的等离子体隐身衣[117]，主要通过很小或者负的介电常数或磁导率异向介质产生一个本地极化矢量，由于该极化矢量与目标产生的极化矢量反相且互相抵消，从而降低了目标的散射强度。

（3）传输线隐身衣[118]，是通过一个精心设计的传输线匹配网络将入射电磁波耦合到每个传输线网格中，然后通过传输线网格引导耦合电磁波绕着网格周围传输而不与目标发生交互作用。

（4）基于散射对消技术的超薄披衣[117]，主要通过精心设计披衣的等效表面阻抗，利用其响应入射电磁波时产生的反相散射场来破坏性地干扰目标的散射场。

上述方法各有优劣，首先传输线网格技术隐身区域非常受限，仅限于小网格目标，而散射对消技术隐身效果受限，光学变换隐身衣虽然依赖非均匀各向异性材料参数才能实现，且绝大多数场合需要对复杂材料参数进行简化，但能获得理想的隐身效果且隐身区域不受限制。与地毯隐身相比，幻觉隐身也属于光学变换异向介质隐身，但机制完全不同，首先它隐藏或屏蔽了原目标的信号，其次它产生了虚幻物体的像。幻觉隐身概念最初由Chan等提出[109]，后来Cui等提出不需要任何双负互补媒质即可以实现幻觉隐身的新方案[8]，与前者相比，新方案所需要的材料参数全为有限的正值，因此更容易实现。受文献

[209]启发,这里将放大光学变换、幻觉器件与异向介质相结合,提出了一种实现超散射幻觉的新方案[212]。由于新型幻觉器件功能更为强大多样,能将原金属目标隐身并产生一个放大金属目标和几个电介质的幻象,其信号特征的复杂性使得敌方雷达更容易产生错觉,因而可以作为真实重要目标的诱饵,具有潜在应用前景。

9.1.1 光学变换理论设计

光学变换是一种精确调控电磁波的理论,是人们根据实际需要设计新型功能器件的有力工具。如图 9.1 所示,实际物理空间中超散射幻觉器件圆形外壳紧裹着中心被隐身目标物体,虚拟空间则由中心放大物体和 4 个电介质翼物体组成。超散射幻觉器件被分成 5 个区域,即 4 个大小相同且沿圆周均匀对称分布的环形区域 Ⅱ 和剩余区域 Ⅰ,分别代表着两种完全不同材料属性的非均匀各向异性媒质。通过光学变换理论对以上两种媒质材料参数进行精确设计,可以实现物理空间中心物体和超散射幻觉器件的雷达散射信号与虚拟空间中 5 个各向同性($\bar{\varepsilon}' = \varepsilon'_r \bar{I}$ 和 $\bar{\mu}' = \mu'_r \bar{I}$ 为单位材料张量)物体的雷达散射信号相同,其中区域 Ⅰ 主要实现中心放大物体的散射特性而区域 Ⅱ 实现电介质翼物体散射特性。在雷达等一些感知系统看来,原来中心目标变成了 1 个放大目标和 4 个电介质目标。同时由于多个非中心幻象的存在,目标信号的散射中心也随之发生改变[211]。

理论上虚拟空间中翼物体的数量和材料属性可以根据光学变换理论任意设计,但实际中需要考虑两方面的因素:一是翼物体数量不能太多,需要考虑圆环的容纳能力,否则会使加工和制作复杂化,这里翼物体为 4 个且两两相差 90° 呈四重旋转对称均匀分布;二是由于自然界几乎所有物质都是非磁性的,所以这里对翼物体材料属性的设计主要体现为对介电常数 $\varepsilon_{\text{virtual}}$ 的操控,而磁导率仍为 1。需要说明的是,这里超散射幻觉器件对中心物体的材料属性没有限制,可以是金属也可以是电介质物体。

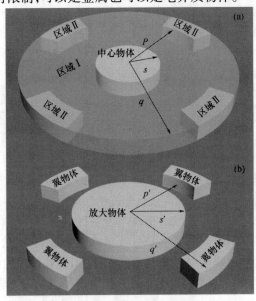

图 9.1 超散射幻觉器件的原理图

(a) 实际物理空间;(b) 虚拟空间。

定义中心物体的半径为 s，区域Ⅱ的内半径和外半径分别为 p 和 q，因此超散射幻觉器件的内半径和外半径为 s 和 q。相应地，虚拟空间中放大物体的半径、翼物体的内半径和外半径分别定义为 s'、p' 和 q'。为简化设计，选择 $p=p'$ 且 $q=q'$。下面根据光学变换理论推导所需材料参数的表达式以实现上述幻觉功能，在球坐标系统下，上述幻觉功能所需要的变换可以写为[211]

$$(r,\varphi,\theta) = (k(r'-s')+s,\varphi',\theta') \tag{9.1}$$

式中：$k=(q-s)/(q-s')$ 为幻觉器件外壳的放大系数，是一个与物体放大因子有关的常数且可以任意设计。

为不失一般性，这里定义任意变换 $r=f(r')$。令物理空间的介电常数和磁导率为 ε 和 μ，虚拟空间的介电常数和磁导率为 ε' 和 μ'，因此，有

$$\overline{\overline{\varepsilon}}(r,\varphi,\theta) = \Lambda\overline{\overline{\varepsilon}}'(r',\varphi',\theta')\Lambda^{\mathrm{T}}/\det(\Lambda) \tag{9.2}$$

$$\overline{\overline{\mu}}(r,\varphi,\theta) = \Lambda\overline{\overline{\mu}}'(r',\varphi',\theta')\Lambda^{\mathrm{T}}/\det(\Lambda) \tag{9.3}$$

式中：$(\mu_r\ \ \mu_\varphi\ \ \mu_\theta)$，$(\varepsilon_r\ \ \varepsilon_\varphi\ \ \varepsilon_\theta)$ 分别为物理空间磁导率和介电常数的对角张量；Λ 为雅可比(Jacobian)变换矩阵，定义为

$$\Lambda_{ij} = \partial x_i/\partial x'_j \tag{9.4}$$

直角坐标到球坐标的转换系数也即 Lame 系数可以计算为

$$\begin{cases} L_{r'} = \left[\left(\dfrac{\partial x'}{\partial r'}\right)^2 + \left(\dfrac{\partial y'}{\partial r'}\right)^2 + \left(\dfrac{\partial z'}{\partial r'}\right)^2\right]^{\frac{1}{2}} \\ L_{\varphi'} = \left[\left(\dfrac{\partial x'}{\partial \varphi'}\right)^2 + \left(\dfrac{\partial y'}{\partial \varphi'}\right)^2 + \left(\dfrac{\partial z'}{\partial \varphi'}\right)^2\right]^{\frac{1}{2}} \\ L_{\theta'} = \left[\left(\dfrac{\partial x'}{\partial \theta'}\right)^2 + \left(\dfrac{\partial y'}{\partial \theta'}\right)^2 + \left(\dfrac{\partial z'}{\partial \theta'}\right)^2\right]^{\frac{1}{2}} \end{cases} \tag{9.5}$$

由式(9.5)可进一步得到相对磁导率或相对介电常数在两坐标系之间的变换为

$$\overline{\overline{T}} = L_{r'}L_{\varphi'}l_{\theta'}\begin{bmatrix} 1/L_{r'}^2 & 0 & 0 \\ 0 & 1/L_{\varphi'}^2 & 0 \\ 0 & 0 & 1/L_{\theta'}^2 \end{bmatrix} = \begin{bmatrix} r'^2\sin\theta' & 0 & 0 \\ 0 & \dfrac{1}{\sin\theta'} & 0 \\ 0 & 0 & \sin\theta' \end{bmatrix} \tag{9.6}$$

在实际空间中，直角坐标基矢与球坐标基矢的关系可以写成

$$\begin{cases} x = r\sin\theta\cos\varphi = f(r')\sin\theta'\cos\varphi' \\ y = r\sin\theta\sin\varphi = f(r')\sin\theta'\sin\varphi' \\ z = r\cos\theta = f(r')\cos\theta' \end{cases} \tag{9.7}$$

将式(9.7)代入式(9.4)中可以得到雅可比变换矩阵为

$$\Lambda = \begin{bmatrix} \dfrac{\partial x}{\partial r'} & \dfrac{\partial y}{\partial r'} & \dfrac{\partial z}{\partial r'} \\ \dfrac{\partial x}{\partial \varphi'} & \dfrac{\partial y}{\partial \varphi'} & \dfrac{\partial x}{\partial \varphi'} \\ \dfrac{\partial x}{\partial \theta'} & \dfrac{\partial y}{\partial \theta'} & \dfrac{\partial z}{\partial \theta'} \end{bmatrix} = \begin{bmatrix} f'(r')\sin\theta'\cos\varphi' & f'(r')\sin\theta'\sin\varphi' & f'(r')\cos\theta' \\ -f(r')\sin\theta'\sin\varphi' & f(r')\sin\theta'\cos\varphi' & 0 \\ f(r')\cos\theta'\cos\varphi' & f(r')\cos\theta'\sin\varphi' & -f(r')\sin\theta' \end{bmatrix}$$

$$\tag{9.8}$$

进一步推导雅可比变换矩阵的行列式为

$$\det(\boldsymbol{\varLambda}) = f'(r')f^2(r')\sin\theta' \tag{9.9}$$

则由式(9.2)、式(9.3)、式(9.6)、式(9.8)和式(9.9)可以计算最终超散射幻觉器件介电常数的一般表达式为

$$
\bar{\bar{\varepsilon}}(r,\varphi,\theta) = \frac{\begin{bmatrix} f'(r')^2\varepsilon'_r & 0 & 0 \\ 0 & f^2(r')\sin^2\theta'\varepsilon'_\varphi & 0 \\ 0 & 0 & f^2(r')\varepsilon'_\theta \end{bmatrix}}{f'(r')f^2(r')\sin\theta'} \begin{bmatrix} r'^2\sin\theta' & 0 & 0 \\ 0 & \dfrac{1}{\sin\theta'} & 0 \\ 0 & 0 & \sin\theta' \end{bmatrix}
$$

$$
= \begin{bmatrix} \dfrac{f'(r')r'^2\varepsilon'_r}{f^2(r')} & 0 & 0 \\ 0 & \dfrac{\varepsilon'_\varphi}{f'(r')} & 0 \\ 0 & 0 & \dfrac{\varepsilon'_\theta}{f'(r')} \end{bmatrix} = \begin{bmatrix} \dfrac{f'(r')r'^2\varepsilon'_r}{r^2} & 0 & 0 \\ 0 & \dfrac{\varepsilon'_\varphi}{f'(r')} & 0 \\ 0 & 0 & \dfrac{\varepsilon'_\theta}{f'(r')} \end{bmatrix}
\tag{9.10}
$$

在二维圆柱坐标系统(r,φ,z)情形下,圆柱的横截面与球器件的横截面具有完全相同的特征,因此通过坐标变换可计算柱坐标系统下的全参数表达式为

$$
\bar{\bar{\varepsilon}}(r,\varphi,z) = \begin{bmatrix} \sin\theta & 0 & \cos\theta \\ 0 & 1 & 0 \\ \cos\theta & 0 & -\sin\theta \end{bmatrix} \begin{bmatrix} \dfrac{f'(r')r'^2\varepsilon'_r}{f^2(r')^2} & 0 & 0 \\ 0 & \dfrac{\varepsilon'_\varphi}{f'(r')} & 0 \\ 0 & 0 & \dfrac{\varepsilon'_\theta}{f'(r')} \end{bmatrix} \begin{bmatrix} \sin\theta & 0 & \cos\theta \\ 0 & 1 & 0 \\ \cos\theta & 0 & -\sin\theta \end{bmatrix} \Bigg|_{\theta=\frac{\pi}{2}}
$$

$$
= \begin{bmatrix} \dfrac{f'(r')r'^2\varepsilon'_r}{f^2(r')^2} & 0 & 0 \\ 0 & \dfrac{\varepsilon'_\varphi}{f'(r')} & 0 \\ 0 & 0 & \dfrac{\varepsilon'_\theta}{f'(r')} \end{bmatrix}
\tag{9.11}
$$

由式(9.10)和式(9.11)可知柱坐标系与球坐标系下区域材料具有完全相同的全参数表达式$(\mu_r,\mu_\varphi,\mu_z) = (\varepsilon_r,\varepsilon_\varphi,\varepsilon_z)$且磁导率与介电常数同样具有完全相同的表达形式。将式(9.1)描绘的变换关系代入到式(9.11)中,经过推导可得柱坐标系下幻觉器件的材料全参数表达式为

$$
\bar{\bar{\varepsilon}}(r,\varphi,z) = \begin{bmatrix} \dfrac{(r-s+ks')^2\varepsilon'_r}{kr^2} & 0 & 0 \\ 0 & \dfrac{\varepsilon'_\varphi}{k} & 0 \\ 0 & 0 & \dfrac{\varepsilon'_\theta}{k} \end{bmatrix}
\tag{9.12a}
$$

$$\overline{\overline{\mu}}(r,\varphi,z) = \begin{bmatrix} \dfrac{(r-s+ks')^2\mu'_r}{kr^2} & 0 & 0 \\[4mm] 0 & \dfrac{\mu'_\varphi}{k} & 0 \\[4mm] 0 & 0 & \dfrac{\mu'_\theta}{k} \end{bmatrix} \tag{9.12b}$$

为了更容易采用异向介质实现,在 z 轴极化的 TE 模式下,可以对柱坐标系下的全参数进行简化而不影响器件的功能特性,简化后的材料参数为

$$(\mu_r \quad \mu_\varphi \quad \varepsilon_{z\mathrm{wing}}) = \left(\frac{f'(r')^2 r'^2}{f(r')^2} \quad 1 \quad \frac{\varepsilon'_{\mathrm{virtual}}}{f'(r')^2}\right) = \left(\left(\frac{r-s+ks'}{r}\right)^2 \quad 1 \quad \frac{\varepsilon'_{\mathrm{virtual}}}{k^2}\right) \tag{9.13a}$$

$$(\mu_r \quad \mu_\varphi \quad \varepsilon_{z\mathrm{ring}}) = \left(\frac{f'(r')^2 r'^2}{f(r')^2} \quad 1 \quad \frac{1}{f'(r')^2}\right) = \left(\left(\frac{r-s+ks'}{r}\right)^2 \quad 1 \quad \frac{1}{k^2}\right) \tag{9.13b}$$

式中:$\varepsilon_{z\mathrm{ring}},\varepsilon_{z\mathrm{wing}}$ 分别为区域 I 和区域 II 的 z 向介电常数分量。

式(9.13)表明幻觉器件两个区域的材料参数都是非均匀各向异性的。

9.1.2　异向介质设计与超散射幻觉器件样品制备

这里超散射幻觉器件工作于 X 波段,中心频率为 10GHz。为不失一般性,考虑两种情形:大缩放因子情形 $s'/s=1.5$ 和小缩放因子情形 $s'/s=1.167$。如图 9.2 所示,幻觉器件的所有物理参数均对自由空间波长 $\lambda_0=30\mathrm{mm}$ 进行了归一化,可以看出区域 I 和区域 II 的磁导率径向分量 μ_r 都是非均匀的,均随幻觉器件半径 r 逐渐递减,显示出奇异的负色散特性,而对于一个缩小幻觉器件 μ_r 为正色散[211]。通过对情形 1 和情形 2 的比较可以看出,当 s' 增加或 s 和 q 减小时 μ_r 急剧增大且 μ_r 的斜率更加陡峭,而 ε_z 与 μ_r 的变化趋势正好相反。需要说明的是 q 对材料参数的影响比 s 和 s' 对材料参数的影响要缓和得多。

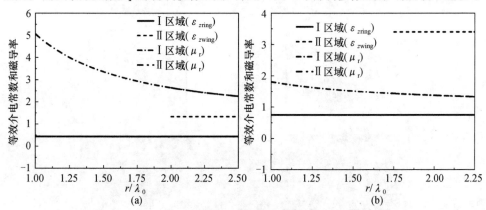

图 9.2　超散射幻觉器件的材料参数

（a）情形 1:$\varepsilon_{\mathrm{virtual}}=3,s=\lambda_0,s'=1.5\lambda_0,p=p'=2\lambda_0$ 和 $q=q'=2.5\lambda_0$；（b）情形 2:
$\varepsilon_{\mathrm{virtual}}=4.53,s=\lambda_0,s'=7/6\lambda_0,p=p'=1.75\lambda_0$ 和 $q=q'=2.25\lambda_0$。

对于情形 1:区域 I 中（$\lambda_0 \leqslant r \leqslant 2.5\lambda_0$）,$\varepsilon_{z\mathrm{ring}}=0.444,2.25 \leqslant \mu_r \leqslant 5.06$；区域 II 中（$2\lambda_0 \leqslant r \leqslant 2.5\lambda_0$）,$\varepsilon_{z\mathrm{wing}}=1.333,2.25 \leqslant \mu_r \leqslant 2.64$。对于情形 2:区域 I 中（$\lambda_0 \leqslant r \leqslant 2.25\lambda_0$）,$\varepsilon_{z\mathrm{ring}}=0.75,1.33 \leqslant \mu_r \leqslant 1.812$；区域 II 中（$1.75\lambda_0 \leqslant r \leqslant 2.25\lambda_0$）,$\varepsilon_{z\mathrm{wing}}=3.34,$

$1.33 \leqslant \mu_r \leqslant 1.435$。上述径向渐变的非均匀材料参数可以通过异向介质来实现。由于任意异向介质单元只能提供一定范围变化的材料参数,当材料参数范围超过了其限度时需要采用多种单元才能实现,这显然增加了设计和制作的复杂性。为简化设计和降低实现难度,这里选择情形2中小缩放因子超散射幻觉器件进行实验,由于 μ_r 变化缓慢且在整个幻觉器件中的变化跨度较小,因此更容易实现。需要说明的是这里超散射幻觉器件没有尺寸限制,实际中为了大目标隐身可以是工作波长的千万倍,这里主要受近场测试系统扫描区域的限制,因此为了便于实验和降低成本尺寸较小。

图9.3给出了超散射幻觉器件的拓扑结构和实物样品。这里采用两种异向介质单元分别实现区域Ⅰ和区域Ⅱ的非均匀各向异性材料参数,且选择柔性F4B介质板作为基板,其介质板参数为 $\varepsilon_r = 2.65, h = 0.2\text{mm}, \tan\delta = 0.001, t = 0.036\text{mm}, \sigma = 5.8 \times 10^7 \text{S/m}$。这里提出了一种混合方案来实现小于1的 ε_z 和相对较大的 μ_r,两种复合异向介质单元均包含刻蚀于基板两侧的电谐振结构和磁谐振结构,如图9.4所示。通过精心设计4种电、磁谐振单元的物理参数,器件的工作频率可以调控于电等离子频率 ω_p 之后而在磁谐振频率之前。同时通过对结构尺寸与晶格常数比例的调控可以使材料参数的色散在工作频率附近变化平缓从而保证器件具有一定的工作带宽。由于异向介质单元工作于非谐振区,超散射幻觉器件的损耗可以忽略。

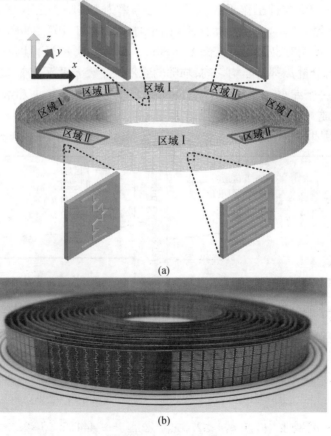

(a)

(b)

图9.3　超散射幻觉器件的拓扑结构和实物样品

（a）拓扑结构；（b）实物样品

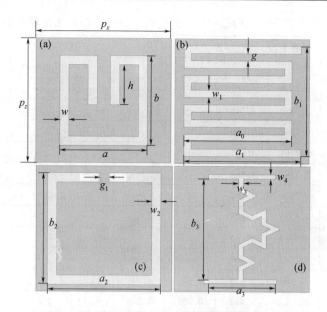

图9.4　4种电、磁谐振结构

(a)内陷 SRR 和(c) 单环 SRR 磁谐振结构;

(b) 蜿蜒线和(d) Koch 分形短截线电谐振结构。

根据等效媒质理论,单元的尺寸越小由其构造的块状结构更趋于均一化媒质。同时由于磁谐振结构的电尺寸一般比电谐振结构小,因此由电谐振结构和磁谐振结构组成的复合异向介质单元尺寸主要取决于电谐振结构单元的大小。区域 Ⅰ 中选择蜿蜒线结构和内陷 SRR 结构组成基本异向介质单元,而区域 Ⅱ 中选择 Koch 分形短截线结构和单环 SRR 结构组成基本单元。同时由于电结构和磁结构的相互作用,异向介质单元的工作频率可以进一步降低。从这个意义上讲,提出的复合结构调控材料参数方案不仅提高了设计的自由度,而且还向均一化媒质迈进了一步。

设计过程中,对图 9.2(b)所示的材料参数进行离散化,每隔 2.5mm 取一个点。两种异向介质单元的周期均为 $p_r \times p_\varphi \times p_z = 2.5\text{mm} \times 3\text{mm} \times 2.7\text{mm}(0.083\lambda_0 \times 0.1\lambda_0 \times 0.09\lambda_0)$,单元电尺寸小于 $\lambda_0/10$ 且比缩小幻觉器件所采用的单元[211]更优越,完全符合等效媒质理论的要求。最终超散射幻觉器件由 16 层刻蚀有 6408 个异向介质单元的柔性介质板同心环绕而成,层与层之间单元的物理参数不一样,而 z 方向上包含 4 个单元且高度为 10.8mm($0.36\lambda_0$)。其中区域 Ⅰ 从第 1 层延伸到第 16 层,包含 5288 个异向介质单元,而区域 Ⅱ 从第 10 层延伸到第 16 层,包含 1120 个异向介质单元。因此区域 Ⅰ 和 Ⅱ 中总共包含 22 组不同物理参数的异向介质单元。为了获得准确的材料参数,采用 HFSS 对 22 组电磁结构参数进行优化设计,具体物理参数详见表 9.1。为固定层与层之间的间隔,采用 LPKF 磨机(LKPF s100)在硬质板上每隔 2.5mm 雕刻了多个 0.2mm 宽的圆环槽,用于放置柔性介质板。入射电磁波与异向介质单元之间的碰撞将产生预定的群集响应和材料参数,从而产生预定的超散射幻觉特性。

表9.1　第1层到第16层区域Ⅰ和区域Ⅱ电、磁谐振单元的详细物理参数和电磁参数

层数	区域Ⅰ			区域Ⅱ					
	h/mm	ε_z	μ_r	w_3/mm	a_3/mm	g_1/mm	a_2/mm	ε_z	μ_r
1	0.9	0.7328	1.807	—	—	—	—	—	—
2	0.87	0.7459	1.745	—	—	—	—	—	—
3	0.835	0.7362	1.679	—	—	—	—	—	—
4	0.8	0.7451	1.621	—	—	—	—	—	—
5	0.77	0.7383	1.583	—	—	—	—	—	—
6	0.74	0.7376	1.548	—	—	—	—	—	—
7	0.71	0.7331	1.515	—	—	—	—	—	—
8	0.68	0.7387	1.485	—	—	—	—	—	—
9	0.655	0.7395	1.461	—	—	—	—	—	—
10	0.633	0.746	1.429	0.108	1.548	0.11	2.5	3.395	1.441
11	0.61	0.7382	1.417	0.108	1.548	0.13	2.5	3.405	1.416
12	0.59	0.7418	1.395	0.105	1.4	0.2	2.6	3.396	1.394
13	0.56	0.7391	1.371	0.105	1.47	0.15	2.5	3.392	1.378
14	0.54	0.7402	1.36	0.102	1.462	0.17	2.5	3.397	1.358
15	0.51	0.745	1.342	0.111	1.48	0.2	2.5	3.405	1.34
16	0.49	0.7413	1.33	0.105	1.435	0.2	2.5	3.393	1.334

注:其他物理参数:$p_z = 2.7$mm,$p_x = 3$mm,$a = b = 1.95$mm,$w = 0.2$mm,$a_1 = 2.607$mm,$b_1 = a_0 = 2.394$mm,$w_1 = g = 0.16$mm,$b_2 = 2.4$mm,$w_2 = 0.2$mm,$b_3 = 2.16$mm 和 $w_4 = 0.09$mm

在如图9.5(a)所示的仿真设置中,电磁波平行于介质板入射(对应于柱坐标系统下的圆周方向),电场沿 z 轴极化,磁场垂直于介质板且穿过 SRR(对应于柱坐标系统下的径向)。为了模拟二维无限周期阵列,横向上的4个边界设置成周期边界条件,而传输方向上的两个边界设置成 Floquet 端口。基于异向介质单元的 S 参数可以反演提取得到等效电磁参数,如图9.5(b)和(c)所示,两种异向介质单元工作频率均落于电等离子频率 ω_p 之后,磁谐振频率之前。且在 10GHz 处第一层单元的材料参数为 $\mu_r = 1.807 + \text{j}0.057$ 和 $\varepsilon_z = 0.733 + \text{j}0.09$,而第 10 层单元的材料参数为 $\mu_r = 1.441 + \text{j}0.032$ 和 $\varepsilon_z = 3.395 + \text{j}0.08$。由于区域Ⅰ要求的 ε_z 较区域Ⅱ小,因此在区域Ⅰ中单元的工作频率紧随 ω_p 之后,而区域Ⅱ中单元的工作频率离 ω_p 较远。同时两种情形下,介电常数和磁导率虚部在 10GHz 附近几乎为零而实部变化缓慢,再次说明研制的超散射幻觉器件的低损耗以及材料参数的弱色散。图9.6给出了当区域Ⅰ中第一层单元没有 SRR 结构时提取的材料参数,可以看出电等离子频率发生在 12GHz 附近,而具有 SRR 结构时电等离子频率发生在 9.4GHz。因此,SRR 与电结构的相互作用显著降低了复合异向介质单元的工作频率,实现了单元的小型化。

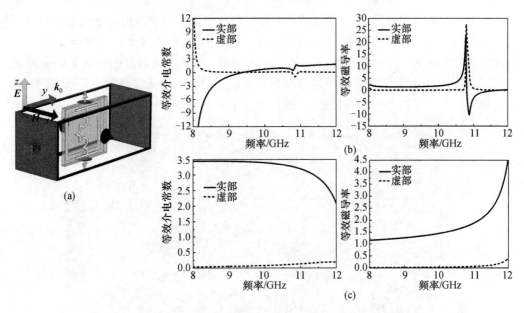

图9.5　HFSS仿真设置(a)区域Ⅰ中第一层单元提取的材料参数(b)
和区域Ⅱ中第10层单元提取的材料参数(c)

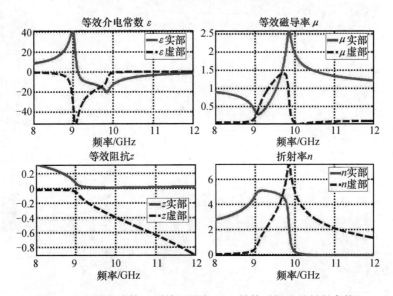

图9.6　区域Ⅰ中第一层单元没有SRR结构时提取的材料参数

9.1.3　幻觉器件实验

为了验证超散射幻觉器件功能,采用商业仿真软件COMSOL Multiphysics对其进行数值仿真。为全面分析而不失一般性,这里对中心为电介质物体和金属物体的两翼超散射幻觉器件也进行了仿真,且两翼物体和四翼物体超散射幻觉器件的物理参数完全相同。情形1中,线电流源位于距离超散射幻觉器件左侧边缘50mm处,而情形2中该距离为57.5mm(1.92λ_0)。图9.7给出了10GHz处情形1和情形2下实际空间和虚拟空间的仿真电场分布。可以明显看出,4 种情形下实际空间和虚拟空间中散射场吻合得非常好,使得中心金属或电介质物体的雷达信号特征可以等效为具有任意放大比例的金属或电介质物体以及 2 个或 4 个电介质翼物体的雷达信号特征,验证了该器件的超散射幻觉功能。同时,超散射幻觉功能不受电介质翼物体的数量以及中心物体的材料属性限制,说明本书幻觉器件具有一定的鲁棒性和普适性,能产生多个雷达幻象。

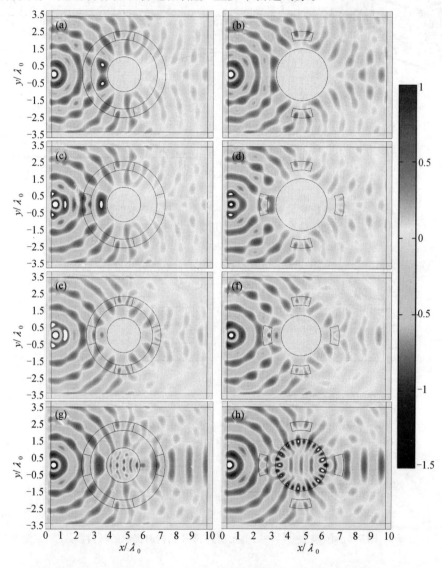

图 9.7   实际空间(左列)与虚拟空间(右列)的仿真电场分布
(a)、(c)、(e)中心金属物体被幻觉器件包裹,分别对应于情形 1 两翼、
四翼以及情形 2 四翼幻觉器件;(b)、(d)、(f)放大的金属物体与电介质翼物体,
分别对应于情形 1 两翼、四翼以及情形 2 四翼电介质物体;(g)情形 1 中心电介质物体
被幻觉器件包裹;(h)情形 1 放大电介质物体与四个电介质翼物体。

为了对超散射幻觉特性进行定量评估和分析,图 9.8 给出了实际空间和虚拟空间中幻觉器件后部 $x = 8.27\lambda_0$ 处区域 $-2\lambda_0 \leqslant y \leqslant 2\lambda_0$ 内的散射电场分布,同时还对实际空间中超散射幻觉特性随材料损耗和μ_r变化的敏感性进行了分析和讨论。这里材料的损耗以磁导率的虚部来表征,同样是半径的函数。从图9.8(a)可以明显看出两种情形下电场幅度的变化范围为0.014~0.182V/m且吻合得非常好。从图9.8(b)可以看出,当μ_r的虚部从理想情形下的0变化到$0.01\mu_r$,再增加到$0.02\mu_r$时,散射电场的波前除了幅度略微发生减小外(峰值从0.158减小到0.131V/m)几乎保持不变,因此材料损耗对超散射幻觉特性的影响很小,不会影响其正常评估。从图9.8(c)可以看出,当μ_r逐渐增加至$1.25\mu_r$时峰值场强和波前逐渐发生变化,但总体来讲散射场的变化不大,而当μ_r再增加时波前发生剧烈变化,表明超散射幻觉特性对材料参数的变化并不是十分敏感。因此尽管实际中材料参数随频率发生变化,幻觉器件仍具有一定的工作带宽,下面实验将对这个结论进行验证。

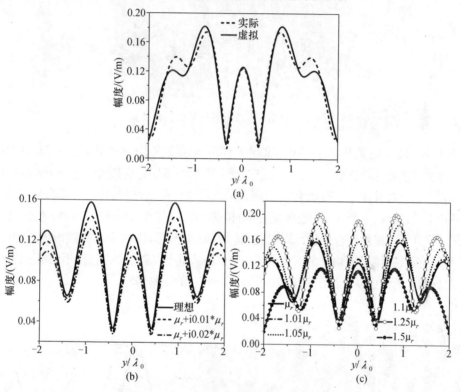

图9.8　10GHz处仿真得到的实际空间与虚拟空间散射电场分布

(a) 沿$x=8.27\lambda_0$;(b)、(c) 实际空间沿$x=8.67\lambda_0$。

需要说明的是当4个电介质翼物体均旋转45°,幻觉器件后端的散射强度会非常弱。原因在于在物理空间中激励源附近两个45°方向放置的幻觉媒质充当了引向器的作用,这样大部分散射波沿着倾斜方向被导向了上下边界并最终被"完美"吸收边界吸收。虽然物理空间和虚拟空间都观察到相同的现象,但实验中应避开这种情形,因为非理想测试环境引起的散射会严重干扰物体和幻觉器件的弱散射场。

为了进一步验证超散射幻觉功能,利用图9.9所示的近场平板波导测量系统对包裹金属物体的幻觉器件进行二维电场测试。平板波导由距离12mm的上下两个平行铝板构成,二维电场束缚于其中。超散射幻觉器件放置在下铝板上,由距离其前端50mm($1.67\lambda_0$)且固定于下铝板的垂直单极子探针激励,而另一个单极子探针嵌入上铝板用于接收样品后端的电场分量,且激励和接收探针分别与矢网 Agilent PNA – LN5230C 的两个端口连接。为了对电场进行二维连续扫描,样品与下铝板固定在步进电动机上并由计算机控制其在二维平面内自由移动。为了快速捕捉器件的实际工作频率,采用一组离散频率的电磁信号对其进行照射,并以 1mm 的步长测试了一个大小为 96mm × 120mm（$3.2\lambda_0 \times 4\lambda_0$）的方形区域。

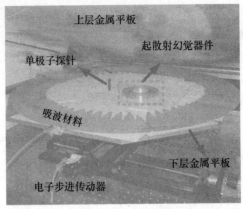

图 9.9　近场平板波导测量系统实验装置

由于样品尺寸大,图 9.10 仅给出了幻觉器件后端区域（$7\lambda_0 \leqslant x \leqslant 10.2\lambda_0$，$-2\lambda_0 \leqslant y \leqslant 2\lambda_0$）的仿真与测试散射电场分布。可以看出,无论是从散射场图还是从某条线上（$x = 9.57\lambda_0$）归一化的场强和波前来看,10.1GHz 处仿真与测试结果均吻合得很好,尤其是两端凸起、中间凹陷的不平坦波前以及第一个波前中心区域明显的中断特征。仿真与测试中良好的超散射幻觉性能验证了设计的正确性和合理性。同时在 10.1 ~ 10.3GHz 范围内测试的散射场图相似度很好,表明幻觉器件具有 200MHz 的工作带宽。测试场的微小失真主要由连接不同单元区域的胶黏剂、径向单元的错位以及制作和组装过程中不可避免的误差引起。

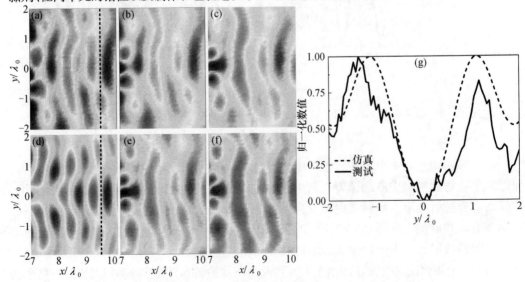

图 9.10　包裹金属物体的幻觉器件的（d）仿真与（a、b、c、e、f）测试电场分布
（a）10.1GHz;（b）10.15GHz;（c）10.21GHz;（d）10.1GHz;（e）10.25GHz;
（f）10.3GHz;（g）10.1GHz 处沿黑色虚线 $x = 9.57\lambda_0$ 的归一化仿真与测试电场强度。

9.2　宽带高分辨率成像器件

美国加州大学伯克利分校校长,华人科学家张翔教授曾表示负折射率材料在透镜领域的应用将会对社会产生十分深远的影响。芯片等各类精细器件的制造都离不开高分辨率成像透镜的光刻技术,怎样才能把器件做小,是个很关键的问题。很多器件的研发目前似乎没有什么重大突破,就是因为透镜的衍射极限没办法再降低。可见,能突破衍射极限的高分辨率透镜在现代精细加工中的重要性。

透镜是光学显微镜最基本的组成成分之一,然而由于衍射极限,传统透镜的分辨率都局限于半个波长。自从 Pendry 通过理论分析提出"完美透镜"的概念之后[94],能突破传统限制而呈现亚波长高分辨率成像的透镜引起了研究人员的浓厚兴趣。同时科学家们还发现基于 Ag 等金属的表面等离子体效应也可以实现高分辨率成像[100],人工透镜的工作频段也因此由起初的微波波段逐渐拓展到了毫米波、红外甚至可见光波段。至今已有多项实现亚波长成像的技术被不断报道,如基于左手异向介质和传输线、光子晶体、渐变折射率异向介质、手征媒质、电介质人造橡胶、声波异向介质、银膜层、近场金属板以及基于相位补偿机制[55,203-210]等。

在负折射率透镜成像方面,以往大部分工作均基于 SRR 的磁响应和金属线的电响应来实现左手负折射特性。由于谐振特性透镜的工作带宽较窄、损耗较大,高损耗急剧恶化了倏逝波的放大特性从而限制了透镜最终的分辨率。与左手异向介质透镜相比,左手传输线透镜由于其损耗低、频宽宽、体积小且能获得相当好的分辨率具有很大优势。然而绝大多数透镜均基于片状集总元件周期加载的平面传输线网格实现[55],虽然集总元件能使异向介质单元变得很小、透镜可以设计的很薄,但集总元件存在很多缺陷,详见 1.1.4 节。通过额外加载一层金属顶盖的二维蘑菇结构具有很大的左手电容,但金属化通孔增加了透镜的损耗[56]。层叠左手传输线虽然避免了金属化通孔[203],但由于层叠平板间的弱空间耦合单元尺寸较大,不能类似于 SRR 发生亚波长谐振。较大的单元尺寸增加了入射电磁波的衍射效应,使得出射电磁波波前不平整、信号起伏和不连续性较大,限制了透镜的成像效果,同时基于等效媒质理论设计的单元电磁特性与最终透镜有较大偏差。以上现有技术的缺点使得新技术的研发迫在眉睫。

9.2.1　基于三维传输线单元的等效电磁参数调控理论

受文献[203]启发,本节首次将分形、蜿蜒的思想巧妙地融入层叠左手传输线单元与三维高分辨率透镜的设计,建立了一种实现透镜宽带工作和高分辨率成像的新方案[210],同时又能采用廉价、简单的 PCB 制作工艺进行加工。如图 9.11(a)所示,单元由 Sierpinski 环,4 个交指电容以及四周用于连接相邻单元的蜿蜒线电感组成。分形和蜿蜒结构的空间填充特性在有限区域显著提高了层叠传输线的等效电感和电容,有效降低了单元的谐振工作频率并实现了小型化,使得基于异向介质单元设计三维层叠传输线透镜更适合采用均一化的媒质参数 μ_{eff} 和 ε_{eff} 来表征。

本节传输线单元除了没有金属背板外与 6.2 节单元类似,但工作、激励机制和应用场合完全不同。由于单元在 x 和 z 方向上具有完全相同的结构,因此支持双极化。与 SRR

和 Rod 组成的左手异向介质相比,新型传输线单元之间具有物理连接且为平面结构,使得贡献左手效应和右手效应的电路能在同一个等效电路中表征,同时由于电磁波在该媒质中的传输不需要通过单元之间的耦合实现,类似于信号在传输线中传输,因此损耗小。如图 9.11(d)所示,三维传输线异向介质(透镜)由单元以周期 $a \times p \times a$ 在 x、y、z 三个方向周期延拓而成,或由单元在 xoz 平面内周期延拓然后在 y 方向层叠而成,其中 y 方向上的周期 p 包含空气间隙 h 和介质板厚度。考虑到材料的厚度和损耗,透镜在传输方向上只有 3 个单元。由于透镜采用了自由空间激励,激励源和场不需要像二维透镜[55]一样嵌入传输线网格中,具有很大的灵活性和实用价值。同时单元没有引入任何金属化过孔和集总元件且单元尺寸可以根据工作频率进行调谐和放缩,克服了透镜的额外损耗、右手寄生效应以及低频工作限制。

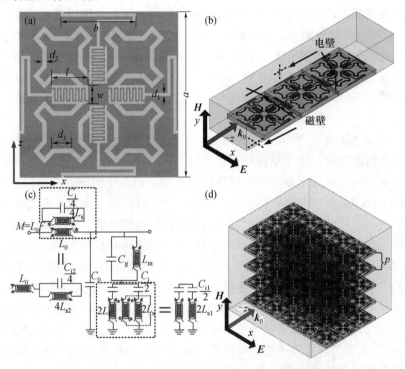

图 9.11　左手传输线单元、三维异向介质与等效电路

(a) 单元正视图;(b) TEM 波平行照射示意图与 HFSS 仿真设置;(c) 单元等效电路;(d) 三维异向介质全视图。

透镜单元的物理参数:$a = 10.6, b = 5, l = 2.4, w = 1.2, d_1 = 0.2, d_2 = 0.3, L = 9.2$ 和 $d_3 = 1.32$(单位:mm)。

如图 9.11(b)所示,横电磁波平行传输线单元所在平面入射,磁场垂直于结构所在平面,而电场平行于平面且与波矢正交。仿真设置中,通过将电场和磁场方向上的 4 个边界分别设置为电壁和磁壁,可以模拟 xoy 面内周期延拓的无限大平板,有效减小了计算区域。定义蜿蜒线电感 L_m、交指电容 C_i、二阶 Sierpinski 分形环的自感 $4L_s$ 以及交指边缘电容效应 C_g,则每个子环的自感为 L_s 且 L_m 和 C_i 贡献左手特性。在图 9.11(c)所示的等效电路中,首先,由介质板和空气间隔(泡沫)构成的主媒质的固有右手效应由 L_0 和 C_0 进行等效。其次,Sierpinski 分形环和交指结构组成的闭合环受磁场激励产生感应电流并形成闭合回路,类似磁耦极子,其磁响应由串联支路 $4L_{s2}$ 和 $C_{i2}/4$ 组成的并联谐振腔等效,互感

$M = L_0 F$ 等效闭合磁环与主媒质发生的复杂磁耦合效应,这里 L_0,L_{s2} 和 C_{i2} 共同决定三维异向介质的磁谐振频率和负磁导率。最后,左手传输线单元在响应电场激励时会产生两个效应,共同构成左手传输线异向介质的电响应:一是通过蜿蜒线和交指边缘产生的振荡电流,由并联支路 L_m 和 C_g 组成的并联谐振腔等效,二是通过交指和 Sierpinski 环的振荡电流,由并联支路 $C_{i1}/2$ 和 $2L_{s1}$ 组成的谐振腔等效。

为实现 $Z = Z_0$ 和 $n_{eff} = -1$ 提供理论方法,下面从等效电路出发推导等效电磁参数的表达式。对单元采用 Bloch 理论,可得单元产生的相位 φ 和 Bloch 阻抗 Z_β 为

$$\cos\varphi = \cos(\beta p) = 1 + Z_s(j\omega)Y_p(j\omega)/2 \tag{9.14a}$$

$$Z_\beta = \sqrt{Z_s(j\omega)\left[Z_s(j\omega)/4 + 1/Y_p(j\omega)\right]} \tag{9.14b}$$

式中:$Z_s(j\omega)$ 和 $Y_p(j\omega)$ 分别为串联支路阻抗和并联支路导纳,有

$$Z_s(j\omega) = j\omega\mu_{eff}\mu_0 = j\omega L_0 + \cfrac{1}{\cfrac{1}{j4\omega L_{s2}} + \cfrac{j\omega C_{i2}}{4}} \tag{9.15a}$$

$$Y_p(j\omega) = j\omega\varepsilon_{eff}\varepsilon_0 = j\omega C_0 + \cfrac{1}{\cfrac{1}{j\omega C_g + \cfrac{1}{j\omega L_m}} + \cfrac{1}{j\omega C_{i1}} + j\omega L_{s1}} \tag{9.15b}$$

式中:L_{s1},L_{s2},C_{i1},C_{i2} 为考虑耦合效应之后的等效电感和电容,它们与 L_s 和 C_i 的关系为

$$4L_{s1} = L_s - M^2/L_0, \quad 4L_{s2} = \frac{M^2}{4L_s}, \quad C_{i1} = C_i, \quad C_{i2} = \frac{4L_s^2 C_i}{M^2} \tag{9.16}$$

将式(9.16)代入式(9.15),可得等效电磁参数的表达式为

$$\mu_{eff} = 1 + \frac{C_i M^2}{4L_0}\frac{\omega_{r2}^2}{(1 - \omega^2/\omega_{r2}^2)} \tag{9.17a}$$

$$\varepsilon_{eff} = 1 + \frac{C_i}{C_0}\frac{(1 - \omega^2/\omega_g^2)}{(1 - \omega^2/\omega_{r1}^2)(1 - \omega^2/\omega_g^2) - \omega^2/\omega_m^2} \tag{9.17b}$$

式中:ω_{r1},ω_{r2},ω_g,ω_m 分别为

$$\omega_{r1}^2 = \frac{1}{(L_s - M^2/L_0)C_i}, \quad \omega_{r2}^2 = \frac{1}{L_s C_i}, \quad \omega_g^2 = \frac{1}{L_m C_g}, \quad \omega_m^2 = \frac{4}{L_m C_i} \tag{9.18}$$

因此,三维异向介质的轴向张量电磁参数可写成

$$\boldsymbol{\varepsilon}(\omega) = \varepsilon_0\begin{pmatrix} \varepsilon_{eff} & 0 & 0 \\ 0 & \varepsilon_{avg} & 0 \\ 0 & 0 & \varepsilon_{eff} \end{pmatrix}, \boldsymbol{\mu}(\omega) = \mu_0\begin{pmatrix} 1 & 0 & 0 \\ 0 & \mu_{eff} & 0 \\ 0 & 0 & 1 \end{pmatrix} \tag{9.19}$$

式中:ε_{avg} 为主媒质的平均介电常数。

将 $M = L_0 F$ 代入式(9.16)可知 L_{s1} 与 L_0 成反比,因此电谐振频率与 L_0 成正比,同时式(9.17)表明空气间隙 h(决定 L_0 和 C_0)直接影响三维异向介质的等效电磁参数和有效阻抗,而式(9.18)表明通过调节 L_m、L_s、C_i 可以实现对电响应和磁响应频率以及材料电磁参数的调控。

9.2.2 成像器件设计与制作

要突破衍射极限实现高分辨率成像,聚焦透镜必须满足如下要求:首先,工作频段内三维异向介质的等效折射率为 $n_{eff} = -1$,且与自由空间具有很好的阻抗匹配,即 $Z = Z_0$,这就要求其等效磁导率和介电常数必须满足 $\mu_{eff} = -\mu_0$ 和 $\varepsilon_{eff} = -\varepsilon_0$,这里 μ_0、ε_0 和 Z_0 分别为自由空间的磁导率、介电常数和本征阻抗;其次,透镜损耗应较低且异向介质单元必须足够电小,至少满足等效媒质理论的上限;最后,需要合理选择源与透镜的距离并确保足够大的横截面来观察成像。

透镜的设计流程主要有三步:首先,根据式(9.14)~式(9.19)得到一组合适的电路参数;其次,依据经验计算公式[307]对单元的物理参数进行初步合成;最后,通过 HFSS 参数优化对单元进行精确设计。为了验证新型异向介质单元的左手特性,对空气间隙为 $h = 5$mm 的单元进行本征模仿真,基板为 F4B 介质板,其 $\varepsilon_r = 2.65$、厚度为 1mm,其他物理参数见图 9.11。如图 9.12 所示,为保证轴向磁场环境,单元 x、z 方向的 4 个边界分配周期边界而上下两个边界分配磁边界,还可以看出在 6.37 ~ 7.18GHz 范围内单元具有非常明显的后向波色散,相对带宽达到了 12%,良好的左手特性和带宽得益于分形传输线单元显著增加的左手电感和电容。

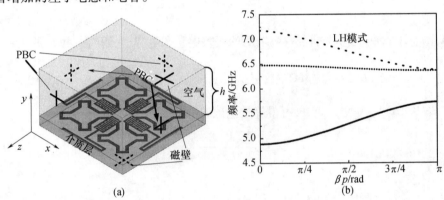

图 9.12　HFSS 本征模仿真设置(a)与 $h = 5$mm 时左手传输线单元的本征色散曲线(b)

如图 9.13 所示,S 参数曲线显示的通带与本征色散曲线显示的左手通带吻合得很好,6.9GHz 附近幅度较小的传输零点由分形环和交指结构的高阶谐振引起。同时传输线的左手通带插损较小,为 1.02dB(平均每单元 0.34dB),主要来源于弯曲不连续边界产生的磁损耗和辐射损耗。进一步观察表明当 h 从 3mm 增加至 9mm 时,左手通带和右手通带几乎未发生偏移,但明显改善了传输线与空气的阻抗匹配。这是因为增加的空气间隙减小了占空比,从而影响了 L_0 和 C_0,而对其他电路参数影响很小,变化的 L_0 和 C_0 改变了材料参数 μ_{eff}、ε_{eff} 和 Z_β,这与前面的理论分析一致。

基于上述理论分析和数值仿真,精确设计了工作于 C 波段且中心频率为 5.35GHz 三维传输线透镜。采用 $\varepsilon_r = 4.2$,$\tan\delta = 0.02$,$t = 0.036$mm,厚度为 3mm 的 FR4 介质板作为基板,为保证良好的阻抗匹配,选择 $h = 9$mm。如图 9.14(a)所示,在 4.89 ~ 5.55GHz 范围内单元呈现左手后向色散,相对带宽达到了 12.6%,而在 5.55 ~ 5.76GHz 范围内,单元呈现右手前向色散。5.35GHz 处单元的电尺寸为 $\lambda_0/5.3 \times \lambda_0/5.3$,完全满足等效媒质单

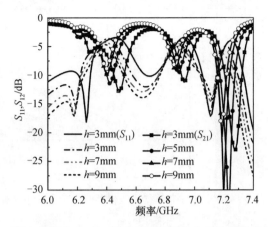

图 9.13 不同空气间隙 h 下三单元(传输方向)左手传输线的仿真 S 参数

元尺寸小于 $\lambda_0/4$ 的要求,该频率下单元的色散相位为 $70°$,根据 $n = c\beta/\omega a$ 可计算单元的折射率为 $n = -1.028$。虽然色散曲线显示左手通带与右手通带之间存在一个窄频间隙 $(5.55 \sim 5.76\text{GHz})$,但并未在图 9.14(b)所示的 S 参数曲线中引起明显的阻带效应而只在 S_{11} 曲线 5.74GHz 处引起了一个微小扰动,但这个窄带阻带效应会随着传输方向单元个数的增加而明显增强,见图 9.17 中通带边缘的阻带深度。从 S 参数曲线中还可以看出,单元的损耗较小且主要来自介质损耗和回波损耗。仿真结果表明当电正切损耗 $\tan\delta = 0.02$ 降到 $\tan\delta = 0.01$ 时,三单元传输线的插入损耗减小了 0.5dB。图 9.13 和图 9.14 的结果表明改变介质板的介电常数和空气间隙厚度能实现对三维传输线工作频率和阻抗的操控。

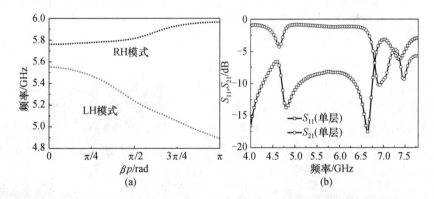

图 9.14 单元的本征模色散曲线(a)与一单元(传输方向)仿真 S 参数(b)

图 9.15 给出了基于三单元左手传输线 S 参数反演得到的等效电磁参数。可以看出,5.35GHz 处 $\mu_{\text{eff}} = -1.006 - j0.132$、$\varepsilon_{\text{eff}} = -0.995 + j0.049$ 和 $n_{\text{eff}} = -1.004 - j0.041$,这与本征模仿真计算的折射率完全吻合,实现了透镜所要求的阻抗匹配 $Z = Z_0$ 与负折射率 $n_{\text{eff}} = -1$。虽然从负磁导率和负介电常数实部看,图 9.15 显示的左手带宽比图 9.14(a)似乎要宽,主要体现在频率低端的展宽,但等效电磁参数的虚部表明频率低端损耗很大,信号传播被抑制,为阻带。

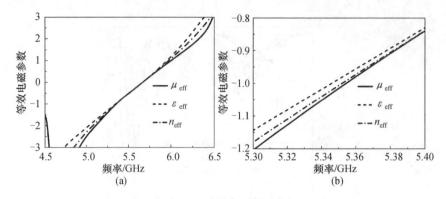

图 9.15　三单元左手传输线提取得到的等效电磁参数实部

（a）全视图；（b）局部图。

9.2.3　成像实验

为了验证成像效果，对设计的三维成像器件进行加工和制作。图 9.16 给出了制作的三维透镜样品和 S 参数测试装置。制作过程中，通过 PCB 工艺在每块 FR4 介质板上分别刻蚀 10×3 个传输线单元。为了保证三维透镜空气间隙的厚度，采用厚度为 9mm 的硬质泡沫板作为支撑材料，泡沫的介电常数与空气相当且大小与介质板一致。然后将 20 块刻蚀有左手传输线单元的介质板和 20 块泡沫板进行交叉层叠，最后经过热压进行加固。最终设计的三维透镜尺寸为 $106 \times 240 \times 31.8$mm。透镜 x 方向上尺寸为 $1.89\lambda_0$，可以有效抑制透镜边缘的衍射效应。

由于仿真计算环境是封闭波导，而实际测试环境则是开放且存在复杂电磁干扰的自由空间，这对于准确测试三维透镜非常不利。文献［203］采用两个聚焦透镜将喇叭天线的能量集中在透镜中心，但新增透镜势必会带来额外的损耗和散射。S 参数测试过程中，为了模仿波导环境在木板上设计了一个大小合适的传输通道并在通道四周布满足够大的吸波材料，透镜置于通道中心且完全堵住通孔，喇叭、通孔和样品严格控制在同一水平线上。这样天线辐射能量只能通过透镜传输，而其他绕射能量则被吸波材料吸收。测试时，两个与矢网 N5230C 相连的宽带双脊喇叭天线分别作为发射和接收天线置于透镜两端，且喇叭与样品的距离为 90mm，喇叭天线为垂直极化以保证磁场穿过横向放置的透镜，同时采用时域门技术滤除喇叭天线之间的多次反射。

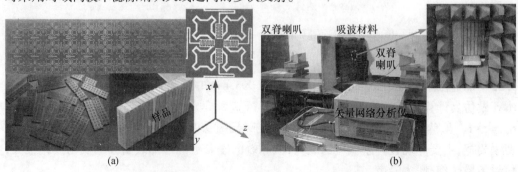

图 9.16　制备的三维透镜样品（a）与 S 参数测试装置（b）

如图 9.17 所示,仿真与测试 S 参数基本吻合。与仿真结果相比,测试 S 参数表明透镜在 5.82GHz 附近出现了一个小阻带,工作频率发生了微小偏移且阻带抑制深度较小。造成这些差异的原因主要有 3 个方面:首先,仿真时透镜在 x、y 方向无限大而实际中则是有限尺寸,当单元尺寸未达到"完美"等效媒质的标准时截断效应不能忽略;其次,硬质泡沫并非理想空气,其介电常数不精确为 1 且很难准确评估;最后,FR4 介质板的介电常数不稳定且在加工和制作中不可避免存在误差,尤其是对紧凑精细的单元结构。尽管如此,以上误差并未影响透镜在 5.35GHz 时的电特性。该频率处仿真和测试的回波损耗分别为 13.1dB 和 15.9dB,表明透镜与自由空间匹配良好。与一单元传输线相比,三单元左手传输线的阻带宽度和深度明显展宽和加深。

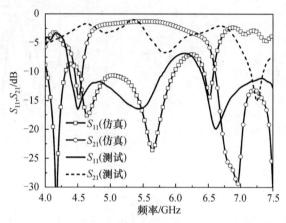

图 9.17　三维左手传输线透镜的仿真与测试 S 参数

为了验证透镜的亚波长成像,采用 Comsol Multiphysics 对 TM 波情形下工作于 5.35 GHz 的二维左手传输线透镜进行仿真,其中透镜尺寸为 200mm × 40mm,由填充等效电磁参数的平板等效。如图 9.18 所示,透镜前面放置的点源用于产生沿 z 方向传播的电磁波,四周足够大的 PML 边界包裹着面积为 400mm × 400mm 的仿真区域且透镜放置在中央。透镜的材料参数为 $\mu_y = -1.006 - j0.132$ 和 $\varepsilon_x = -0.995 + j0.049$,这里材料参数的虚部表征损耗。为了对透镜的聚焦性能进行系统验证,这里考虑了两种情形,分别是单源和双源激励情形,后者两个源完全相同且相距 34mm。同时为了验证损耗对成像的影响,这里对具有理想电磁参数的透镜($\mu_y = -1$,$\varepsilon_x = -1$)也进行了仿真。从图 9.18 可以看出,4 种情形下在透镜内部和外部均非常明显地观察到两次清晰的聚焦效果,同时在透镜与自由空间的两个交界处均明显观察到倏逝波的放大效果,交界面处能量的局域化由左手和右手媒质的等离子表面波引起。非理想的材料参数引起了实际透镜的非对称场分布,同时由于损耗和阻抗失配,实际透镜的波前呈现了微小不连续性且聚焦强度略低。尽管如此,微小的损耗并未恶化透镜的聚焦效果,这里依然能明显观察到实际透镜的聚焦点并清晰地辨别两个近距离放置的源,验证了透镜高分辨率成像的鲁棒性。仿真结果显示以半功率波瓣宽度定义的像点尺寸为 19mm($0.34\lambda_0$),打破了半波长衍射极限。进一步观察表明双源情形下内部与外部的像点与源并不完全共线且像点尺寸比单源情形略小,这是由两个源的近距离波干涉引起的。

为了对透镜的亚波长成像效果进行实验评估,采用近场测量系统对透镜外部的磁场

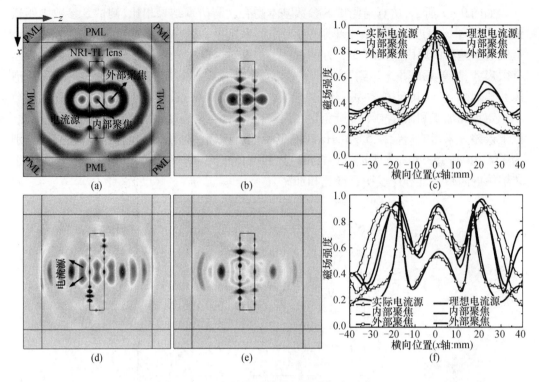

图 9.18　左手传输线透镜的仿真磁场分布

(a)、(d) 理想透镜 $\mu_y = \varepsilon_x = -1$；(b)、(e) 实际透镜 $\mu_y = -1.006 - j0.132$，$\varepsilon_x = -0.995 + j0.049$；

(c) 和 (f) 聚焦面上的场分布。其中 (a)、(b)、(c) 为单源情形，而 (d)、(e)、(f) 为双源情形。

进行测试。如图 9.19(a) 所示，由于无法探测透镜内部的场，这里只对外部成像进行验证。为了激发透镜的左手效应和接收磁场分量，采用直径为 1.19mm 的半硬质电缆制备了两个内径为 4.6mm 且工作于 C 波段的小环天线，它们通过同轴电缆与矢量网络测试仪 LN5230C 的两个端口连接。其中发射天线位于透镜前 20mm 且和样品均固定于铝板上，用于提供轴向磁场激励并随步进电机以 1mm 的步长在水平二维区域（198mm × 198mm）自由移动，而接收天线固定且位于透镜后部，用于探测和接收磁场。

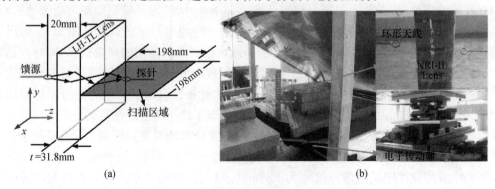

图 9.19　透镜的三维近场测试装置

(a) 负折射率成像原理图；(b) 图 D Mapper 测试装置。

如图 9.20 所示,测试与仿真磁场分布吻合得很好,测试情形下稍微恶化的像点尺寸(分辨率)由材料的损耗引起,包括介质板损耗和用于加固样品时采用的胶黏剂损耗。在 5.35GHz 和 5.4GHz 处,聚焦面上局域化的场幅度和像点处左右凸凹相反的相位波前表明三维透镜实现了对电磁波的汇聚和亚波长成像。同时沿 x 方向的半功率($-3dB$)波瓣宽度仅为 21.9mm,透镜的分辨率达到了 $0.39\lambda_0$,与文献[203]报道的 $0.55\lambda_0$ 相比得到了显著提高,具有明显的聚焦效果和点源分辨能力。而相反在右手频段 6.7GHz 处,整个观测区域均一化的场幅度和自始至终一致的凸相位波前显示了平面波的传输效果,且在聚焦面上的半功率波瓣宽度超过 55mm,观察不到任何聚焦效果。

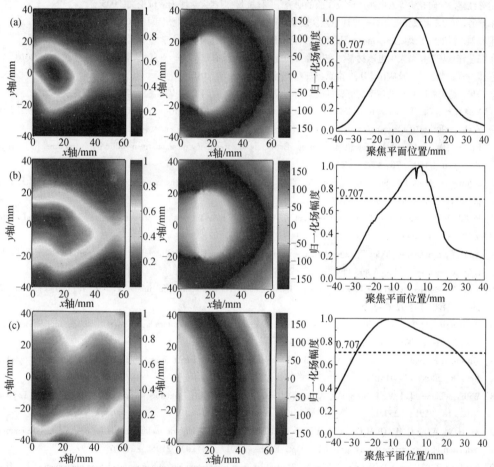

图 9.20　3 个频率处透镜后部的测试磁场分布

(a) 5.35GHz;(b) 5.4GHz;(c) 6.7GHz。其中左列为归一化幅度分布,

中间列为相位分布,右列为聚焦面上的归一化场分布。

参 考 文 献

［1］ Capolino F. Applications of metamaterials［M］. Taylor and Francis, 2009.

［2］ Cai W, Shalaev V. Optical metamaterials – fundamentals and applications［M］. Springer, 2010.

［3］ Cui T J, Smith D R, Liu R. Metamaterials – theory, design, and applications［M］. Springer, 2009.

［4］ 陈红盛. 异向介质等效电路理论及实验的研究［D］.杭州:浙江大学博士学位论文,2005.

［5］ 李芳,李超. 微波异向介质—平面电路实现及应用［M］.北京:电子工业出版社,2011.

［6］ 程强. 新型人工媒质(metamaterials)的电磁特性研究［D］.南京:东南大学博士学位论文,2008.

［7］ 马慧锋. 基于新型人工电磁材料的宽带隐身地毯及新型天线研究［D］.南京:东南大学博士学位论文,2010.

［8］ 蒋卫祥. 光学变换及应用［D］.南京:东南大学博士学位论文,2010.

［9］ 马华. 超材料隐身套及新型功能器件的理论与设计研究［D］.西安:空军工程大学博士学位论文, 2010.

［10］ Veselago V G. Theelectrodynamics of substances with simultaneously negative values of ε and μ［J］. Soviet Physics Uspekhi, 1968, 10(4): 509 – 514.

［11］ Pendry J B, Holden A J, Stewart W J, et al. Extremely low frequency plasmons in metallic mesostructures［J］. Phys. Rev. Lett. , 1996, 76: 4773 – 4776.

［12］ Schurig D, Mock J J, Smith D R. Electric – field – coupled resonators for negative permittivity metamaterials［J］. Appl. Phys. Lett. , 2006, 88: 041109.

［13］ Padilla W J, Aronsson M T, Highstrete C, et al. Electrically resonant terahertz metamaterials: Theoretical and experimental investigations［J］. Phys. Rev. B, 2007, 75(4): 041102.

［14］ Yuan Y, Bingham C, Tyler T, et al. A dual – resonant terahertz metamaterial based on single – particle electric – field – coupled resonators［J］. Appl. Phys. Lett. , 2008, 93: 191110.

［15］ Yuan Y, Bingham C, Tyler T, et al. Dual – band planar electric metamaterial in the terahertz regime［J］. Opt. Express, 2008, 16: 9746 – 9752.

［16］ Bingham C M, Tao H, Padilla W J, et al. Planar wallpaper group metamaterials for novel terahertz applications［J］. Opt. Express, 2008, 16: 18565 – 18575.

［17］ Miyamaru F, Saito Y, Takeda M W, et al. Terahertz electric response of fractal metamaterial structures［J］. Phys. Rev. B, 2008, 77: 045124.

［18］ Withayachumnankul W, Fumeaux C, Abbott D. Compact electric – LC resonators for metamaterials［J］. Opt. Express, 2010, 18: 25912 – 25921.

［19］ Xu H X, Wang G M, Qi M Q, et al. Ultra – small single – negative electric metamaterials for electromagnetic coupling reduction of microstrip antenna array［J］. Opt. Express, 2012, 20(20): 21968 – 21976.

［20］ Pendry J B, Holden A J, Robbins D J, et al. Magnetism from conductors and enhanced nonlinear phenomena［J］. IEEE Trans. Microw. Theory Tech, 1999, 47(11): 2075 – 2083.

［21］ Marqués R, Mesa F, Martel J, et al. Comparative analysis of edge – and broadside – coupled split ring resonators for metamaterial design—theory and experiments［J］. IEEE Trans. Antennas Propag. , 2003, 51(10): 2572 – 2581.

［22］ Zhou L, Wen W, Chan C T, et al. Multiband subwavelength magnetic reflectors based on fractals［J］. Appl. Phys. Lett, 2003, 83: 3257 – 3259.

［23］ Bilotti F, Toscano A, Vegni L, et al. Equivalent – circuit models for the design of metamaterials based on artificial magnetic inclusions［J］. IEEE Trans. Microw. Theory Tech. , 2007, 55: 2865 – 2873.

［24］ Baena J D, Marques R, Medina F, et al. Artificial magnetic metamaterial design by using spiral resonators［J］. Phys. Rev. B, 2004, 69: 144021 – 144025.

［25］ Buell K, Mosallaei H, Sarabandi K. Metamaterial insulator enabled superdirective array［J］. IEEE Trans. Antennas

Propag. , 2007, 55(4): 1074 – 1085.

[26] Aydin K, Ozbay E. Capacitor – loaded split ring resonators as tunable metamaterial components [J]. J. Appl. Phys. , 2007, 101: 024911.

[27] Yousefi L Ramahi O M. Artificial magnetic materials using fractal hilbert curves [J]. IEEE Trans. Antennas Propag. , 2010, 58(8): 2614 – 2622.

[28] 王甲富. 左手超材料的设计及性能研究 [D]. 西安:空军工程大学博士学位论文,2010.

[29] Aydin K, Bulu I, Guven K, et al. Investigation of magnetic resonances for different split – ring resonator parameters and designs [J]. New J. Phys. , 2005, 7: 168.

[30] Ekmekci1 E, Topalli1 K, Akin1 T, et al. A tunable multi – band metamaterial design using micro – split SRR structures [J]. Opt. Express, 2009, 17(18): 16046.

[31] Xu H X, Wang G M, Qi M Q. Hilbert – shaped magnetic waveguided metamaterials for electromagnetic coupling reduction of microstrip antenna array [J]. IEEE Trans. Magn. , 2013, 49(4): 1526 – 1529.

[32] Smith D R, Padilla W J, Vier D C, et al. Composite medium with simultaneously negative permeability and permittivity [J]. Phys. Rev. Lett. , 2000, 84(18): 4184 – 4187.

[33] Shelby R A, Smith D R, Schultz S. Experimental verification of a negative index of refraction [J]. Science, 2001, 292 (6): 77 – 79.

[34] Engheta N, Ziolkowski R W. Electromagnetic metamaterials: physics and engineering explorations [M]. Hoboken, NJ: Wiley, 2006.

[35] Marques R, Martel J, Mesa F, et al. Left – handed – media simulation and transmission of EM waves in subwavelength split – ring – resonator – loaded metallic waveguides [J]. Phys. Rev. Lett. , 2002, 89(18): 183901.

[36] Ziolkowski R W. Design, fabrication, and testing of double negative metamaterials [J]. IEEE Trans. Antennas Propag. , 2003, 51(7): 1516 – 1529.

[37] Bulu I, Caglayan H, Ozbay E. Experimental demonstration of labyrinth – based left – handed metamaterials [J]. Opt. Express, 2005, 13(25): 10238 – 10247.

[38] Chen H, Ran L, Wu B I, et al. Crankled S – ring resonator with small electrical size [J]. Prog. Electromagn. Res. , 2006, 66: 179 – 190.

[39] Huangfu J T, Ran L X, Chen H S, et al. Experimental confirmation of negative refractive index of metamaterial composed of Omega – like metallic patterns [J]. Appl. Physics. Lett. , 2004, 84 (9): 1357 – 1359.

[40] Zhou X, Zhao X P. Resonant condition of unitary dendritic structure with simultaneously negative permittivity and permeability [J]. Appl. Phys. Lett. , 2007, 91: 181908.

[41] Zhu W, Zhao X P, Ji N. Double bands of negative refractive index in the left – handed metamaterials with asymmetric defects [J]. Appl. Phys. Lett. , 2007, 90: 011911.

[42] 刘亚红,罗春荣,赵晓鹏. 同时实现介电常数和磁导率为负的 H 形结构单元左手材料 [J]. 物理学报,2007, 56 (10): 5883 – 5889.

[43] Rachford F J, Armstead D N, Harris V G, et al. Simulations of ferrite – dielectric – wire composite negative index materials [J]. Phys. Rev. Lett. , 2007, 99(5):057202.

[44] Liu R, Degiron A, Mock J J, et al. Negative index material composed of electric and magnetic resonators [J]. Appl. Phys. Lett. , 2007, 90: 263504.

[45] Xu H X, Wang G M, Wang J F, et al. Dual – band left – handed metamaterials fabricated by using tree – shaped fractal [J]. Chin. Phys. B, 2012, 21(12): 124101.

[46] Xu H X, Wang G M, Zhang C X, et al. Multi – band left – handed metamaterial inspired by tree – shaped fractal geometry [J]. Photonic Nanostruct. , 2013, 11(1): 15 – 28.

[47] Zhou J, Zhang L, Tuttle G, et al. Negative index materials using simple short wire pairs [J]. Phys. Rev. B, 2006, 73: 041101.

[48] Du Q, Liu J, Yang H, et al. Bilayer fractal structure with multiband left – handed characteristics [J]. Appl. Optics, 2011, 50(24): 4798 – 4804.

［49］ Xu H X. , Wang G M, Liu Q, et al. A metamaterial with multi – band left handed characteristic ［J］. Appl. Phys. A,
2012, 107(2): 261 – 268.

［50］ Holloway C L, Kuester E F, Baker – Jarvis J, et al. A double negative (DNG) composite medium composed of magne-
todielectric spherical particles embedded in a matrix ［J］. IEEE Trans. Antennas Propag. , 2003, 51: 2596 – 2603.

［51］ Popa B I, Cummer S A. Compact dielectric particles as a building block for low – loss magnetic metamaterials ［J］.
Phys. Rev. Lett. , 2008, 100: 207401.

［52］ Ahmadi A, Mosallaei H. Physical configuration and performance modeling of all – dielectric metamaterials ［J］. Phys.
Rev. B, 2008, 77: 045104.

［53］ Liang P, Ran L, Chen H, et al. Experimental observation of left – handed behavior in an array of standard dielectric re-
sonators ［J］. Phys. Rev. Lett. , 2007, 98: 157403.

［54］ Yahiaoui R, Chung U C, Elissalde C, et al. Towards left – handed metamaterials using single – size dielectric resonators:
The case of TiO_2 – disks at millimeter wavelengths ［J］. Appl. Phys. Lett. , 2012, 101: 042909.

［55］ Eleftheriades G V, Balmain K G. Negative – refraction metamaterials ［M］. New York: Wiley, 2005.

［56］ Caloz C, Itoh T. Electromagnetic metamaterials: transmission line theory and microwave applications ［M］. New York:
Wiley, 2006.

［57］ Marques R, Martin F, Sorolla M. Metamaterials with negative parameters: theory, design, and microwave applications
［M］. Hoboken, NJ: Wiley, 2008.

［58］ Sanada A, Murakami K, Aso S, et al. A via – free microstrip left handed transmission line ［A］. IEEE – MTT Int' l
Symp. ［C］, Fort Worth: TX, 2004: 301 – 304.

［59］ Xu H X, Wang G M, Qi M Q, et al. Analysis and design of two – dimensional resonant – type composite right left handed
transmission lines with compact gain – enhanced resonant antennas ［J］. IEEE Trans. Antennas Propag. , 2013, 61
(2): 735 – 747.

［60］ Horii Y, Caloz C, Itoh T. Super – compact multilayered left – handed transmission line and diplexer application ［J］.
IEEE Trans. Microw. Theory Tech. , 2005, 53(4): 1527 – 1534.

［61］ Francisco P, Miranda C, Enrique M S, et al. Composite right/left – handed transmission line with wire bonded interdigital
capacitor ［J］. IEEE Microw. Wireless Compon. Lett. , 2006, 16(11): 624 – 626.

［62］ Lin X Q, Ma H F, Bao D, et al. Design and analysis of super – wide bandpass filters using a novel compact meta – struc-
ture ［J］. IEEE Trans. Microw. Theory Tech. , 2007, 55(4): 747 – 753.

［63］ Mao Shau gang, Chen Shiou li, Huang chen wei. Effective electromagnetic parameters of novel distributed left – handed
microstrip lines ［J］. IEEE Trans. Microw. Theory Tech, 2005, 53(4): 1515 – 1521.

［64］ Caloz C. Dual composite right/left – handed (D – CRLH) transmission line metamaterial ［J］. IEEE Microw. Wireless
Compon. Lett. , 2006, 16(11): 585 – 587.

［65］ Deng L L, Zhang Y N Wu D. A compact transmission line with two pairs of composite right/left – handed passbands.
Int. J. RF Microwave Comput. – Aided Eng. ［J］. 2010, 20(4): 441 – 445.

［66］ Mao S G, Wu M S, Chueh Y Z, et al. Modeling of symmetric composite right/left – handed coplanar waveguides with
applications to compact bandpass filters ［J］. IEEE Trans. Microw. Theory Tech. , 2005, 53(11): 3460 – 3466.

［67］ Wei T, Hu Z, Chua H S, et al. Left – handed metamaterial coplanar waveguide components and circuits in GaAs MMIC
technology ［J］. IEEE Trans. Microw. Theory Tech. , 2007, 55(8): 1794 – 1800.

［68］ Salehi H, Mansour R. Analysis, modeling, and applications of coaxial waveguide – based left – handed transmission lines
［J］. IEEE Trans. Microw. Theory and Tech. , 2005, 53(11): 3489 – 3497.

［69］ Titos K, Feresidis P A, John C. Vardaxoglou ［A］, Analysis and application of metamaterial spiral – based transmission
lines ［C］. IEEE, 2007: 233 – 236.

［70］ Ueda T, Michishita N, Akiyama M, et al. Anisotropic 3 – D composite right/left – handed metamaterial structures using
dielectric resonators and conductive mesh plates ［J］. IEEE Trans. Microw. Theory and Tech. , 2010, 58: 1766
– 1773.

［71］ Selvanayagam M, Eleftheriades G V. Dual – polarized volumetric transmission – line metamaterials ［J］. IEEE Trans.

Antennas Propag. , 2013, 61: 2550 –2560.

[72] Bonache J, Gil I, García – García J, et al. Novel microstrip band pass filters based on complementary split rings resonators [J]. IEEE Trans. Microw. Theory and Tech. , 2006, 54: 265 –271.

[73] Gil M, Bonache J, Martin F. Synthesis and applications of new left handed microstrip lines with complementary split – ring resonators etched on the signal strip [J]. IET Microw. Antennas Propag. , 2008, 2: 324 –330.

[74] Vélez A, Bonache J, Martín F. Varactor – loaded complementary split ring resonators (VLCSRR) and their application to tunable metamaterial transmission lines [J]. IEEE Microw. Wireless Compon. Lett. , 2008, 18(1): 28 –30.

[75] Duran – Sindreu M, Velez A, Siso G, et al. Recent advances in metamaterial transmission lines based on split rings [J]. Proceedings of the IEEE, 2011, 99: 1701 –1710.

[76] Vesna C B, Radonic V, Jokanovic B. Fractal geometries of complementary split – ring resonators [J]. IEEE Trans. Microw. Theory Tech. , 2008, 56: 2312 –2321.

[77] Jokanovic B, Crnojevic – Bengin V, Boric – Lubecke O. Miniature high selectivity filters using grounded spiral resonators [J]. Electron. Lett. , 2008, 44(17): 1019 –1020.

[78] Ozgur I, Karu P E. Backward wave microstrip lines with complementary spiral resonators [J]. IEEE Trans. Microw. Theory Tech. , 2008, 56(10): 3173 –3178.

[79] Messiha N T, Ghuniem A M, EL – Hennawy H M. Planar transmission line medium with negative refractive index based on complementary omega – like structure [J]. IEEE Microw. Wireless Compon. Lett. , 2008, 18(9): 575 –577.

[80] Xu H X, Wang G M, Zhang C X, et al. Characterization of composite right/left handed transmission line [J]. IET Electron. Lett. , 2011, 47(18): 1030 – U1566.

[81] Liang J G, Xu H X. Harmonic suppressed bandpass filter using composite right/left handed transmission line [J]. J Zhejiang Univ – Sci C, 2012, 13(7): 552 –558.

[82] Smith D R, Mock J J, Starr A F, et al. Gradient index metamaterials [J]. Phys. Rev. E, 2005, 71: 036609.

[83] Enoch S, Tayeb G. A metamaterial for directive emission [J]. Phys. Rev. Lett. , 2002, 89: 213902.

[84] Pendry J B. A chiral route to negative refraction [J]. Science, 2004, 306: 1353 –1355.

[85] Zarifi D, Soleimani M, Nayyeri V, et al. On the miniaturization of semiplanar chiral metamaterial structures [J]. IEEE Trans. Antennas Propag. , 2012, 60(12): 5768 –5776.

[86] Shadrivov I V, Kapitanova P V, Maslovski S I, et al. Metamaterials controlled with light [J]. Phys. Rev. Lett. , 2012, 109: 083902.

[87] Hess O, Tsakmakidis K L. Metamaterials with quantum gain [J]. Science, 2013, 339: 654 –655.

[88] Slobozhanyuk A P, Lapine M, Powell D A, et al. Flexible helices for nonlinear metamaterials [J]. Adv. Mater. , 2013, 25: 3409 –3412.

[89] Assimonis S D, Yioultsis T V, Antonopoulos C S. Computational investigation and design of planar EBG structures for coupling reduction in antenna applications [J]. IEEE Trans. Magn. , 2012, 48(2): 771 –774.

[90] Zhang L W, Zhang Y W, He L, et al. Experimental study of photonic crystals consisting of epsilon – negative and mu – negative materials [J]. Phys. Rev. E, 2006, 74: 056615.

[91] Pendry J B, Martin – Moreno L, Garcia – Vidal F J. Mimicking surface plasmons with structured surfaces [J]. Science, 2004, 305: 847.

[92] Pors A, Moreno E, Martin – Moreno L, et al. Localized spoof plasmons arise while texturing closed surfaces [J]. Phys. Rev. Lett. , 2012, 108: 223905.

[93] Zheludev N I. The road ahead for metamaterials [J]. Science, 2010, 328: 582 –583.

[94] Pendry J B. Negative refraction makes a perfect lens [J]. Phys. Rev. Lett. , 2000, 85(18): 3966 –3969.

[95] Engheta N. Anidea for thin subwavelength cavity resonators using metamaterials with negative permittivity and permeability [J]. IEEE Antennas Wireless Propag. Lett. , 2002, 1: 10 –13.

[96] Eleftheriades G V, Iyer A K, et al. Planar negative refractive index media using periodically L – C loaded transmission lines [J]. IEEE Trans. Microw. Theory Tech. , 2002, 50(12): 2702 –2712.

[97] Caloz C, Itoh T. Application of the transmission line theory of left – handed (LH) materials to the realization of a micros-

trip LH line [A]. Proc. IEEE – AP – S USNC/URSI National Radio Science Meeting [C], San Antonio: TX, 2002, 2:412 – 415.

[98] Oliner A A. A Periodic – Structure Negative – Refractive – Index Medium without Resonant Elements [A]. URSI Digest, IEEE – AP – S USNC/URSI National Radio Science Meeting [C], San Antonio: TX, 2002:41.

[99] Smith D R, Schultz S, Markos P, et al. Determination of effective permittivity and permeability of metamaterials from reflection and transmission coefficients [J]. Phys. Rev. B, 2002, 65(19): 195104.

[100] Fang N, Lee H, Sun C, et al. Sub – diffraction – limited optical imaging with a silver superlens [J]. Science, 2005, 308: 534 – 537.

[101] Pendry J B, Schurig D, Smith D R. Controlling electromagnetic fields [J]. Science, 2006, 312: 1780 – 1782.

[102] Schurig D, Mock J J, Justice B J, et al. Metamaterial electromagnetic cloak at microwave frequencies [J]. Science, 2006, 314: 977 – 980.

[103] Xie Y B, Popa B I, Zigoneanu L, et al. Measurement of a broadband negative index with space – coiling acoustic metamaterials [J]. Phys. Rev. Lett., 2013, 110: 175501.

[104] Soukoulis C M, Linden S, Wegener M. Negative refractive index at optical wavelengths [J]. Science, 2007, 315: 47 – 49.

[105] Valentine J, Zhang S, Zentgraf T, et al. Three – dimensional optical metamaterial with a negative refractive index [J]. Nature, 2008, 455: 376 – U32.

[106] Alu A, Engheta N. Optical metamaterials based on optical nanocircuits [J]. Proceedings of the IEEE, 2011, 99: 1669 – 1681.

[107] Landy N I, Sajuyigbe S, Mock J J, et al. Perfect metamaterial absorber [J]. Phys. Rev. Lett., 2008, 100: 207402.

[108] Li, J J. Pendry B. Hiding under the carpet: A new strategy for cloaking [J]. Phys. Rev. Lett., 2008, 101: 203901.

[109] Lai Y, Chen H Y, Han D Z, et al. Illusion optics: the optical transformation of an object into another object [J]. Phys. Rev. Lett., 2009, 102: 253902.

[110] Liu R, Ji C, Mock J J, et al. Broadband ground – plane cloak [J]. Science, 2009, 323: 366 – 369.

[111] Valentine J, Li J, Zentgraf T, et al. An optical cloak made of dielectrics [J]. Nature Mater., 2009, 8(7): 568 – 571.

[112] Ergin T, Stenger N, Brenner P, et al. Three – dimensional invisibility cloak at optical wavelengths [J]. Science, 2010, 328: 337 – 339.

[113] Shin D, Urzhumov Y, Jung Y, et al. Broadband electromagnetic cloaking with smart metamaterials [J]. Nat. Commun., 2012, 3: 1213.

[114] Sanchis L, Garcia – Chocano V M, Llopis – Pontiveros R, et al. Three – dimensional axisymmetric cloak based on the cancellation of acoustic scattering from a sphere [J]. Phys. Rev. Lett., 2013, 110: 124301.

[115] Yang F, Mei Z L, Yang X Y, et al. A Negative conductivity material makes a dc invisibility cloak hide an object at a distance [J]. Adv. Funct. Mater., 2013, 23: 4306.

[116] Landy N, Smith D R. A full – parameter unidirectional metamaterial cloak for microwaves [J]. Nature Mater., 2013, 12: 25 – 28.

[117] Chen P Y, Soric J, Alù A. Invisibility and cloaking based on scattering cancellation [J]. Adv. Mater., 2012, 24: OP281 – OP304.

[118] Alitalo P, Culhaoglu A E, Osipov A V, et al. Experimental Characterization of a Broadband Transmission – Line Cloak in Free Space [J]. IEEE Trans. Antennas Propag., 2012, 60: 4963 – 4968.

[119] Eleftheriades G V. The first ten years [J]. IEEE Microw. Mag., 2012, 13(2): 8 – 10.

[120] Zheludev N I, Kivshar Y S. From metamaterials to metadevices [J]. Nature Mater., 2012, 11: 917 – 924.

[121] 徐善驾, 朱旗. 复合左右手传输线构成的异向介质及其应用 [J]. 中国科技术学学报, 2008, 38(7): 711 – 724.

[122] Liu C, Menzel W. Broadband via – free microstrip balun using metamaterial transmission lines [J]. IEEE Microw. Wireless Compon. Lett., 2008, 18: 437 – 439.

［123］Xu H X,Wang G M,Chen X, et al. Broadband balun using fully artificial fractal – shaped composite right/left handed transmission line［J］. IEEE Microw. Wireless Compon. Lett. , 2012, 22：16 – 18.

［124］Antoniades M A,Eleftheriades G V. A broadband series power divider using zero – degree metamaterial phase – shifting lines［J］. IEEE Microw. Wireless Compon. Lett. , 2005, 15：808 – 810.

［125］Mao S G,Chueh Y Z. Broadband composite right/left – handed coplanar waveguide power splitters with arbitrary phase responses and balun and antenna applications［J］. IEEE Trans. Antennas Propag. , 2006, 54(1)：243 – 250.

［126］安建. 复合左右手传输线理论与应用研究［D］. 西安:空军工程大学博士学位论文, 2009.

［127］Xu H X, Wang G M, Zhang C X, et al. Modeling of composite right/left – handed transmission line based on fractal geometry with application to power divider［J］. IET Microw. Antennas Propag. , 2012, 6(13)：1415 – 1421.

［128］Xu H X,Wang G M,Zhang C X, et al. Composite right/left – handed transmission line based on complementary single – split ring resonator pair and compact power dividers application using fractal geometry［J］. IET Microw. Antennas Propag. , 2012, 6(9)：1017 – 1025.

［129］Zhang H L,Hu B J,Zhang X Y. Compact equal and unequal dual – frequency power dividers based on composite right –/left – handed transmission lines［J］. IEEE Transactions on Industrial Electronics, 2012, 59：3464 – 3472.

［130］Bonache J,Sisó G,Gil M, et al. Application of composite right/left handed (CRLH) transmission lines based on complementary split ring resonators to the design of dual – band microwave components［J］. IEEE Microw. Wireless Compon. Lett. , 2008, 18(8)：524 – 526.

［131］Xu H X, Wang G M,Liang J G. Novel composite right/left handed transmission lines using fractal geometry and compact microwave devices application［J］. Radio Sci. , 2011, 46：RS5008.

［132］Xu H X,Wang G M,Chen P L, et al. Miniaturized fractal – shaped branch – line coupler for dual – band application based on composite right/left handed transmission Lines［J］. J Zhejiang Univ – Sci C, 2011, 12(9)：766 – 773

［133］Safia O A, Talbi L,Hettak K. A new type of transmission line – based metamaterial resonator and its implementation in original applications［J］. IEEE Trans. Magn. , 2013, 49：968 – 973.

［134］Hirota A,Tahara Y,Yoneda N. A compact forward coupler using coupled composite right/left – handed transmission lines［J］. IEEE Trans. Microw. Theory Tech. , 2009, 57：3127 – 3133.

［135］Bonache J,Gil I,Garcia – Garcia J,et al. Complementary split ring resonators for microstrip diplexer design［J］. Electron. Lett. , 2005, 41(14)：810 – 811.

［136］Zeng H Y,Wang G M,Wei D Z, et al. Planar diplexer using composite right –/left – handed transmission line under balanced condition［J］, Electron. Lett. , 2012, 48(2)：104 – 105.

［137］Xu H X,Wang G M,Xu Z M, et al. Dual – shunt branch circuit and harmonic suppressed device application［J］. Appl. Phys. A, 2012, 108 (2)：497 – 502.

［138］张鹏飞, 龚书喜. 小型化新型宽频带环形电桥［J］. 西安电子科技大学学报(自然科学版), 2006, 33 (4)：593 – 597.

［139］Kim T G,Lee B. Metamaterial – based wideband rat – race hybrid coupler using slow wave lines［J］. IET Microw. Antennas Propag. , 2010, 4(6)：717 – 721.

［140］Xu H X,Wang G M,Zhang X K, et al. Novel compact dual – band rat – race coupler combining fractal geometry and CRLH TLs［J］. Wireless Pers. Commun. , 2012, 66(4)：855 – 864.

［141］Zhang J,Cheung S W,Yuk T I. Design of n – bit digital phase shifter using single CRLH TL unit cell［J］. Electron. Lett. , 2010, 46(7)：506 – 508.

［142］Wu Y S, Lin X Q,Zhang J, et al. Broadband and wide range tunable phase shifter based on composite right/left handed transmission line［J］. J. Electromagnet. Wave. , 2012,26：1308 – 1314.

［143］Wang C W,Ma T G,Yang C F. A new planar artificial transmission line and its applications to a miniaturized butler matrix［J］. IEEE Trans. Microw. Theory Tech. , 2007, 55(12)：2792 – 2801.

［144］Xu H X,Wang G M,Wang X. A compact Butler matrix using composite right/left handed transmission line［J］. Electron. Lett. , 2011, 47(19)：1081 – 1082.

［145］Ji S H, Cho C S,Lee J W, et al. Concurrent dual – band class – E power amplifier using composite right/left – handed transmission lines [J]. IEEE Trans. Microw. Theory Tech. , 2007, 55(6): 1341 – 1347.

[146] Javier M C, Carlos C P, Martín – Guerrero T M. Active distributed mixers based on composite right/left – handed transmission lines [J]. IEEE Trans. Microw. Theory Tech. , 2009, 57(5): 1091 – 1101.

[147] Jang S L, Liu Y W, Chang C W, et al. Dual – band VCO with composite right – /left – handed resonator [J]. Microwave Opt. Technol. Lett. , 2013, 55: 468 – 471.

[148] Zhang J, Cheung S W, Yuk T I. Compact composite right/left – handed transmission line unit cell for the design of true – time – delay lines [J]. IET Microw. Antennas Propag. , 2012, 6: 893 – 898.

[149] Mandal M K, Mondal P, Sanyal S, et al. Low insertion – loss, sharp rejection and compact microstrip low – pass filters [J]. IEEE Microw. Wireless Compon. Lett. , 2006, 16 (11): 600 – 602.

[150] Xu H X, Wang G M, Zhang C X. Fractal – shaped UWB bandpass filter based on composite right/left handed transmission line [J]. IET Electron. Lett. , 2010, 46(4): 285 – 286.

[151] Xu H X, Wang G M, Zhang C X, et al. Hilbert – shaped complementary single split ring resonator and low – pass filter with ultra – wide stopband, excellent selectivity and low insertion – loss [J]. AEu Int J Electron Commun, 2011, 65 (11): 901 – 905.

[152] Xu H X, Wang G M, Peng Q, et al. Novel design of tri – band bandpass filter based on fractal shaped geometry of complementary single split ring resonator [J]. Int. J. Electron. , 2011, 98(5): 647 – 654.

[153] Xu H X, Wang G M, Zhang C X, et al. Complementary metamaterial transmission line for monoband and dual – band bandpass filters application [J]. Int. J. RF Microwave Comput. – Aided Eng. , 2012, 22(2): 200 – 210.

[154] Ahmed K U, Virdee B S. Ultra – wideband bandpass filter based on composite right/left handed transmission – line unit-cell [J]. IEEE Trans. Microw. Theory Tech. , 2013, 61: 782 – 788.

[155] Buell K, Mosallaei H, Sarabandi K. A substrate for small patch antennas providing tunable miniaturization factors [J]. IEEE Trans. Microw. Theory Tech. , 2006, 54: 135 – 146.

[156] Mosallaei H, Sarabandi K. Design and modeling of patch antenna printed on magneto – dielectric embedded – circuit metasubstrate [J]. IEEE Trans. Antennas Propag. , 2007, 55: 45 – 52.

[157] Dong Y D, Toyao H, Itoh T. Compact circularly – polarized patch antenna loaded with metamaterial structures [J]. IEEE Trans. Antennas Propag. , 2011, 59: 4329 – 4333.

[158] Xu H X, Wang G M, Qi M Q, et al. Compact circularly polarized antennas combining meta – surfaces and strong space-filling meta – resonators [J]. IEEE Trans. Antennas Propag. , 2013, 61(7): 3442 – 3450.

[159] Jiang Z H, Gregory M D, Werner D H. A broadband monopole antenna enabled by an ultrathin anisotropic metamaterial coating [J]. IEEE Antennas Wireless Propag. Lett. , 2011, 10: 1543 – 1546.

[160] 武明峰. 基于左手介质后向波效应的微带天线小型化研究 [D]. 哈尔滨: 哈尔滨工业大学硕士学位论文, 2007.

[161] Herraiz – Martínez F J, González – Posadas V, Garcia – Munoz L E, et al. Multifrequency and dual – mode patch antennas partially filled with left – handed structures [J]. IEEE Trans. Antennas Propag. , 2008, 56(8): 2527 – 2539.

[162] Xu H X, Wang G M, Qi M Q, et al. Multifrequency nonopole antennas by loading metamaterial transmission lines with dual – shunt branch circuit [J]. Progr. Electromagn. Res. , 2013, 137: 703 – 725.

[163] Cai T, Wang G M, Liang J G. Analysis and design of novel 2 – D transmission line metamaterial and its application to compact dualband antenna [J]. IEEE Antennas Wirel. Propag. Lett. , 2014, 13: 555 – 558.

[164] Xu H X, Wang G M, Qi M Q. A miniaturized triple – band metamaterial antenna with radiation pattern selectivity and polarization diversity [J]. Progr. Electromagn. Res. , 2013, 137: 275 – 292.

[165] Xu H X, Wang G M, Qi M Q, et al. Compact fractal left – handed structures for improved cross – polarization radiation pattern [J]. IEEE Trans. Antennas Propag. , 2014, 62(2): 546 – 554.

[166] Lee J G, Lee J H. Zeroth order resonance loop antenna [J]. IEEE Trans. Antennas Propag. , 2007, 55(3): 994 – 997.

[167] Park J H, Ryu Y H, Lee J G, et al. Epsilon negative zeroth – order resonator antenna [J]. IEEE Trans. Antennas Propag. , 2007, 55(12): 3710 – 3712.

[168] Xu H X,Wang G M,Gong J Q. Compact dual – band zeroth – order resonance antenna [J]. Chin. Phys. Lett. , 2012,
29(1): 014101.

[169] Niu J X. Dual – band dual – mode patch antenna based on resonant – type metamaterial transmission line [J]. Electron.
Lett. , 2010, 46(4): 266 – 267.

[170] Lai A,Leong K H. Infinite wavelength resonant antennas with monopolar radiation pattern based on periodic structures
[J]. IEEE Trans. Antennas Propag. , 2007, 55(3): 868 – 876.

[171] Chen H S,Wu B I,Ran L X, et al. Controllable left – handed metamaterial and its application to a steerable antenna
[J]. Appl. Phys. Lett. , 2006, 89: 053509.

[172] Hashemi M R M, Itoh T. Evolution of composite right/left – handed leaky – wave antennas [J]. Proceedings of the
IEEE, 2011, 99: 1746 – 1754.

[173] Xu H X,Wang G M,Qi M Q, et al. Theoretical and experimental study of the backward – wave radiation using resonant –
type metamaterial transmission lines [J]. J. Appl. Phys. , 2012, 112: 065222.

[174] Xu H X,Wang G M,Qi M Q, et al. A leaky – wave antenna using double – layered metamaterial transmission line [J].
Appl. Phys. A, 2013, 111(2): 549 – 555.

[175] Xu H X,Wang G M,Qi M Q, et al. A metamaterial antenna with frequency – scanning omnidirectional radiation pat-
terns [J]. Appl. Phys. Lett. , 2012, 101: 173501.

[176] Bait – Suwailam M M,Boybay M S,Ramahi O M. Electromagnetic coupling reduction in high – profile monopole anten-
nas using single – negative magnetic metamaterials for MIMO applications [J]. IEEE Trans. Antennas Propag. , 2010,
58(9): 2894 – 2902.

[177] Yang X M,Liu X G,Zhou X Y, et al. Reduction of mutual coupling between closely packed patch antennas using
waveguided metamaterials [J]. IEEE Antennas Wireless Propag. Lett. , 2012, 11: 389 – 391.

[178] Ketzaki D A,Yioultsis T V. Metamaterial – based design of planar compact mimo monopoles [J]. IEEE Trans. Anten-
nas Propag. , 2013, 61:2758 – 2766.

[179] Cai T,Wang G M, Liang J G, et al. Application of ultra – compact single negative waveguide metamaterials for a low
mutual coupling patch antenna array design [J]. Chin. Phys. Lett. , 2014, 31(8): 084101.

[180] Kundtz N,Smith D R. Extreme – angle broadband metamaterial lens [J]. Nature Mater. , 2010, 9: 129 – 132.

[181] Ma H F, Cui T J. Three – dimensional broadband and broad – angle transformation – optics lens [J]. Nat. Commun. ,
2010, 1:124.

[182] Chen X,Ma H F,Zou X Y, et al. Three – dimensional broadband and high – directivity lens antenna made ofmetamate-
rials [J]. J. Appl. Phys. , 2011, 110: 044904.

[183] Mei Z L,Bai J,Niu T M, et al. A half maxwell fish – eye lens antenna based on gradient – index metamaterials [J].
IEEE Trans. Antennas Propag. , 2012, 60: 398 – 401.

[184] Ma H F, Cai B G,Zhang T X, et al. Three – dimensional gradient – index materials and their applications in microwave
lens antennas [J]. IEEE Trans. Antennas Propag. , 2013, 60: 2561 – 2569.

[185] Dhouibi A,Burokur S N,A. de Lustrac, et al. Metamaterial – based half Maxwell fish – eye lens for broadband direc-
tive emissions [J]. Appl. Phys. Lett. , 2013, 102: 024102.

[186] Xu H X,Wang G M,Cai T, et al. An octave – bandwidth half maxwell fish – eye lens antenna using three – dimensional
gradient – index fractal metamaterials [J]. IEEE Trans. Antennas Propag. , 2014, 62(9): 4823 – 4828.

[187] Xu H X,Wang G M,Tao Z, et al. High – directivity emissions with flexible beam numbers and beam directions using
gradient – refractive – index fractal metamaterial [J]. Sci. Rep. , 2014, 4: 5744.

[188] Ziolkowski R W,Jin P,Lin C C. Metamaterial – inspired engineering of antennas [J]. Proceedings of the IEEE, 2011,
99: 1720 – 1731.

[189] Dong Y D,Itoh T. Metamaterial – based antennas [J]. Proceedings of the IEEE, 2012, 100: 2271 – 2285.

[190] Qi M Q,Tang W X,Xu H X, et al. Tailoring radiation patterns in broadband with controllable aperture field using meta-
materials [J]. IEEE Trans. Antennas Propag. , 2013, 61: 5792 – 5798.

[191] Alù A,Silveirinha M G,A. Salandrino, et al. Epsilon – near – zero metamaterials and electromagnetic sources: tailoring

the radiation phase pattern [J]. Phys. Rev. B, 2007, 75: 155410.

[192] Wu Q, Pan P, Meng F Y, et al. A novel flat lens horn antenna designed based on zero refraction principle of metamaterials [J]. Appl. Phys. A, 2007, 87: 151 – 156.

[193] Zhou R, Zhang H, Xin H. Metallic wire array as low – effective index of refraction medium for directive antenna application [J]. IEEE Trans. Antennas Propag. , 2010, 58(1): 79 – 87.

[194] Ma Y G, Wang P, Chen X, et al. Near – field plane – wave – like beam emitting antenna fabricated by anisotropic metamaterial [J]. Appl. Phys. Lett. , 2009, 94: 044107.

[195] Zhou B, Li H, Zou X Y, et al. Broadband and high – gain planar vivaldi antennas based on inhomogeneous anisotropic zero – index metamaterials [J]. Prog. Electromagn. Res. , 2011, 120: 235 – 247.

[196] Ramaccia D, Scattone F, Bilotti F, et al. Broadband compact horn antennas by using EPS – ENZ metamaterial lens [J]. IEEE Trans. Antenn. Propag. , 2013, 61: 2929 – 2937.

[197] Turpin J P, Wu Q, Werner D H, et al. Low cost and broadband dual – polarization metamaterial lens for directivity enhancement [J]. IEEE Trans. Antennas Propag. , 2012, 60: 5717 – 5726.

[198] Jiang Z H, Wu Q, Werner D H. Demonstration of enhanced broadband unidirectional electromagnetic radiation enabled by a subwavelength profile leaky anisotropic zero – index metamaterial coating [J]. Phys. Rev. B, 2012, 86: 125131.

[199] Jiang Z H, Gregory M D, Werner D H. Broadband high directivity multibeam emission through transformation optics – enabled metamaterial lenses [J]. IEEE Trans. Antennas Propag. , 2012, 60: 5063 – 5074.

[200] Xiong J, Lin X Q, Yu Y F, et al. Novel flexible dual – frequency broadside radiating rectangular patch antennas based on complementary planar ENZ or MNZ metamaterials [J]. IEEE Trans. Antennas Propag. , 2012, 60: 3958 – 3961.

[201] Meng F Y, Lu Y L, Zhang K, et al. A detached zero index metamaterial lens for antenna gain enhancement [J]. Prog. Electromagn. Res. , 2012, 132: 463 – 478.

[202] Xu H X, Wang G M, Cai T, et al. Miniaturization of 3 – D anistropic zero – refractive – index metamaterials with application to directive emissions [J]. IEEE Trans. Antennas Propag. , 2014, 62(6): 3141 – 3149.

[203] Iyer A K, Eleftheriades G V. A multilayer negative – refractive – index transmission – line (NRI – TL) Metamaterial free – space lens at X – Band [J]. IEEE Trans. Antennas Propag. , 2007, 55: 2746 – 2753.

[204] Iyer A K, Eleftheriades G V. Free – space imaging beyond the diffraction limit using a Veselago – Pendry transmission – line metamaterial superlens [J]. IEEE Trans. Antennas Propag. , 2009, 57: 1720 – 1727.

[205] Ma C B, Liu Z W. A super resolution metalens with phase compensation mechanism [J]. Appl. Phys. Lett. , 2010, 96: 183103.

[206] Lu D L, Liu Z W. Hyperlenses and metalenses for far – field super – resolution imaging [J]. Nat. Commun. , 2012, 3: 1205.

[207] Scarborough C P, Jiang Z H, Werner D H, et al. Experimental demonstration of an isotropic metamaterial super lens with negative unity permeability at 8. 5 MHz [J]. Appl. Phys. Lett. , 2012, 101: 014101.

[208] Xu H X, Wang G M, Qi M Q, et al. Metamaterial lens made of fully printed resonant – type negative – refractiveindex transmission lines [J]. Appl. Phys. Lett. , 2013, 102: 193502.

[209] Jiang W X, Qiu C W, Han T C, et al. Broadband all – dielectric magnifying lens for far – field, high – resolution imaging [J]. Adv. Mater. , 2013, 201303657.

[210] Xu H X, Wang G M, Qi M Q, et al. Three – dimensional super lens composed of fractal left – handed materials [J]. Adv. Opt. Mater. , 2013, 1(7): 495 – 502.

[211] Jiang W X, Qiu C W, Han T, et al. Creation of ghost illusions using wave dynamics in metamaterials [J]. Adv. Funct. Mater. , 2013, 23: 4028 – 4034.

[212] Xu H X, Wang G M, Ma K, et al. Superscatterer illusions without using complementary media [J]. Adv. Opt. Mater. , 2014, 2(6): 572 – 580.

[213] Li Y, Ran L X, Chen H S, et al. Experimental realization of a one – dimensional LHM – RHM resonator [J]. IEEE Trans. Microw. Theory Tech. , 2005, 53: 1522 – 1526.

［214］Cheng Q, Cui T J, Jiang W X, et al. An omnidirectional electromagnetic absorber made of metamaterials ［J］. New. J. Phys. , 2010, 12: 063006.

［215］Zhao J, Cheng Q, Chen J, et al. A tunable metamaterial absorber using varactor diodes ［J］. New. J. Phys. , 2013, 15: 043049.

［216］Ding F, Cui Y X, Ge X C, et al. Ultra - broadband microwave metamaterial absorber ［J］. Appl. Phys. Lett. , 2012, 100: 103506.

［217］Xu H X, Wang G M, Qi M Q, et al. Triple - band polarization - insensitive wide - angle ultra - miniature metamaterial transmission line absorber ［J］. Phys. Rev. B, 2012, 86: 205104.

［218］Mei J, Ma G C, Yang M, et al. Dark acoustic metamaterials as super absorbers for low - frequency sound ［J］. Nat. Commun. , 2012, 3: 756.

［219］Zhong S M, He S L. Ultrathin and lightweight microwave absorbers made of mu - near - zero metamaterials ［J］. Sci. Rep. , 2013, 3: 2083.

［220］Aydin K, Ferry V E, Briggs R M, et al. Broadband polarization - independent resonant light absorption using ultrathin plasmonic super absorbers ［J］. Nat. Commun. , 2011, 2: 517.

［221］Chen H Y, Hou B, Chen S Y, et al. Design and experimental realization of a broadband transformation media field rotator at microwave frequencies ［J］. Phys. Rev. Lett. , 2009, 102: 183903.

［222］Yu N F, Genevet P, Kats M A, et al. Light propagation with phase discontinuities: generalized laws of reflection and refraction ［J］. Science, 2011, 334: 333 - 337.

［223］Yu N F, Aieta F, Genevet P, et al. A broadband background - free quarter - wave plate based on plasmonic metasurfaces ［J］. Nano Lett. , 2012, 12: 6328 - 6333.

［224］Genevet P, Yu N F, Aieta F, et al. Ultrathin plasmonic optical vortex plate based on phase discontinuities ［J］. Appl. Phys. Lett. , 2012, 100: 013101.

［225］Aieta F, Genevet P, Kats M A, et al. Aberration - free ultrathin flat lenses and axicons at telecom wavelengths based on plasmonic metasurfaces ［J］. Nano Lett. , 2012, 12: 4932.

［226］Lin J, Mueller J P B, Wang Q, et al. Polarization - controlled tunable directional coupling of surface plasmon polaritons ［J］. Science, 2013, 340: 331 - 334.

［227］Kildishev A V, Boltasseva A, Shalaev V M. Planar photonics with metasurfaces ［J］. Science, 2013, 339: 1232009.

［228］Sun S L, He Q, Xiao S Y, et al. Gradient - index meta - surfaces as a bridge linking propagating waves and surface waves ［J］. Nature Mater. , 2012, 11: 426 - 431.

［229］Pfeiffer C, Grbic A. Metamaterial Huygens surfaces: tailoring wave fronts with reflectionless sheets ［J］. Phys. Rev. Lett. , 2013, 110: 197401.

［230］Huang L, Chen X. Dispersionless phase discontinuities for controlling light propagation ［J］. Nano Lett. , 2012, 12: 5750.

［231］Chen X Z, Huang L L, Muhlenbernd H, et al. Dual - polarity plasmonicmetalens for visible light ［J］. Nat. Commun. , 2012, 3: 1198.

［232］Huang L, Chen X, Muehlenbernd H, et al. Three - dimensional optical holography using a plasmonic metasurface ［J］. Nat. Commun. , 2013, 4: 2808.

［233］Yin X, Ye Z, Rho J, et al. Photonicspin hall effect at metasurfaces ［J］. Science, 2013, 339: 1405 - 1407.

［234］Zhu B O, Zhao J M, Feng Y J. Active impedance metasurface with full 360 degrees reflection phase tuning ［J］. Sci. Rep. , 2013, 3: 3059.

［235］Zhu B O, Chen K, Jia N, et al. Dynamic control of electromagnetic wave propagation with the equivalent principle inspired tunable metasurface ［J］. Sci. Rep. , 2014, 4: 4971.

［236］Li Y, Zhang J, Qu S, Wang J, et al. Wideband radar cross section reduction using two - dimensional phase gradient metasurfaces ［J］. Appl. Phys. Lett. , 2014, 104: 221110.

［237］Li Y, Liang B, Gu Z Y, et al. Reflected wavefront manipulation based on ultrathin planar acoustic metasurfaces ［J］. Sci. Rep. , 2013, 3: 2546.

［238］Tang K, Qiu C, Ke M, et al. Anomalous refraction of airborne sound through ultrathin metasurfaces ［J］. Sci. Rep. ,

2014, 4: 6517.

[239] Zhao Y, Alu A. Tailoring the dispersion of plasmonic nanorods to realize broadband optical meta-waveplates [J]. Nano Lett. , 2013, 13: 1086-1091.

[240] Monticone F, Estakhri N M, Alu A. Full control of nanoscale optical transmission with a composite metascreen [J]. Phys. Rev. Lett. 2013, 110: 203903.

[241] Estakhri N M, Alu A. Manipulating optical reflections using engineered nanoscale metasurfaces [J]. Phys. Rev. B, 2014. 89: 235419.

[242] Jongwon L, Tymchenko M, Argyropoulos C, et al. Giant nonlinear response from plasmonic metasurfaces coupled to intersubband transitions [J]. Nature, 2014, 511: 65-69.

[243] Silva A, Monticone F, Castaldi G, et al. Performing mathematical operations with metamaterials [J]. Science, 2014, 343: 160-163.

[244] Dianmin L, Pengyu F, Hasman E, et al. Dielectric gradient metasurface optical elements [J]. Science, 2014, 345: 298-302.

[245] Ma H F, Shi J H, Jiang W X, et al. Experimental realization of bending waveguide using anisotropic zero-index materials [J]. Appl. Phys. Lett. , 2012, 101: 253513.

[246] Wang B N, Yerazunis W, Teo K H. Wireless power transfer: metamaterials and array of coupled resonators [J]. Proceedings of the IEEE, 2013, 101: 1359-1368.

[247] Yin M, Tian X Y, Wu L L, et al. A Broadband and omnidirectional electromagnetic wave concentrator with gradient woodpile structure [J]. Opt. Express, 2013, 21: 19082.

[248] Liu G C, Li C, Zhang C C, et al. Experimental verification of field concentrator by full tensor transmission-line metamaterials [J]. Phys. Rev. B, 2013, 87: 155125.

[249] Mutlu M, Akosman A E, Serebryannikov A E, et al. Asymmetric chiral metamaterial circular polarizer based on four U-shaped split ring resonators [J]. Opt. Lett. , 2011, 36(9): 1653-1655.

[250] Ma X, Huang C, Pu M, et al. Multi-band circular polarizer using planar spiral metamaterial structure [J]. Opt. Express, 2012, 20(14): 16050-16058.

[251] Hao J M, Yuan Y, Ran L X, et al. Manipulating electromagnetic wave polarizations by anisotropic metamaterials [J]. Phys. Rev. Lett. , 2007, 99: 063908.

[252] Huang C, Feng Y, Zhao J, et al. Asymmetric electromagnetic wave transmission of linear polarization via polarization conversion through chiral metamaterial structures [J]. Phys. Rev. B, 2012, 85: 195131.

[253] Mutlu M, Akosman A E, Serebryannikov A E, et al. Diodelike asymmetric transmission of linearly polarized waves using magnetoelectric coupling and electromagnetic wave tunneling [J]. Phys. Rev. Lett. , 2012, 108: 213905.

[254] Xu H X, Wang G M, Qi M Q, et al. Dual-band circular polarizer and asymmetric spectrum filter using ultrathin compact chiral metamaterial [J]. Progr. Electromagn. Res. , 2013, 143: 243-261.

[255] Xu H X, Wang G M, Qi M Q, et al. Compact dual-band circular polarizer using twisted Hilbert-shaped chiral metamaterial [J]. Opt. Express, 2013, 21(21): 24912-24921.

[256] Grady N K, Heyes J E, Chowdhury D R, et al. Terahertz metamaterials for linear polarization conversion and anomalous refraction [J]. Science, 2013, 340: 1304-1307.

[257] Garcia N, Nieto-Vesperinas M. Left-handed materials do not make a perfect lens [J]. Phys. Rev. Lett. , 2002, 88(20): 207403.

[258] Valanju P M, Walser R M, Valanju A P. Wave refraction in negative-index media: always positive and very inhomogeneous [J]. Phys. Rev. Lett. , 2002, 88(18): 187401-187405.

[259] Parazzoli C G, Greegor R B, Li K, et al. Experimental verification and simulation of negative index of refraetion using Snell' law [J]. Phys. Rev. Lett. , 2003, 90(13): 107401.

[260] 隋强, 李廉林, 李芳. 负介电常数和负磁导率微波媒质的实验 [J]. 中国科学(G 辑), 2003, 33(5): 416-427.

[261] 冉立新, 章献民, 陈抗生. 异向介质及其实验验证 [J]. 科学通报, 2003, 6: 1271-1273.

[262] Seddon N, Bearpark T. Observation of the inverse doppler effect [J]. Science, 2003, 302: 1538-1540.

［263］Lu J,Grzegorczyk T M, Yan Zhang, et al. Cerenkov radiation in materials with negative permittivity and permeability [J]. Opt. Express, 2003, 11: 723 – 734.

［264］Shadrivov I V,Zharov A A,Kivshar Y S. Giant Goos – Hanchen effect at the reflection from left – handed metamaterials [J]. Appl. Phys. Lett. , 2003, 83: 2713 – 2715.

［265］Wang J,Qu S,Xu Z,et al. A method of analyzing transmission losses in left – handed metamaterials [J]. Chin. Phys. Lett. , 2009, 26:084103.

［266］French O E,Hopcraft K I,Jakeman,E. Perturbation on the perfect lens: The near – perfect lens [J]. New. J. Phys. , 2006, 8: 271.

［267］Grbic A,Merlin R,Thomas E M, et al. Near – field plates: metamaterial surfaces/arrays for subwavelength focusing and probing [J]. Proceedings of the IEEE, 2011, 99: 1806 – 1815.

［268］Zharov A A,Shadrivov I V,Kivshar Y S. Nonlinear properties of left – handed metamaterials [J]. Phys. Rev. Lett. , 2003, 91(03): 037401.

［269］Bilotti F,Sevgi L. Metamaterials: definitions, properties, applications, and FDTD – based modeling and simulation [J]. Int. J. RF Microwave Comput. – Aided Eng. , 2012, 22: 422 – 438.

［270］Burokur S N,Latrach M,Toutain S. Theoretical investigation of a circular patch antenna in the presence of a left – handed medium [J]. IEEE Antennas Wireless Propag. Lett. , 2005, 4: 183 – 186.

［271］Tretyakov S A,Ermutlu M. Modeling of patch antennas partially loaded with dispersive backward – wave materials [J]. IEEE Antennas Wireless Propag. Lett. , 2005, 4: 266 – 269.

［272］Ziolkowski R W,Kipple A D. Application of double negative materials to increase the power radiated by electrically small antennas [J]. IEEE Trans. Antennas Propag. , 2003, 51(10): 2626 – 2640.

［273］Selga1 J,Rodriguez A,Gil M,et al. Towards the automatic layout synthesis in resonant – type metamaterial transmission lines [J]. IET Microw. Antennas Propag. , 2010, 4(8): 1007 – 1015.

［274］Andrade T,Grbic A,Eleftheriades G V. Growing evanescent waves in continuous transmission – line grid media [J]. IEEE Microw. Wireless Compon. Lett. , 2005, 15(2): 131 – 133.

［275］Liao S,Yan P,Xu J,et al. Left – handed transmission line based on resonant – slot coupled cavity chain [J]. IEEE Microw. Wireless Compon. Lett, 2007, 17(4): 292 – 294.

［276］Zedler M,Caloz C,Russer P. A 3D isotropic left handed metamaterial based on the rotated TLM scheme: schematic analysis, experimental verification, and planarised implementation [J]. IEEE Trans. Microwave Theory Tech. , 2007, 55: 2930 – 2941.

［277］Paulotto S,Baccarelli P,Frezza F,et al. Full – wave modal dispersion analysis and broadside optimization for a class of microstrip CRLH leaky – wave antennas [J]. IEEE Trans. Microwave Theory Tech. , 2008, 56(12): 2826 – 2837.

［278］Guo Y C,Goussetis G,Feresidis A P,et al. Efficient modeling of novel uniplanar left – handed metamaterials [J]. IEEE Trans. Microwave Theory Tech. , 2005, 53: 1462 – 1468.

［279］Aydin K,Guven K,Soukoulis C M,et al. Observation of negative refraction and negative phase velocity in left – handed metamaterials [J]. Appl. Phys. Lett. , 2005, 86: 124102.

［280］Chen X,Grzegorczyk T M,Wu B I, et. al. Robust method to retrieve the constitutive effective parameters of metamaterials [J]. Phys. Rev. E, 2004, 70: 016608.

［281］Smith D R,Vier D C,Koschny T, et al. Electromagnetic parameter retrieval from inhomogeneous metamaterials [J]. Phys. Rev. E, 2005, 71(3): 036617.

［282］Silveirinha M,Engheta N. Tunneling of electromagnetic energy through subwavelength channels and bends using epsilon – near – zero materials [J]. Phys. Rev. Lett. , 2006, 97: 157403.

［283］Liu R,Cheng Q,Hand T, et al. Experimental demonstration of electromagnetic tunneling through an epsilon – near – zero metamaterial at microwave frequencies [J]. Phys. Rev. Lett. , 2008, 100(2): 023903.

［284］Edwards B, A. Alu, M. E. Young, et al. Experimental verification of epsilon – near – zero metamaterial coupling and energy squeezing using a microwave waveguide [J]. Phys. Rev. Lett. , 2008, 100: 033903.

［285］Ourir A,Maurel A,Pagneux V. Tunneling of electromagnetic energy in multiple connected leads using is an element of –

near – zero materials [J]. Opt. Lett. , 2013, 38: 2092 – 2094.

[286] Fleury R, Alu A. Extraordinary sound transmission through density – near – zero ultranarrow channels [J]. Phys. Rev. Lett. , 2013, 111: 055501.

[287] Ma H F, Shi J H, Cheng Q, et al. Experimental verification of supercoupling and cloaking using mu – near – zero materials based on a waveguide [J]. Appl. Phys. Lett. , 2013, 103: 021908.

[288] Hao J M, Yan W. Qiu M. Super – reflection and cloaking based on zero index metamaterial [J]. Appl. Phys. Lett. , 2010, 96: 101109.

[289] Nguyen V C, Chen L. Klaus H. Total transmission and total reflection by zero index metamaterials with Defects [J]. Phys. Rev. Lett. , 2010, 105: 233908.

[290] Wei Q, Cheng Y, Liu X J. Acoustic total transmission and total reflection in zero – index metamaterials with defects [J]. Appl. Phys. Lett. , 2013, 102: 174104.

[291] Xu Y D, Chen H Y. Total reflection and transmission by epsilon – near – zero metamaterials with defects [J]. Appl. Phys. Lett. , 2011, 98: 113501.

[292] Luo J, Xu P, Gao L, et al. Manipulate the transmissions using index – near – zero or epsilon – near – zero metamaterials with coated defects [J]. Plasmonics, 2012, 7: 353 – 358.

[293] Ma H F, Shi J H, Cai B G, et al. Total transmission and super reflection realized by anisotropic zero – index materials [J]. New J. Phys. , 2012, 14: 123010.

[294] Cheng Q, Jiang W X, Cui T J. Spatial power combination for omnidirectional radiation via anisotropic metamaterials [J]. Phys. Rev. Lett. , 2012, 108: 213903.

[295] Luo J, Xu P, Chen H Y, et al. Realizing almost perfect bending waveguides with anisotropic epsilon – near – zero metamaterials [J]. Appl. Phys. Lett. , 2012, 100: 221903.

[296] Feng S M. Loss – induced omnidirectional bending to the normal in epsilon – near – zero metamaterials [J]. Phys. Rev. Lett. , 2012, 108: 193904.

[297] Ma H F, Shi J H, Jiang W X, et al. Experimental realization of bending waveguide using anisotropic zero – index materials [J]. Appl. Phys. Lett. , 2012, 101: 253513.

[298] Choi M, Lee S H, Kim Y, et al. A terahertz metamaterial with unnaturally high refractive index [J]. Nature, 2011, 470: 369 – 373.

[299] Campbell T, Hibbins A P, Sambles J R, et al. Broadband and low loss high refractive index metamaterials in the microwave regime [J]. Appl. Phys. Lett. , 2013, 102: 091108.

[300] 陈文灵. 分形几何在微波工程中的应用研究[D]. 陕西:空军工程大学博士学位论文,2008.

[301] Bahl I. Lumped elements for RF and microwave circuits [M]. Boston: Artech House, 2003, Ch. 14: 462 – 465.

[302] 王文祥. 微波工程技术, 北京:国防工业出版社,2009,130 – 131.

[303] Xu H X, Wang ,Lu K. Microstrip rat – race couplers [J]. IEEE Microw. Mag. , 2011, 12(4): 117 – 129.

[304] Nicolson A M, Ross G F. Measurement of intrinsic properties of materials by time – domain techniques [J]. IEEE Trans Instrum Meas. , 1970, IM – 19(4): 377 – 382.

[305] Weir W B. Automatic measurement of complex dielectric constant and permeability at microwave frequencies [J]. Proceedings of the IEEE, 1974, 62(1): 33 – 36.

[306] Holloway C L, Kuester E F, Gordon J A, et al. An overview of the theory and applications of metasurfaces: the two – dimensional equivalents of metamaterials [J]. IEEE Antennas Propag. Mag. , 2012, 54: 10 – 35.

[307] Bahl I, Bhartia P. Microwave solid state circuit design [M]. New Jersey: John Wiley & Sons, 2003.

[308] Paquay M, Iriarte J C, Ederra I, et al. Thin AMC structure for radar cross – section reduction [J]. IEEE Trans. Antennas Propag. , 2007, 55(12):3630 – 3638.

[309] Mosallaei H Sarabandi K. Antenna miniaturization and bandwidth enhancement using a reactive impedance substrate [J]. IEEE Trans. Antennas Propag. , 2004, 52(9): 2403 – 2414.